Evidenzbasierter Fledermausschutz in Windkraftvorhaben

Christian C. Voigt
(Hrsg.)

Evidenzbasierter Fledermausschutz in Windkraftvorhaben

Hrsg.
Christian C. Voigt
Department Evolutionary Ecology, Leibniz
Institute for Zoo and Wildlife Research
Berlin, Deutschland

Die Veröffentlichung wurde durch den Open-Access-Publikationsfonds für Monografien der Leibniz-Gemeinschaft gefördert.

ISBN 978-3-662-61453-2 ISBN 978-3-662-61454-9 (eBook)
https://doi.org/10.1007/978-3-662-61454-9

Die Deutsche Nationalbibliothek verzeichnet diese Publikation in der Deutschen Nationalbibliografie; detaillierte bibliografische Daten sind im Internet über http://dnb.d-nb.de abrufbar.

Planung/Lektorat: Stefanie Wolf
Springer Spektrum ist ein Imprint der eingetragenen Gesellschaft Springer-Verlag GmbH, DE und ist ein Teil von Springer Nature.
Die Anschrift der Gesellschaft ist: Heidelberger Platz 3, 14197 Berlin, Germany

Einleitung – Evidenzbasierter Fledermausschutz in Windkraftvorhaben: Ansätze zur Lösung eines Grün-Grün-Dilemmas

Evidence-based bat conservation during wind turbine projects: Steps towards solving a green-green dilemma

Zusammenfassung

Windenergieanlagen verursachen in Deutschland eine relativ hohe Zahl an Fledermausschlagopfern, die potenziell zu Bestandseinbußen führen können. Ein wirksamer Fledermausschutz ist daher für die Umsetzung einer ökologisch-nachhaltigen Energiewende, die sowohl die Ziele des Klimaschutzes als auch die des Biodiversitätsschutzes berücksichtigt, notwendig. Ein wirksamer Fledermausschutz beim Bau und Betrieb von Windkraftanlagen benötigt Evidenzen aus der Forschung. Das vorliegende Buch fasst den aktuellen Erkenntnisstand und die vorliegenden Evidenzen in ausgewählten Bereichen des Konfliktfelds Fledermausschutz und Windenergieproduktion zusammen.

Summary

Wind turbines cause relatively high numbers of bat fatalities in Germany, which may ultimately lead to the decline of populations. The effective protection of bats during the erection and operation of wind turbines seems mandatory in order to achieve an ecologically sustainable 'Energiewende', i.e. a full transition of energy production from conventional to renewable energy sources under consideration of both environmental goals, climate and biodiversity goals. We need research based evidences to protect bats efficiently during the erection and operation of wind turbines. This book summarizes the current state of knowledge and recent evidences in selected areas of the conflict between bat conservation and wind energy production.

Das Grün-Grün-Dilemma zwischen Fledermausschutz und Windkraftvorhaben

Weltweit zählen Fledermäuse mit über 1300 Arten und einer geografischen Verbreitung, die lediglich die Ozeane und Polkappen ausschließt, zu den evolutionären und ökologischen Erfolgsmodellen der Natur. Obwohl Fledermäuse auch als Kulturfolger des Menschen gelten (Voigt et al. 2016), lauern in der modernen, zunehmend intensiver genutzten Landschaft immer mehr

Gefahren. Jährlich sterben direkt oder indirekt Millionen Fledermäuse durch Eingriffe des Menschen. Jüngst ergab eine systematische Erfassung dieser anthropogen bedingten Todesursachen, dass Windenergieanlagen (WEA) zurzeit eine herausragende Stellung diesbezüglich auf der ganzen Welt einnehmen (O'Shea et al. 2016). In Deutschland wird die Problematik der hohen Schlagopferzahl von Fledermäusen an WEA von allen Interessensgruppen, die an Planungs- und Genehmigungsverfahren beteiligt sind, anerkannt (Voigt et al. 2019).

Fledermäuse sterben an WEA entweder durch direkte Kollision an den Rotorblättern oder durch ein sogenanntes Barotrauma, bei dem innere Organe durch die starken Luftdruckveränderungen zerrissen werden (Baerwald et al. 2008; Voigt et al. 2015). Generell variieren die verfügbaren Schätzwerte zwischen Standorten, geografischen Regionen, Erfassungsmethoden und Anlagentypen. In Deutschland reichen die Schätzungen zur Mortalität von Fledermäusen an WEA von zwei bis zu mehr als 20 getöteten Fledermäusen pro WEA und Jahr (Rydell et al. 2010; Dürr 2015). Eine im Auftrag des Bundesministeriums für Umwelt, Naturschutz und Reaktorsicherheit durchgeführte Untersuchung ergab einen Schätzwert von zehn bis 12 getöteten Fledermäusen pro WEA und Jahr (Brinkmann et al. 2011). Allen diesen Schätzungen liegen Untersuchungen an WEA zugrunde, die ohne Auflagen zum Schutz der Fledermäuse betrieben wurden. Auflagen wie zum Beispiel eine nächtliche Betriebszeitenbeschränkung der WEA bei hoher Fledermausaktivität während der spätsommerlichen Migration können die Schlagopferzahl wirksam reduzieren (Arnett et al. 2011; Brinkmann et al. 2011). Da viele WEA in Deutschland mit Auflagen betrieben werden, sollte die Zahl der pro Jahr an einer WEA getöteten Fledermäuse niedriger ausfallen. Eine kürzlich durchgeführte Umfrage unter Behördenvertreter*innen und Gutachter*innen ergab jedoch, dass vermutlich weniger als ein Viertel der ungefähr 30.000 zurzeit auf dem deutschen Festland aktiven WEA (Stand 2019) mit nächtlichen Betriebszeitenbeschränkungen operieren (Fritze et al. 2019). Um eine jährliche Schlagopferzahl für alle deutschen WEA an Festlandstandorten zu berechnen, ließe sich ein mittlerer Wert von 10 Schlagopfern pro WEA und Jahr heranziehen. Unter diesen Annahmen ergibt sich eine geschätzte jährliche Gesamtschlagopferzahl von 225.000 getöteten Fledermäusen (Fritze et al. 2019). Der Prozentsatz an beauflagten WEA wird sich allerdings absehbar erhöhen, da neu genehmigte WEA meistens nur mit nächtlichen Betriebszeitenbeschränkungen laufen dürfen. Aber selbst wenn alle in Deutschland aktiven WEA unter den gängigen Auflagen operieren würden, würde sich die Zahl der getöteten Fledermäuse auf schätzungsweise mindestens 30.000 bis 60.000 pro Jahr belaufen, da trotz des hohen Schutzstatus von Fledermäusen in der Regel ein bis zwei Fledermausschlagopfer pro Jahr und WEA bei der Beauflagung toleriert werden. Bislang ist nicht bekannt, wie sich derart hohe Schlagopferzahlen auf die Fledermauspopulationen auswirken. Populationsmodelle für betroffene Fledermausarten aus Deutschland und Nordamerika weisen jedoch darauf hin, dass mittelfristig Bestandseinbußen der betroffenen Arten zu erwarten sind (Zahn et al. 2014; Frick et al. 2017).

Auch wenn die geschätzten Schlagopferzahlen in einem breiten Vertrauensintervall liegen und somit die tatsächliche Zahl getöteter Fledermäuse vom

Schätzwert durchaus abweichen könnte, sollte die für Deutschland abgeleitete fünf- bis sechsstellige Zahl pro Jahr an WEA getöteten Fledermäusen zu denken geben. Dies umso mehr, da in Deutschland alle Fledermäuse nach der Fauna-Flora-Habitat-Richtlinie 92/43/EWG (Anhang II und IV) sowie nach dem Bundesnaturschutzgesetz (§44 Absatz 1, 1–3; BNatSchG 2009) streng geschützt sind (Lukas 2016). Diese gesetzlichen Rahmenbedingungen beinhalten sowohl ein individuelles Tötungsverbot als auch ein Verbot der Störung der streng geschützten Arten sowie den Schutz der jeweiligen Lebensstätten. Zudem fallen Fledermäuse unter die Konvention zum Schutz migrierender Arten der Vereinten Nationen (Convention on Migratory Species, CMS), welcher sich Deutschland als Unterzeichner bindend verpflichtet hat. Dieses Abkommen wird in Europa durch die UNEP/EUROBATS-Vereinbarung (Bonn 1979, London 1991) umgesetzt.

Der Konflikt zwischen Fledermausschutz und Windenergieproduktion lässt sich auch als Konflikt zwischen zwei gleichwertigen politischen Zielen, denen sich Deutschland verpflichtet hat, sehen: einerseits die Erfüllung der EU-Richtlinie 2018/2001 zur Förderung der Nutzung von Energie aus erneuerbaren Quellen (Erneuerbare-Energien-Richtlinie, EERL; EEG 2017) und andererseits die Erfüllung der Richtlinie 92/43/EWG zur Erhaltung der natürlichen Lebensräume sowie der wildlebenden Tiere und Pflanzen (Flora-Fauna-Habitat-Richtlinie, FFH-RL).

In einem natürlichen Umfeld sind Fledermäuse für ihre Körpergröße relativ langlebige Säugetierarten, die wie im Falle der Großen Bartfledermaus *(Myotis brandtii)* mitunter mehr als 40 Jahre alt werden können (Wilkinson und South 2002). Pro Jahr gebären Fledermausweibchen je nach Art ein bis zwei Jungtiere. Von Menschen verursachte zusätzliche Sterbeereignisse können deshalb zu Bestandseinbußen führen, die nur langsam wieder aufgefangen werden können. In den 1950er und 1960er Jahren war der Einsatz von Pestiziden, wie zum Beispiel DDT, einer der Hauptgründe für den drastischen Einbruch der damaligen Fledermausbestände. Seit dem Verbot dieser hochgiftigen Pestizide erholen sich die Bestände mancher Arten europaweit leicht (Van der Meij et al. 2015). Allerdings beruhen diese Trendabschätzungen zumeist auf Zählungen von Arten, die in unterirdischen Quartieren ihren Winterschlaf verbringen. Diese Fledermausarten haben jedoch nur ein geringes Schlagrisiko an WEA. Der neueste Bericht des Bundesamts für Naturschutz über die von Experten geschätzten Bestandsentwicklungen zeigt, dass zum Beispiel die Bestände des Großen Abendseglers *(Nyctalus noctula)* abnehmen (Tab. 1). Dieser Rückgang basiert sicherlich auf mehreren Wirkfaktoren, von denen allerdings die hohe Schlagrate dieser Art an WEA von großer Relevanz sein sollte.

In der Liste der Fledermausarten mit hohem Schlagrisiko fällt auf, dass die beiden fernziehenden Arten, Großer Abendsegler und Rauhautfledermaus, mehr als 60 % aller Schlagopfer an WEA in Deutschland ausmachen (Abb. 1). Dies bedeutet, dass in Deutschland mitunter Individuen an WEA verunglücken, die aus entfernt gelegenen Populationen stammen. Nachweislich reicht das Einzugsgebiet der Schlagopfer an WEA in Deutschland bis nach Fennoskandinavien, Weißrussland und Russland (Voigt et al. 2012; Lehnert et al. 2014). Die Frage, ob wir die deutsche Energiewende einvernehmlich mit den Zielen des Biodiversitätsschutzes gestalten, hat demnach aus Sicht des Artenschutzes europäische Dimensionen, da Deutschland für den Schutz der fernziehenden Arten aufgrund seiner zentralen geografischen Lage in Europa eine Schlüsselstellung zufällt (Voigt et al. 2015).

Tab. 1 Liste der Fledermausarten, die als Risikoarten an WEA gelten, da sie jeweils mindestens 1 % der insgesamt in Deutschland gefundenen Fledermausschlagopfer ausmachen; Status gemäß bundesweiter Roter Liste für Deutschland (Haupt et al. 2009); G = Gefährdung anzunehmen, V = Arten der Vorwarnliste, D = Daten defizitär, U = ungefährdet; prozentualer Anteil der jeweiligen Art in der zentralen Fundkartei für Deutschland (Dürr 2015); geschätzte Gesamtzahl an Schlagopfern pro Art und Jahr unter der Annahme einer Gesamtschlagopferzahl von 225.000 Fledermäusen pro Jahr in Deutschland; geschätzte Bestandsentwicklung basierend auf dem aktuellen Bericht des Bundesamts für Naturschutz (BfN) an UNEP/EUROBATS (Stand 2018)

Tab. 1 List of bat species, which can be considered as high risk species, owing to the fact that they each contribute with at least 1 % to the total number of observed bat carcasses at wind turbines in Germany; Conservation status of bats according to the German red list (Haupt et al. 2009); G = likely threatened, V = vulnerable, D = data deficient, U = not threatened; proportion of carcasses of listed species in the central respository of Germany (Dürr 2015); estimated total number of fatalities for each species, assuming a total number of 225,000 bat fatalities per year in Germany; estimated population trend based on the recent national report of Germany's conservation agency (BfN) to UNEP/EUROBATS (state of 2018)

Fledermausart (lateinischer Name)	Fledermausart (deutscher Name)	Rote Liste	Prozentualer Anteil der bundesweit registrierten Fledermausschlagopfer (%)	Geschätzte absolute Anzahl von Schlagopfern pro Art und Jahr	Geschätzte Bestandsentwicklung
Nyctalus noctula	Großer Abendsegler	V	32,2	72.450	Negativ
Pipistrellus nathusii	Rauhautfledermaus	U	28,8	64.800	Stabil
Pipistrellus pipistrellus	Zwergfledermaus	U	19,0	42.750	Stabil
Nyctalus leisleri	Kleiner Abendsegler	D	4,9	11.025	Unbestimmt
Vespertilio murinus	Zweifarbfledermaus	D	3,9	8775	Stabil
Pipistrellus pygmaeus	Mückenfledermaus	D	3,6	8100	Unbestimmt
Eptesicus serotinus	Breitflügelfledermaus	G	1,7	3825	Stabil

Fledermäuse sind als streng geschützte und bedrohte Artengruppe zu einem wichtigen Untersuchungsobjekt im Rahmen von Windkraftvorhaben geworden. Die vom wissenschaftlichen Berater*innengremium von UNEP/EUROBATS und von den Landesbehörden Deutschlands veröffentlichten Handlungsempfehlungen und Richtlinien spiegeln den regional spezifischen und zum Zeitpunkt der Erstellung aktuellen Wissensstand wider. Die planerische und technische Entwicklung der Windenergieproduktion in Deutschland sind jedoch dynamisch (Deutsche WindGuard 2019), sodass fraglich ist, ob Erkenntnisse aus früheren Studien auf jetzige Situationen übertragbar sind. Kann zum Beispiel das Wissen über Fledermausaktivitäten und Schlagrisiko, welches an relativ kleinen WEA etabliert wurde, ohne Weiteres auf größere Anlagen übertragen werden? Erfordert die Ausweitung

Abb. 1 Schlagopfer (Rauhautfledermaus, *Pipistrellus nathusii*) an einer Windenergieanlage

Fig. 1 Carcass of a Nathusius pipistrelle bat *(Pipistrellus nathusii)* below a wind turbine

der Windenergieproduktion auf Waldstandorte andere Bewertungskriterien und modifizierte Schutzmaßnahmen als für WEA an Standorten im Offenland? Dieses Buch zielt darauf ab, die aktuellen Forschungserkenntnisse aufzuzeigen.

In Teil I wird für ausgewählte Themenkomplexe der aktuelle Wissensstand zusammengetragen und diskutiert. Volker Runkel fasst in Kap. 1 die wesentlichen Punkte, welche für die akustische Erfassung von Fledermäusen an WEA sowie die Interpretation von akustischen Daten relevant sind, zusammen. Johanna Hurst und Kollegen bieten in Kap. 2 einen Überblick über den Kenntnisstand zum Schutz von Fledermäusen beim Bau und Betrieb von WEA an Waldstandorten.

In Teil II werden Originalartikel mit neuen empirischen Daten präsentiert und diskutiert. Christian C. Voigt und Kollegen thematisieren in Kap. 3 die Ergebnisse einer Umfrage zur Methodenbewertung im Rahmen von Windkraftvorhaben. Petra Bach und Kollegen zeigen in Kap. 4 auf, dass an manchen Standorten eine Diskrepanz zwischen der akustischen Aktivität in Gondelhöhe und der Anzahl gefundener Schlagopfer existiert. Basierend auf diesen Erkenntnissen schlagen Lothar Bach und Kollegen in Kap. 5 für Standorte mit hoher Aktivität von Rauhautfledermäusen die Nutzung eines zweiten Ultraschallmikrofons am Turm knapp unterhalb des tiefsten Streifpunkts der Rotorblätter vor. Senta Huemer und Kollegen widmen sich in Kap. 6 der Problematik der Erfassung von Fledermäusen an Bergstandorten von WEA, welche möglicherweise im Alpenraum und in Mittelgebirgslagen zunehmend eine Rolle spielen könnten.

In Teil III werden Konzepte und Ausblicke präsentiert. Jessica Weber und Kollegen diskutieren in Kap. 7 die Nützlichkeit des in den USA praktizierten „Best Available Science/Information Mandat" für Windkraftvorhaben in Deutschland. In Kap. 8 schließlich fassen Marcus Fritze und Kollegen die politischen Ergebnisse einer Umfrage unter Fachexpert*innen von Genehmigungsverfahren von Windkraftanlagen zusammen.

Dieses Buch erhebt keinen Anspruch auf Vollständigkeit. Vielmehr ergibt sich der Inhalt aus aktuellen Forschungsaktivitäten sowie aus der Bereitschaft von Autoren, diese im vorliegenden Buch zu präsentieren. Jedes Kapitel wurde von zwei unabhängigen Experten im jeweiligen Feld begutachtet, um eine hohe Qualität und sachliche Richtigkeit der Kapitel zu gewährleisten. Mit diesem Buch soll ein Beitrag geleistet werden, die Kluft zwischen den Zielen des Artenschutzes und denjenigen des Klimaschutzes zu überwinden (Voigt et al. 2016). Das sogenannte Grün-Grün-Dilemma, welches sich am Beispiel der Fledermausschlagopfer an WEA exemplarisch beschreiben lässt (Voigt 2016), kann nur gelöst werden, wenn alle Interessengruppen mit dem nötigen Respekt und Sachverstand die Evidenzen aus der Forschung akzeptieren und in der Praxis umsetzen. Laut einer aktuellen Umfrage sind alle Interessensgruppen, die an Planungs- und Genehmigungsverfahren beteiligt sind, daran interessiert, eine ökologisch nachhaltige Energiewende zu erreichen (Voigt et al. 2019). Die Mehrheit der Umfrageteilnehmer forderte zudem einen intensiven Beitrag der Forschung zur Lösung des Grün-Grün-Dilemmas (Kap. 3). Dies zeigt, dass der Forschungsbedarf groß ist und wir noch keinen Wissensstand erreicht haben, der alle Themenbereiche abdeckt. Dies scheint besonders der rasanten technischen Entwicklung der Windenergieproduktion sowie der hohen Biodiversitätsverlustrate in Deutschland geschuldet zu sein. Nur durch Evidenzen und daraus resultierende konsequente Umsetzung von Schutzmaßnahmen lässt sich eine ökologisch-nachhaltige Energiewende, welche einvernehmlich mit den Biodiversitätszielen Deutschlands praktiziert wird, durchführen.

Danksagung
Ich bedanke mich sowohl bei allen Autoren für ihre Bereitschaft, zu diesem Buch beizutragen, als auch bei den anonymen Gutachtern, die das Projekt mit konstruktiver Kritik bereicherten. Ich danke zudem den Teilnehmern der Konferenz „Evidenzbasierter Fledermausschutz in Windkraftvorhaben“ für die angeregten Diskussionen und den lösungsorientierten Dialog. Diese Konferenz wurde in konstruktiver Zusammenarbeit zwischen dem Leibniz-Institut für Zoo- und Wildtierforschung, dem Bundesverband für Fledermauskunde e. V. und dem BFA Fledermausschutz des NABU Deutschland durchgeführt. Ein spezieller Dank gilt meiner Arbeitsgruppe am Leibniz-Institut für Zoo- und Wildtierforschung, die hoch motiviert und inspirierend sowohl die Konferenz als auch das Buchprojekt unterstützt haben.

Christian C. Voigt
Abteilung Evolutionäre Ökologie
Leibniz-Institut für Zoo- und Wildtierforschung
Berlin, Deutschland

Literatur

Arnett EB, Huso MM, Schirmacher MR, Hayes JP (2011) Altering turbine speed reduces bat mortality at wind – energy facilities. Front Ecol Envir 9:209–214

Baerwald EF, D'Amours GH, Klug BJ, Barclay RMR (2008) Barotrauma is a significant cause of bat fatalities at wind turbines. Current Biol 18:R695–R696

BNatSchG (2009) Gesetz über Naturschutz und Landschaftspflege (Bundesnaturschutzgesetz) in der Fassung vom 29.07.2009 (BGBl. I S. 2542), zuletzt geändert am 13.05.2019 (BGBl. I S. 706, 724).

Brinkmann R, Behr O, Niermann I, Niermann I, Reich M (2011) Entwicklung von Methoden zur Untersuchung und Reduktion des Kollisionsrisikos von Fledermäusen an Onshore-Windenergieanlagen: Ergebnisse eines Forschungsvorhabens, 1. Aufl. Cuvillier, Göttingen, S 457

Deutsche WindGuard (2019) Status des Windenergieausbaus an Land – Jahr 2018. www.windguard.de. Zugegriffen: 10. Apr. 2019

Dürr T (2015) Zentrale Fundkartei über Anflugopfer an Windenergieanlagen (WEA). Landesamt für Umwelt Abteilung Naturschutz – Staatliche Vogelschutzwarte. http://www.lugv.brandenburg.de/cms/detail.php/bb1.c.321381.de. Zugegriffen: 23. Aug. 2019

EEG (2017) Gesetz für den Ausbau erneuerbarer Energien (Erneuerbare-Energien-Gesetz) in der Fassung vom 21. Juli 2014 (BGBl. I S. 1066), zuletzt geändert am 13. Mai 2019 (BGBl. I S. 706, 723)

Frick WF, Baerwald EF, Pollock JF, Barclay RMR, Szymanski JA, Weller TJ, Russel AL, Loeb SC, Medellin RA, McGuire LP (2017) Fatalities at wind turbines may threaten population viability of a migratory bat. Biol Conserv 209:172–177

Fritze M, Lehnert LS, Heim O, Lindecke O, Roeleke M, Voigt CC (2019) Fledermaus im Schatten der Windenergie: Deutschlands Experten vermissen Transparenz und bundesweite Standards in den Genehmigungsverfahren. Naturschutz und Landschaftsplanung 51:20–27

Haupt H, Ludwig G, Gruttke H, Binot-Hafke M, Otto C, Pauly A (2009) Rote Liste gefährdeter Tiere, Pflanzen und Pilze Deutschlands: Band 1 Wirbeltiere. Naturschutz und Biologische Vielfalt 70(1):386. ISBN 978-3-7843-5033-2

Lehnert LS, Kramer-Schadt S, Schönborn S, Lindecke O, Niermann I, Voigt CC (2014) Wind farm facilities in Germany kill noctule bats from near and far. PloS one 9:e103106

Lukas A (2016) Vögel und Fledermäuse im Artenschutzrecht. Naturschutz und Landschaftsplanung 48:289–295

O'Shea TJ, Cryan PM, Hayman DT, Plowright RK, Streicker DG (2016) Multiple mortality events in bats: a global review. Mammal Rev 46: 175–190

Rydell J, Bach L, Dubourg-Savage MJ, Green M, Rodrigues L, Hedenström A (2010) Bat mortality at wind turbines in northwestern Europe. Acta Chiropter 12:261–274

Van der Meij T, Van Strien AJ, Haysom KA, Dekker J, Russ J, Biala K, Bihari Z, Jansen E, Langton S, Kurali A, Limpens H, Meschede A, Petersons G, Prestnik P, Prüger J, Reiter G, Rodrigues L, Schorcht W, Uhrin M, Vintulis V (2015) Return of the bats? A prototype indicator of trends in European bat populations in underground hibernacula. Mammal biol 80:170–177

Voigt CC (2016) Fledermäuse und Windenergieanlagen: ein ungelöstes ‚green-green' Dilemma. In: Korn H, Bockmühl K, Schliep R (Hrsg) Biodiversität und Klima – Vernetzung der Akteure in Deutschland XII – Dokumentation der 12. Tagung, S 43 in BfN-Skripten 432

Voigt CC, Popa-Lisseanu AG, Niermann I, Kramer-Schadt S (2012) The catchment area of wind farms for European bats: a plea for international regulations. Biol Conserv 153:80–8

Voigt CC, Lehnert LS, Petersons G, Adorf F, Bach L (2015) Bat fatalities at wind turbines: German politics cross migratory bats. Eur J Wildl Res 61:213–219

Voigt CC, Phelps KL, Aguirre LF, Schoeman MC, Vanitharani J, Zubaid A (2016) Bats and buildings: the conservation of synanthropic bats. In: Voigt CC, Kingston T (Hrsg) Bats in the Anthropocene: conservation of bats in a changing world. Springer, Cham, S 427–462

Voigt CC, Straka TM, Fritze M (2019) Producing wind energy at the cost of biodiversity: a stakeholder view on a green-green dilemma. J Sustain Renew Energy 11:063303

Wilkinson GS, South JM (2002) Life history, ecology and longevity in bats. Aging cell 1:124–131

Zahn A, Lustig A, Hammer M (2014) Potenzielle Auswirkungen von Windenergieanlagen auf Fledermauspopulationen. ANLiegen Natur 36:1–15

Inhaltsverzeichnis

Teil I
Zusammenfassungen

1 Akustische Erfassung von Fledermäusen – Möglichkeiten und Grenzen im Bau und Betrieb von Windkraftanlagen

Acoustic surveys of bats – Possibilities and limitations during the planning and operation of wind turbines

Volker Runkel

Zusammenfassung

Für die Planung von Eingriffen werden beinahe immer akustische Erfassungen zur Feststellung der Betroffenheit von Fledermäusen durchgeführt. Aufgrund umfangreicher, in den letzten zehn Jahren verfügbar gewordener Automatisierung der Detektoren und der Aufnahmeanalyse ist die Methode als kostengünstige und arbeitserleichternde Anwendung bei Gutachtern sehr beliebt. Die Methode hat sich in der Planungspraxis etabliert und findet sich in allen Leitfäden wieder. Durch die Möglichkeit der simultanen Erfassung mittels automatischer Detektoren, aber auch durch die Langzeiterfassung, ist die Sammlung fachlich hochwertiger Daten möglich. Dennoch bestehen nach wie vor Grenzen der akustischen Erfassung, die sich auf die erhaltenen Daten auswirken. Physikalische Einflüsse begrenzen die Erfassungsreichweite, die weiterhin art- und verhaltensspezifisch ausgeprägt ist. Für solche Einflüsse hat der Anwender keine Kontrollmöglichkeit. Der spezifische Einsatz der Detektoren hat durch Standortwahl, Einstellungen und Untersuchungsprotokoll großen Einfluss auf die erhaltenen Daten. Hier kann der Anwender den Einsatz jedoch gezielt optimieren. Dennoch unterliegen die erhaltenen Daten einer großen Streuung. Auch die Rufe der Arten sind nicht immer eindeutig bestimmbar; zwischen- und innerartliche Variabilität erschweren die Rufanalyse. Für

V. Runkel (✉)
Bundesverband für Fledermauskunde Deutschland e. V., Erfurt, Deutschland
E-Mail: vrunkel@me.com

C. C. Voigt (Hrsg.), *Evidenzbasierter Fledermausschutz in Windkraftvorhaben*,
https://doi.org/10.1007/978-3-662-61454-9_1

die Bewertung stehen nur wenige Schemata zur Verfügung. Diese sind beinahe ausnahmslos subjektiv geprägt und berücksichtigen die genannten Effekte der Erfassung auf die erhaltenen Daten nicht ausreichend oder gar nicht. Daher muss der Anwender nach wie vor bei der Interpretation der Ergebnisse differenziert vorgehen. Ein gutes Verständnis der Methode ist unumgänglich, um die Daten im Hinblick auf den begutachteten Eingriff rechtssicher zu bewerten. Einfache pauschalisierende Aussagen sind zumeist nicht möglich. Dennoch hat die Methode große Vorteile bei der Windkraftplanung, die Grenzen sind bei korrekter Anwendung und Interpretation der Daten nur selten limitierend.

Summary

Acoustic methods are largely used for monitoring the impact of land-use changes on bats, particularly during the erection and operation of wind turbines. Over the past ten years, the automation of detectors and call analysis turned this technique into a cost-effective tool for consultants, which is now recommended by all national guidelines. Acoustic monitoring allows the collection of high quality data, e.g. when several instruments are deployed simultaneously over long periods. Nevertheless acoustic monitoring has its drawbacks and limitations. The physics of sound propagation constrains the detection range of bats, which varies with the behavior and species under consideration. These limits are beyond the control of users. Furthermore the specific use of detectors strongly influences the resulting data, for example by the choice of detector placement, recording settings and programming protocol. Here users may optimize the application of detectors to some degree. Nevertheless it is likely that the resulting data will be highly variable. Recorded echolocation calls are not always easy to identify on the species level, since inter- and intraspecific variability complicate call analysis. Only a few evaluation schemes are available, most of which are rather subjective and lack the possibility to control for the aforementioned constraints during data acquisition. Therefore, it is mandatory to follow a balanced approach when interpreting data. To make reports suitable and legally sound for environmental impact assessments, it seems mandatory to have an excellent understanding of the involved method. Simple generalized conclusions are usually impossible. Nevertheless, even when considering all limitations, acoustic monitoring techniques bear great advantages for the monitoring of bats during the planning and operation of wind turbines. When applied correctly, acoustic monitoring imposes rarely strong limitations.

1.1 Einleitung

Die akustische Erfassung und Bestimmung von Fledermäusen wird im Rahmen der Windkraftplanung für unterschiedliche Fragestellungen eingesetzt. Daraus ergeben sich jeweils unterschiedliche Ansprüche an die genaue Methodik. Es gilt dabei zu unterscheiden zwischen der Voruntersuchung, die sowohl Eingriffs- und baubedingte Einflussfaktoren untersucht, sowie der späteren Höhenerfassung an der gebauten WEA, die das standortspezifische Kollisionsrisiko ermitteln soll.

Bei der Voruntersuchung werden analog zu anderen Eingriffsplanungen im Rahmen einer speziellen artenschutzrechtlichen Prüfung das Artenspektrum sowie die artspezifische Phänologie und die Betroffenheit durch Habitat- und Quartierverluste ermittelt. An Standorten mit einem komplexen Artenspektrum, zum Beispiel in Wäldern, steigen nicht nur die Anforderungen an eine akustische Untersuchung, auch stößt diese dann gegebenenfalls an ihre Grenzen. Sowohl die teilweise extrem unterschiedlichen Aktivitätsmuster einzelner Arten als auch die hohe Anzahl an ähnlich rufenden Arten erschweren die Erfassung und Bewertung. So müssen für eine zielführende Erfassung mobile und stationäre Detektoren zum Einsatz kommen, um insbesondere der Ökologie der betroffenen Arten gerecht zu werden. Weiterhin werden die im Rahmen der Voruntersuchung erhobenen Daten häufig auch für eine Abschätzung des Kollisionsrisikos für einzelne Arten beim Betrieb der geplanten WEA genutzt.

Nach dem Bau werden betriebsbedingte Einflüsse im Rahmen des akustischen Höhenmonitorings untersucht, welches zumeist in Gondelhöhe erfolgt. So soll über die festgestellte Fledermausaktivität die Häufigkeit von potenziellen Schlagopfern ermittelt werden, um daraus standortspezifische Abschaltbedingungen zu formulieren, in welche wichtige Umweltparameter (Temperatur, Windgeschwindigkeit) mit einfließen.

Die Einflüsse der verwendeten Technik auf die erhaltenen Daten, ebenso wie die Einflüsse der Auswertungsmethodik auf die Ergebnisse, sind dabei stark abhängig von der gewählten Fragestellung. Darüber definieren sich die Möglichkeiten, aber auch die Grenzen der akustischen Erfassung. Neben der eingesetzten Hardware, Software und Auswertungsmethodik, die der Anwender in der Regel kontrollieren kann, haben insbesondere die Schallphysik, aber auch die rufenden Fledermäuse selbst, einen großen Einfluss auf die Datenerhebung. Dies sollte bei der Bewertung von Ergebnissen immer berücksichtigt werden. Daher sollten bei jeder akustischen Fledermausuntersuchung immer gewisse Standards und Voraussetzungen erfüllt werden, damit diese sinnvoll durchgeführt werden kann (Hayes 2000; Gannon et al. 2003; Runkel 2008).

Im Folgenden wird ein Überblick der akustischen Erfassung von Fledermäusen in der Eingriffsplanung bei Windkraftprojekten gegeben. Dazu werden Einflüsse der Erfassungstechnik, der Untersuchungsmethodik, der Auswertung und der Bewertung speziell im Hinblick auf die gutachterliche Anwendung betrachtet. Es müssen die Ergebnisse, im Gegensatz zur wissenschaftlichen Grundlagenforschung, mit wirtschaftlich vertretbarem Aufwand ermittelt werden. Dabei muss sich eine ausreichende Rechtssicherheit bei der Planung und für den Betrieb ergeben.

1.2 Einflüsse auf die Erfassung und Bewertung von Fledermausaktivität

1.2.1 Physikalische Einflüsse

Um eine Fledermaus akustisch nachzuweisen, muss sich der Ruf von der Fledermaus bis zum Detektor ausbreiten und vom Detektor auch registriert werden. Damit wirken bis zur tatsächlichen Detektion zahlreiche Faktoren auf den Ruf ein. Während der Ausbreitung der Rufe schwächen sich deren Schalldruckpegel zunehmend ab. Durch die geometrische Abschwächung halbiert sich der Schalldruckpegel (−6 dB) mit jeder Verdoppelung der Entfernung. Weiterhin wirkt sich die atmosphärische Abschwächung in Abhängigkeit von der Temperatur, Luftfeuchte und Frequenz dämpfend auf den Schalldruckpegel aus. Diese liegt im Bereich von 0,4–0,9 dB/m (niedrige Frequenzen 15–30 kHz) und steigt auf 1,0–2,0 dB/m mit zunehmender Frequenz an (Evans et al. 1971; Bass et al. 1972; Bazley 1976). Insbesondere durch die atmosphärische Abschwächung wird die Erfassungsreichweite stark eingeschränkt. Somit wirkt sich ab einer gewissen Entfernung die Distanz deutlich stärker aus als die Ruflautstärke oder die Detektorempfindlichkeit. Wenn der Schalldruckpegel der Auslöseschwelle des verwendeten Detektors um 6 dB niedriger liegt und damit doppelt so empfindlich ist, gewinnt man dadurch bei höheren Abschwächungen nicht einmal 6 m an Reichweite (Abb. 1.1). Außerdem hat mit zunehmender Distanz die Schallkeule der Fledermaus einen größeren Einfluss auf die Erfassung.

Die Fledermaus hat durch Ruflautstärke, Frequenzverlauf des Rufs, Rufrichtung und Schallkeule starken Einfluss auf die Erfassbarkeit mit einem Detektor. Die Rufe werden bei allen Arten nicht gleich in den Raum abgestrahlt, sondern gerichtet nach vorn-unten (Jakobsen et al. 2012). Ist das Mikrofon dahingehend unpassend ausgerichtet, wird der notwendige Schalldruckpegel für eine Aufzeichnung nicht erreicht. Die Fledermaus war also für den Beobachter nicht anwesend. Die Ruflautstärken variieren von ca. 90 dB peSPL (re 20 µPA) (gemessen in 10 cm) bis zu 136 dB peSPL (re 20 µPA) (gemessen in 10 cm vor der Fledermaus) (Waters und Jones 1995; Holderied und von Helversen 2003; Holderied et al. 2005). Innerhalb einer Art ist ein Umfang von ca. 20 dB zu erwarten; dies entspricht einem Faktor 10 zwischen „leise“ und „laut“. In der Regel rufen Arten, die im offenen Luftraum jagen, mit Schalldruckpegeln von 114–134 dB peSPL (re 20 µPA). Manche Arten jedoch, wie die Mopsfledermaus, schleichen sich an die Beutetiere an (Goerlitz et al. 2010; Lewanzik und Goerlitz 2018). Das bedeutet, sie nutzen leise Ortungsrufe mit teilweise unter 107 dB peSPL und sind damit zehn- bis 100-fach leiser als andere Arten (z. B. Gattung *Nyctalus, Pipistrellus*).

1.2.2 Einfluss des Detektors

Zur Erfassung von Fledermäusen in der Eingriffsplanung werden seit vielen Jahren akustische Detektoren eingesetzt. Lange Zeit wurden Fledermäuse im Feld durch ihre Ortungsrufe mittels manueller Mischer- oder Teilerdetektoren

nachgewiesen (Weid und von Helversen 1987; Jüdes 1989). Bereits Mitte der 1990er Jahre wurde das Anabat-System, ein Teilerdetektor mit Nulldurchgangsanalyse, als automatischer Detektor eingesetzt (Britzke et al. 1999). Seit etwa Mitte der 2000er Jahre werden Echtzeitsysteme im Rahmen der Eingriffsplanung auch für die Dauererfassung im Freiland verwendet (Jones et al. 2000). Durch den großen Nutzen und die Arbeitserleichterung, die ein moderner Detektor im Rahmen der Eingriffs- und besonders auch der Windkraftplanung im Speziellen bieten kann, ist ein lukratives Geschäftsfeld entstanden. So stehen mittlerweile zahlreiche unterschiedliche kommerzielle Systeme zur Verfügung.

Mit Verfügbarkeit erster kommerzieller Mischer- und Teilerdetektoren wurden diese in der Wissenschaft etabliert. Man beschäftigte sich mit Eigenschaften

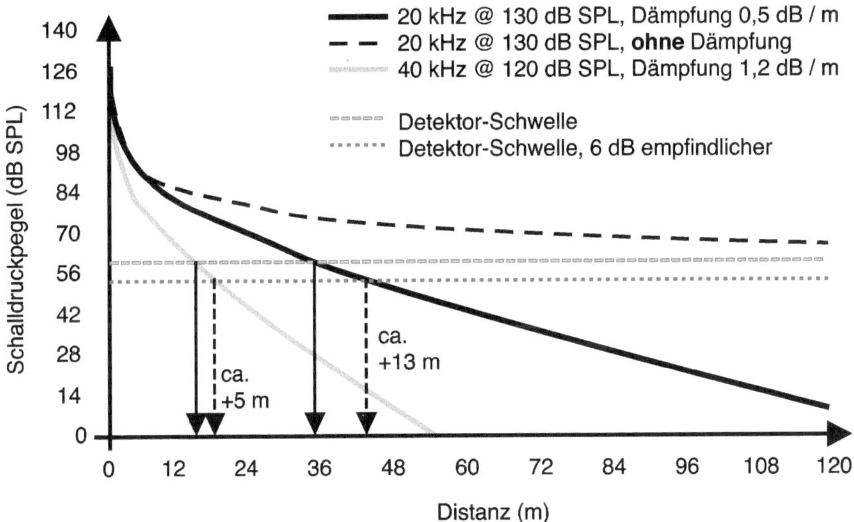

Abb. 1.1 Schematische Darstellung der Abnahme des Schalldruckpegels während der Ausbreitung in der Luft. Gezeigt ist eine schwarze Kurve für 20 kHz (0,5 dB/m Dämpfung), eine schwarze unterbrochene Kurve für 20 kHz (ohne Dämpfung) und eine graue Kurve für 40 kHz (1,2 db/m Dämpfung). Angepasst an Schalldruckpegel heimischer Fledermäuse liegt die Quelllautstärke der 20-kHz-Kurven bei 130 dB SPL (re 20 µPA), die der 40-kHz-Kurve bei 120 dB SPL (re 20 µPA). Dargestellt ist durch eine graue, unterbrochene Linie eine fiktive Auslöseschwelle eines Detektors. Wird diese um 6 dB erniedrigt (empfindlicher, grau gepunktet), hat dies aufgrund der Dämpfung dennoch keine Verdoppelung der Reichweite zur Folge

Fig. 1.1 Schematic presentation of the attenuation of the sound pressure level during the propagation of echolocation calls through the air. The black line shows data for calls at 20 kHz with an atmospheric attenuation of 0,5 dB/m, the black-dotted line for calls at 20 kHz without any attenuation and the gray line for calls at 40 kHz with 1,2 dB/m attenuation. Source levels are for European bats 130 dB SPL (re 20 µPA) for 20 kHz and 120 dB SPL (re 20 µPA) for 40 kHz. The gray-dotted line indicates a fictive detector trigger threshold. Even when the detector sensitivity is doubled (+6 dB, gray-dotted line), the detection distance is less then doubled due to atmospheric attenuation

der Geräte und Erfassungsmodalitäten (Waters und Walsh 1994; Parsons 1996; Corben und Fellers 2000; Fenton 2000). In Studien wurden Effekte durch das verwendete Gerät, Ausrichtung des Mikrofons oder der Reichweite der Geräte untersucht (Weller und Zabel 2002; Adams et al. 2012). Auch Erfassungsmodalitäten und methodische Vergleiche wurden wiederholt im Hinblick auf mögliche Anwendungen betrachtet (O'Farrell und Gannon 1999; Johnson et al. 2002; Skalak et al. 2012).

Es zeigten sich teils starke Effekte durch die Gerätewahl. Bedingt durch technische Unterschiede ist zum Beispiel die Mikrofonempfindlichkeit unterschiedlich. Auch konnten Auswirkungen der Mikrofonausrichtung und der Installationshöhe des Detektors bei automatischer Erfassung gezeigt werden. Häufig lag bei den Vergleichen jedoch der Fokus primär auf der Erfassungsreichweite als dem – scheinbar wichtigsten – beschreibenden oder qualifizierenden Merkmal eines Detektors (Adams et al. 2012). Jedoch ist vor allem die Aufnahmequalität bei der Weiterverarbeitung der Daten entscheidend. Beim Einsatz der automatischen Rufanalyse ist die Erkennung schlecht aufgezeichneter Rufe erschwert oder nicht sinnvoll möglich.

Ein bisher wenig beachteter Aspekt ist zudem die Aufnahmesteuerung. Manche Geräte weisen variable Aufnahmeschwellen auf, die sich an die Umgebungsgeräusche anpassen. Vereinfacht gesagt wird das Gerät in einer lauten Umgebung zunehmend tauber. Aber auch ansonsten gibt es Unterschiede der Steuerung; so sind manche Triggerfunktionen nach Angaben des Herstellers zum Beispiel unempfindlicher für tieffrequente Rufe (zum Beispiel Großer Abendsegler). Die Systeme können – teils wählbare – Totzeiten nach einer Aufnahme haben und somit einen Teil der Nacht nicht aktiv sein.

Mit der zunehmenden Diversifizierung der verfügbaren Geräte in den letzten Jahren wurden jedoch nicht im selben Maße die Eigenschaften im Hinblick auf die Anwendung, insbesondere bei der Eingriffsplanung, weiter untersucht. Im RENEBAT-Projekt zum Beispiel wurden 2007 bis 2009 zu Projektbeginn die wenigen verfügbaren Geräte für den Einsatz im Gondelmonitoring untersucht (Brinkmann et al. 2011). Technische Weiterentwicklungen und neue Geräte hingegen konnten nachträglich nicht mehr mit in die Betrachtungen aufgenommen werden. Aktuelle systematische Vergleiche neu verfügbarer Lösungen existieren nicht.

1.2.3 Einflüsse durch die Software

Neben der verwendeten Hardware hat auch die Auswertung der erhaltenen, akustischen Daten einen entscheidenden Einfluss auf die Ergebnisse. Bei der manuellen Erfassung mittels Zeitdehnerdetektoren fallen je Begehung in der Regel nur relativ wenige einzelne Aufnahmen zur Auswertung an. Diese können in vertretbarem zeitlichen Aufwand manuell analysiert werden. Mit dem Einsatz automatischer Detektoren in Langzeiterfassungen steigen die aufgezeichneten Datenmengen jedoch massiv an. Dauererfassungen führen zu Aufnahmemengen von wenigen Tausend bis hin zu mehreren Hunderttausend Aufnahmen pro Jahr, Gerät und Standort. Da eine manuelle Analyse solcher Datenmengen in der Eingriffsregelung nicht adäquat bezahlt werden kann, etablierten sich in den letzten Jahren zunehmend automatische Auswertungsverfahren. Solche Systeme haben Einfluss auf die Ergebnisse und ihre Interpretation, sei es durch die Effektivität der automatischen Vermessung oder durch die Qualität der Bestimmung von Arten (Russo und Voigt 2016; Rydell et al. 2017). Die Qualität der Ergebnisse ist dabei bedingt durch verschiedene Faktoren immer noch sehr unterschiedlich. Jedoch ist sie generell ähnlich hoch wie bei menschlichen Bearbeitern (Jennings et al. 2008), ungeachtet dessen, dass ein Mensch solche Aufnahmemengen nicht ausschließlich manuell analysieren kann. Die Variabilität der Rufe einheimischer Arten ist nach wie vor nicht in Gänze bekannt oder beschrieben (Russo et al. 2018).

Insofern wirkt sich neben der Hardware auch die Qualität der automatischen Bestimmung auf die Ergebnisse aus. Jedoch bestehen in der Regel Korrekturmöglichkeiten der Anwender, die entsprechend ihrer Kenntnisse und Erfahrungen die Ergebnisse deutlich verbessern können (Fritsch und Bruckner 2014). Darüber hinaus hat die Software indirekt Auswirkungen. Benutzerfreundlichkeit, schneller Zugriff auf die Daten – auch von einzelnen Aufnahmen – und Verfügbarkeit von Auswertefunktionen wirken sich auf die Geschwindigkeit und Genauigkeit der Bearbeitung aus und sind somit im gutachterlichen Umfeld entscheidende Faktoren.

1.2.4 Einflüsse der Untersuchungsmethode

Akustische Untersuchungen können verschiedensten Protokollen folgen. Unterschiede finden sich in der Durchführung in Bezug auf mobile oder stationäre Erfassungen und der Häufigkeit und Dauer der Datenerhebung. Die gewählte Methode kann großen Einfluss auf die erhaltenen Daten haben. Weiterhin hat die Naturraumausstattung des untersuchten Gebiets ebenso wie die tatsächliche Fragestellung Einfluss auf die Eignung der Methoden.

Laut Fisher-Phelps et al. (2017) liefert die mobile Erfassung im Gegensatz zur stationären Erfassung bessere Ergebnisse im Hinblick auf die Aktivitätsmenge. Jedoch wurden bei der Untersuchung ein sehr spezielles Bewertungsschema und Vorgehen gewählt. Generell unterscheiden sich die Ergebnisse mobiler Transekte bereits bedingt durch die verwendete Transektmethodik (D'Acunto et al. 2018; Hogue und McGowan 2018). Andere Autoren (Stahlschmidt und Brühl 2012; Bruckner 2015; Torrez et al. 2017) kamen zu dem Ergebnis, dass Artnachweise seltener Arten und die Aktivitätsermittlung besser mittels stationärer Erfassung gelingen. Bei größeren Gebieten kann die mobile Erfassung aufgrund der besseren Gebietsabdeckung eine sinnvolle Methode sein. Mobile Erfassungen wiederum können sehr vielen verschiedenen Protokollen folgen und so zum Beispiel kontinuierlich oder als Punkt-Stopp-Transekte durchgeführt werden (Übersicht in Torrez et al. 2017; Runkel et al. 2018 mit Übersicht in Kap. 7).

In der Praxis wird die flexible Nutzung stationärer und mobiler Erfassungsmethoden die besten Ergebnisse liefern. Artnachweise und phänologische Daten können mit gut platzierten Langzeiterfassungen gesammelt werden. Insbesondere in strukturierten Lebensräumen wie Wäldern beeinflusst der Standort eines stationären Detektors dabei die Ergebnisse (Froidevaux et al. 2014). Ereignisse in der Fläche, und somit Quartiere und Hotspots, können besser mittels mobiler Erfassung ermittelt werden.

1.2.5 Einfluss durch die Bewertung

Für die Beurteilung der Auswirkungen eines Eingriffs in die Landschaft müssen die erhobenen akustischen Daten in eine Bewertung überführt werden. Dazu gibt es in Deutschland in einigen Bundesländern Vorgaben zur Planung von Windkraftprojekten (Hurst et al. 2015; Dietz et al. 2016; MULE 2018). In Form von Leitfäden gelten sie in der Regel als bindend, wobei Ausnahmen möglich sind. Die Bewertungsschemata der Leitfäden beruhen dabei in aller Regel nicht auf wissenschaftlichen Ergebnissen und sind damit nicht evidenzbasiert. Vielmehr basieren sie auf subjektiver Bewertung, die von Experten vorgenommen wurde (z. B. LANU 2009; MUGV 2011). Einzig beim Gondelmonitoring ist die evidenzbasierte Anwendung ProBat in den meisten Bundesländern zumeist verpflichtend (Behr et al. 2018).

Die Basis der Bewertung der Aktivität ist bei modernen Detektoren beinahe immer die Aufnahme – vereinfacht Kontakt –, die einen oder mehrere Rufe enthalten kann. Dies ist ein sehr einfach zu ermittelndes Maß, da es keinerlei besondere Auswertung erfordert. Einzig müssen die Arten je Aufnahme ermittelt werden. Während man sich mit den technischen Aspekten der Detektoren ebenso wie mit den unterschiedlichen Untersuchungsdesigns regelmäßig beschäftigt hat, fehlt eine Diskussion der Bewertung von Aktivität beinahe gänzlich. Nur wenige Autoren haben sich mit den Möglichkeiten und Limitierungen beschäftigt (Übersicht in Frick 2013). Betrachtet man die Vielzahl an Detektoren, die allesamt unterschiedlich arbeiten, sowie die Auswirkungen des Aufbaus und der Untersuchungsmethodik, dann stellt sich die Frage, ob der Kontakt als basale Maßeinheit für Aktivität sinnvoll angewendet werden kann. Selbst in aktuell entwickelten Werkzeugen zur evidenzbasierten Bewertung wird die Kontaktzahl in Form von Aufnahmen verwendet (Lintott et al. 2017) und dabei nicht wirklich kritisch hinterfragt.

Die Daten werden für die Bewertung häufig normiert und je Stunde angegebenen. Neben den Kontakten finden sich die Aufnahmedauern als beschreibendes Maß. Seltener wird die Aktivität auf Basis von kleinen Zeitintervallen (zum Beispiel Minuten) analysiert. Akustisch erhobene Daten weisen nicht nur starke Schwankungen bedingt durch räumliche und zeitliche Variabilität der Aktivität auf, auch sind sie in der Regel nicht normalverteilt. Dies erschwert die Bewertung mittels statistischer Verfahren, und die Daten sind nicht mit einfachen statistischen Methoden zu bewerten (Lintott und Mathews 2017).

1.3 Möglichkeiten und Grenzen der akustischen Erfassung bei der Windkraftplanung

Da im Rahmen der Planung von Windenergieanlagen durch die akustische Untersuchung der Eingriff rechtssicher bewertet werden muss, sollten die Möglichkeiten und die Grenzen der Methode bekannt sein. Ohne ein Verständnis und eine Diskussion der Grenzen kann der Gutachter dies eigentlich nicht leisten. Für die Untersuchung müssen die vorher genannten Faktoren mit teils starkem Einfluss auf die Ergebnisse immer berücksichtigt werden.

1.3.1 Reichweite der Erfassung

Einen sehr großen Einfluss auf die Ergebnisse und zugleich begrenzend für die erhaltenen Daten ist die Reichweite der Erfassung. Tiere außerhalb der Detektionsreichweite werden nicht aufgezeichnet und fehlen in der späteren Analyse der Daten. Es lässt sich dabei nicht abschätzen, wie hoch diese Anzahl ist. Neben den beschriebenen physikalischen Aspekten wirkt sich der verwendete Detektor ebenso wie die für die automatische Rufanalyse verwendete Software aus. Werden zum Beispiel leise Rufe weniger sicher erkannt, können solche Aufnahmen als „Ohne Fledermaus“ klassifiziert werden und somit bei der Bewertung fehlen.

Atmosphärische Abschwächung, Schallkeule, Frequenz und Lautstärke des Rufs haben den entscheidenden Einfluss auf die Erfassungsreichweite. In einigen Fachpublikationen werden maximale und teils mittlere Reichweiten genannt (Behr et al. 2016; Rodrigues et al. 2016). Die Autoren bleiben dabei nötige Angaben zur Witterung, aber auch zur Häufigkeit des Eintretens maximaler Reichweite schuldig. Dies bedeutet wiederum, dass diese Angaben irreführend sein können, wenn zum Beispiel die Wetterbedingungen (Temperatur, Luftfeuchte) oder die Ruflautstärken und Schallkeulen diese Werte in der Praxis nur selten erreichen lassen. Auch die Angabe einer mittleren Reichweite ist hinfällig (Behr et al. 2018), wenn nicht darstellbar ist, warum es sich um einen im Mittel zu erwartenden Wert handelt. Wird anhand der Reichweiteangaben berechnet, ob ein Erfassungsvolumen für eine Untersuchung ausreichend ist, können die Maximaangaben nur als sehr grober Richtwert genutzt werden. Bei der Diskussion sollte immer von deutlich geringeren Reichweiten ausgegangen werden. Bereits durch die täglichen Schwankungen der Parameter Luftfeuchte und Temperatur ergeben sich in der Regel Abweichungen von $\pm 10\,\%$ bis maximal bis zu $\pm 20\,\%$ in der Detektionsreichweite (Kpersönliche Mitteilung, Jens Koblitz).

Bei der Erfassung im Vorfeld des Baus von Windenergieanlagen sollen alle vorhandenen Arten ermittelt werden, um baubedingte Auswirkungen auf diese festzustellen. Dies bedeutet, neben den eher laut rufenden Arten im offenen Luftraum müssen auch leise Arten der Gattungen *Barbastella*, *Plecotus* und *Myotis* erfasst werden. Diese sind jedoch häufig nur über kurze Distanzen erfassbar und können somit nicht immer repräsentativ aufgezeichnet werden. Eine Erhöhung der Empfindlichkeit des Detektors ist dabei nicht zwingend förderlich. Einerseits kann dies dazu führen, dass überproportional viele falsch-positive Aufnahmen (Laubheuschrecken, Umweltgeräusche) aufgezeichnet werden. Andererseits ist insbesondere in strukturierten Lebensräumen meist die Abdeckung des Mikrofons durch Vegetation erheblicher als die Empfindlichkeit des Detektors (Stahlschmidt und Brühl 2012). Sinnvoll ist es, neben bodennahen Geräten im Wald auch im Kronenbereich Detektoren einzusetzen (Plank et al. 2012).

Auch laut rufende Arten des offenen Luftraums werden nicht immer sicher aufgezeichnet. Dies liegt in dem Fall jedoch an der teils großen Flughöhe, sodass die Rufe die bodennahen Mikrofone nicht mehr mit ausreichendem Schalldruckpegel für die Auslösung einer Aufnahme erreichen oder durch Vegetation (Baumkronen) abgeschirmt werden. Insofern lässt sich zwar die Anwesenheit solcher Arten mit bodennah installierten Detektoren unter Umständen feststellen, jedoch nicht die Höhenaktivität umfassend ermitteln (Müller et al. 2013). Niedrige Aktivitäten in Bodennähe erlauben nicht den sicheren Ausschluss von Höhenaktivität, dies lässt sich nur durch ein Höhenmonitoring klären. Hohe Aktivitäten deuten auf Quartiere und immer auf ein erhöhtes Konfliktpotenzial hin. Dabei sollte mittels Referenzen immer auch klar dargelegt werden, wie eine Bewertung zur Einteilung niedrig oder hoch gelangt. Es lassen sich aus solchen Erfassungen dennoch keine detaillierten und rechtssicheren Algorithmen für den Betrieb einer zu bauenden Windindustrieanlage bereits im Vorfeld ableiten. Dazu ist immer auch die Erfassung in der relevanten Höhe nötig (Abb. 1.2).

Auch beim Gondelmonitoring ist die Reichweite ein limitierender Faktor. Bei modernen Windenergieanlagen mit Rotordurchmessern von bis zu 160 m liegen selbst maximale Detektionsreichweiten immer deutlich unterhalb des Radius der Rotoren. Die Verwendung der maximalen Detektionsreichweite bei der Bewertung suggeriert dann eine bessere Abdeckung, als es tatsächlich der Fall ist. Korrekt wäre es, die Detektionswahrscheinlichkeit zugrunde zu legen. Diese nimmt mit zunehmender Distanz der Fledermaus zum Detektor ab und kann neben der Detektorempfindlichkeit auch Schallkeule der Fledermaus oder andere Parameter beinhalten. Wie sich die Detektionswahrscheinlichkeit genau verhält, ist jedoch nicht untersucht. Abb. 1.3 zeigt mögliche Verläufe im Vergleich zu einem hypothetischen Rotorradius.

Ist die Erfassungsreichweite im Verhältnis zum Rotordurchmesser gering, steigt die Unsicherheit der Prognose. Da beim Gondelmonitoring jedoch insbesondere das Kollisionsrisiko betrachtet werden muss, können solche Erfassungsdefizite eine rechtssichere Bewertung erschweren oder gar unmöglich machen. Die Detektionsreichweite lässt sich dabei nicht beliebig erhöhen. Eine Erniedrigung der Auslöseschwelle des Detektors kann ebenso wie eine Erhöhung der Signalverstärkung eine starke Zunahme an Störgeräuschaufnahmen (z. B. Betriebsgeräuschen) zur Folge haben, welche ihrerseits echte Fledermausrufe maskieren und/oder die Bestimmungsgenauigkeit der automatischen Rufanalyse massiv beeinträchtigen können. Wie bereits ausgeführt, ist weiterhin der Einfluss vor allem der atmosphärischen Abschwächung bei größeren Entfernungen entscheidend für die Reichweite. Diese physikalische Gegebenheit lässt sich nicht kompensieren. Auch steht einer Erhöhung der Detektorempfindlichkeit momentan entgegen, dass die in Deutschland verwendete Kollisionsbewertung mittels ProBat nur mit fest vorgegebener Installation und Detektoreinstellungen arbeiten kann (Behr et al. 2018). Ein Abweichen zu höherer Empfindlichkeit für eine Reichweitenerhöhung ist daher nicht möglich.

Das Erfassungsdefizit kann jedoch durch Nutzung weiterer Mikrofone im Bereich unterhalb der Gondel bis zur unteren Rotorspitze kompensiert werden, auch wenn dann eine zusätzliche Auswertung ergänzend zur ProBat-Berechnung nötig ist. Nach wie vor können so jedoch keine Daten vom Bereich der Rotorspitzen oberhalb und seitlich der Gondel erhalten werden. Besonders leise Arten, wie die Mopsfledermaus, Arten der Gattung *Myotis* oder Langohrfledermäuse

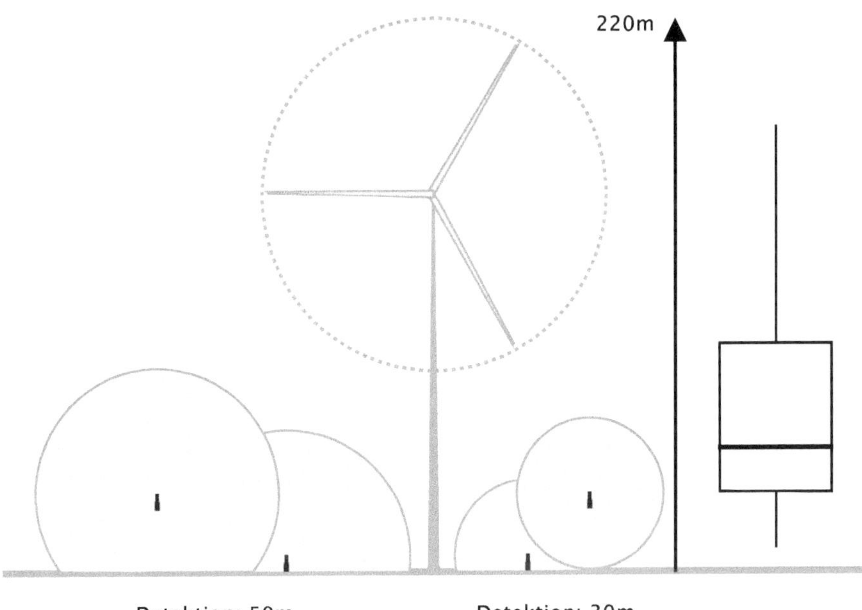

Abb. 1.2 Bodennahe und Höhenerfassung (Baumwipfelhöhe, ca. 30 m) ist bei modernen WEA (Nabenhöhe ≥ 130 m, Rotordurchmesser ≤ 130 m) nicht ausreichend, um den potenziellen Kollisionsbereich hinreichend zu überwachen. Es wurden dazu optimistische Detektionsreichweiten von 30 m und 50 m vereinfacht als kugelförmige Erfassung geplottet. Der Boxplot (Whiskers/Box geben Quartile an) zeigt Flughöhen von Weibchen des Großen Abendseglers im Vergleich zu den Erfassungsbereichen. (Nach Roeleke et al. 2016)

Fig. 1.2 Ground- and height-based (canopy height, about 30 m) acoustic recording is insufficient to cover the air space influenced by modern wind turbines (hub height ≥ 130 m, diameter ≤ 130 m). The air volume with possible collisions is not sufficiently monitored. The graph shows simplified detection ranges of 30 m and 50 m, which are both conservative. The box plot (whiskers/box depict quartiles) shows flight heights of female common noctules. (After Roeleke et al. 2016)

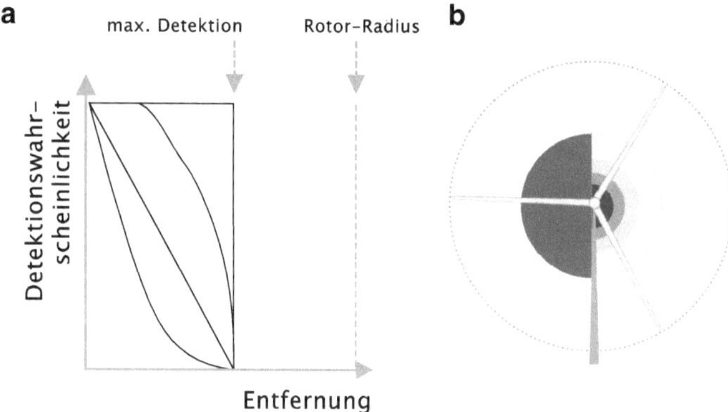

Abb. 1.3 a Detektionsreichweite in Bezug zu modernen Rotorradien. Die Detektionsreichweite sollte dabei als Wahrscheinlichkeit einer Detektion verstanden werden, die mit zunehmender Entfernung abnimmt. Gezeigt sind mehrere hypothetische Verläufe. b Gegenüberstellung von Detektionswahrscheinlichkeit gleich 1 bis maximaler Erfassungsreichweite (links) und kontinuierlicher Abnahme der Detektionswahrscheinlichkeit (rechts)

Fig. 1.3 a Detection distance is shown in relation to modern rotor diameters. The detection distance must be seen as distance dependent probability, the graph shows some hypothetical plots with various distance related decreases of probability. b Comparison of detection probability of one for the whole detection range (left) and one with linear decreasing probability (right)

werden in der Regel nur über wenige Meter aufgezeichnet und können somit auch bei erhöhter Empfindlichkeit mit einem zweiten Mikrofon leicht überhört werden. Insbesondere an Standorten im Wald, an denen diese Arten auftreten, besteht somit bei der akustischen Höhenerfassung immer eine Restunsicherheit, die nur durch Einsatz weiterer Mikrofone in verschiedenen Höhen am Mast oder ergänzender Methoden (Netzfang, Raumnutzungsanalyse etc.) verringert werden kann. Weiterhin scheinen Fledermäuse teilweise zur Nahrungssuche oder durch Verwechselung mit Bäumen gezielt Windkraftanlagen anzufliegen (Cryan et al. 2014; Rydell et al. 2016; Foo et al. 2017). In diesem Fall erhöht sich die Wahrscheinlichkeit eines akustischen Nachweises.

1.3.2 Automatische und manuelle Bestimmung

Für Gutachten im Rahmen der Eingriffsregelung werden aus Kostengründen zumeist automatische Werkzeuge zur Rufsuche und Artbestimmung eingesetzt. Diese erlauben eine objektive Ermittlung der Arten und der Aktivität. Auch wenn die verfügbaren Systeme nach wie vor teils hohe Fehlerraten aufweisen (Rydell et al. 2017; Brabant et al. 2018), sind sie als objektive Methode dennoch sinnvoll anwendbar. Insbesondere auf Gruppen- und Gattungsniveau erzielen sie teils bereits jetzt gute Ergebnisse. Wichtig ist dabei, dass bei der Rufauswertung ebenso wie beim Detektor mit einer festen Schwelle gearbeitet wird und weitere einstellbare Parameter des Detektors und der verwendeten Programme für die Rufsuche und Artbestimmung später im Gutachten genau dokumentiert werden. Auch bei manuellen Nachkontrollen dürfen nur die Rufe betrachtet werden, die überschwellig sind. Im Hintergrund aufgezeichnete Rufe dürfen bei der objektiven, quantitativen Auswertung nicht berücksichtigt werden, wenn sie nicht die Auslöseschwelle erreichen (Abb. 1.4). Aufnahmen eines modernen Detektors lassen Signale in dem Schalldruckpegelbereich erkennen, der sich durch den Signal-Rausch-Abstand (SNR) des Geräts ergibt. Gute Geräte weisen einen sehr guten Signal-Rausch-Abstand und damit einen großen Dynamikumfang von etwa 80 dB SPL auf. Die Auslöseschwelle liegt in der Regel deutlich über dem Grundrauschen, zumeist bei einem Eingangssignalpegel von 50–60 dB SPL (re 20 µPa). Das bedeutet, während leisere Signale zwar noch in einer Aufnahme erkennbar sind, lösen sie alleine keine Aufnahme aus, da sie unterhalb der Auslöseschwelle liegen. Somit sind solche Signale, die über dem Rauschen liegen, aber nicht die Schwelle für eine Auslösung erreichen, zu ignorieren. Da diese Rufe nur manuell gefunden werden können, müssten ansonsten alle Aufnahmen manuell kontrolliert werden. Einzig bei der qualitativen Auswertung zum Erstellen des Artenspektrums sind solche bei Nachkontrollen gefundenen Rufe verwendbar. Werden überschwellige Rufe durch Störungen in den Aufnahmen nicht erkannt, müssen diese jedoch durch manuelle – wenigstens stichprobenartige – Kontrollen nachträglich hinzugefügt werden. Ansonsten wird ebenso die Objektivität durch eine feste Schwelle verletzt.

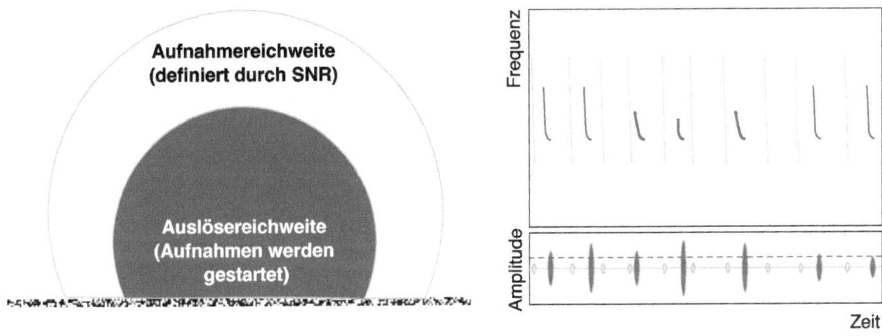

Abb. 1.4 Bei Aufnahmen moderner Detektoren mit gutem Signal-Rausch-Abstand (SNR) können Rufe aufgrund des hohen Dynamikumfangs auch deutlich unter der Auslöseschwelle noch erkannt werden. Bei der quantitativen Auswertung dürfen jedoch nur überschwellige Signale analysiert werden. Die Schwelle wird zum einen durch den Detektor und zum anderen durch die Software vorgegeben. Für eine qualitative Auswertung (Artenspektrum) können solche zu leisen, bei manuellen Kontrollen gefundenen Arten hinzugefügt werden

Fig. 1.4 The recordings of modern detectors with high signal-to-noise ratio (SNR) often contain not only calls above recording threshold but also lower amplitude calls in the background. When doing a quantitative analysis only calls above threshold should be used. The threshold is defined by detector or software and has a fixed value. In a qualitative analysis species with low intensity calls can be added manually

Weiterhin sind einige leise rufende Arten, insbesondere der Gattung *Myotis*, akustisch nur schwer bestimmbar. Sowohl durch Effekte wie die Ausrichtung des Mikrofons (Ratcliffe und Jakobsen 2018) als auch durch physikalische Effekte bei der Ausbreitung (Goerlitz 2018) kann die Bestimmung weiter erschwert werden oder unmöglich sein. Insbesondere bei Voruntersuchungen in Wäldern können somit manche Arten nur bedingt untersucht werden. Die Bestimmung ist bei Arten der Gattungen *Myotis* und *Plecotus* selbst von erfahrenen Gutachtern manuell häufig nur auf Gattungsniveau möglich. So erschwert dies zusätzlich zur geringen Erfassungsreichweite den Einsatz der Methode. Bei keiner Methode kann ein Negativnachweis seltener Arten sicher erbracht werden. Dennoch liefert die akustische Erfassung gute Hinweise und kann in Kombination mit anderen Methoden wie Netzfang wertvolle Hinweise auf die Wahrscheinlichkeit des Vorkommens einer Art liefern.

Auch beim eingeschränkten Artenspektrum auf Gondelhöhe ist eine Nachkontrolle von Aufnahmen nötig. Betriebsgeräusche der Windindustrieanlage können fälschlicherweise als Fledermaus bestimmt werden oder aber die automatische Bestimmung von Rufen stören und die Fledermausrufe maskieren, sodass diese als solche nicht mehr erkannt werden (Abb. 1.5). Dies führt häufiger zu Fehlbestimmungen. Eine objektive Auswertung ist dann gegebenenfalls nicht mehr möglich und der Einsatz von Bewertungssystemen wie ProBat fraglich.

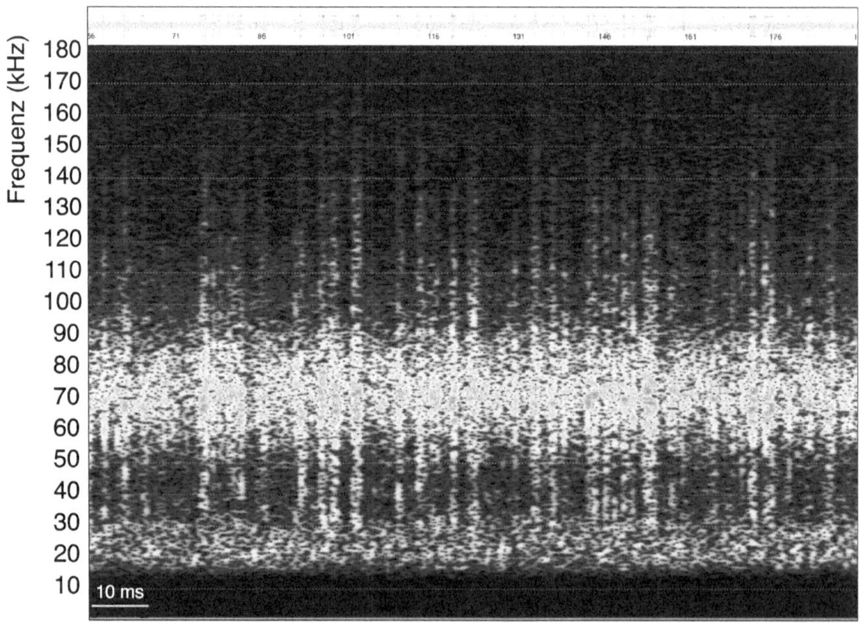

Abb. 1.5 Sonagramm eines von einer WEA erzeugten Geräuschs, das Fledermauslaute maskieren kann

Fig. 1.5 Sonagram of noise produced by a wind turbine that can potentially mask bat calls

Auch gelingt selbst bei den scheinbar einfach zu unterscheidenden Arten des freien Luftraums die Artunterscheidung bisher automatisch nicht immer sicher. Mittels manueller Nachkontrolle ausgewählter Sequenzen lässt sich hier jedoch in der Regel nachbessern, auch wenn die Überlappung der Rufe der Gattungen *Nyctalus, Vespertilio* und der Art *Eptesicus serotinus* sehr hoch ist. Auch für die sichere Ansprache von Aufnahmen der Rauhautfledermaus, die als migrierende Art besonders windresistent ist, ist eine manuelle Nachkontrolle über den zeitlichen Zusammenhang der Aufnahmen und das Frequenzspektrum angebracht, um diese vor allem gegenüber Nachweisen der Zwergfledermaus sicher abzugrenzen.

1.3.3 Bewertung

Die Bewertung der Aktivität ist der entscheidende Schritt der Datenauswertung. Hierbei wird der geplante Eingriff im Hinblick auf die Verbotstatbestände des Bundesnaturschutzgesetzes §44 eingeordnet. Für solche Betrachtungen werden bevorzugt Individuenzahlen und Populationsgröße der betroffenen Arten betrachtet, da so die Auswirkung des Eingriffs am besten rechtssicher festgestellt werden kann. Akustische Methoden können jedoch weder das eine noch das andere leisten. Individuen lassen sich anhand der Rufe nicht ermitteln. Einzig lassen sich Aufnahmen mit mehr als einem Tier bei der manuellen Analyse erkennen. Somit sind auch Abschätzungen der Populationsgröße nicht möglich.

Zur Bewertung werden zumeist die Aufnahmezahlen (auch Kontaktzahlen) verwendet. Jedoch sollte dem Anwender bewusst sein, dass diese Maßzahl sehr stark von diversen Faktoren abhängig ist. Die Fledermaus bestimmt durch ihr Verhalten bereits stark das Ergebnis. Eine kleinräumig, strukturgebunden jagende Art wird deutlich höhere Kontaktzahlen erzeugen als ein großräumiger Luftraumjäger. Auch der Standort des Detektors hat einen Einfluss auf die Anzahl der Kontakte. Steht dieser an einer Leitstruktur, erhält man höhere Aktivitäten als an einem offenen, strukturarmen Standort (Kelm et al. 2014). Ob dies eine Folge höherer Individuendichten oder nur des Verhaltens ist, lässt sich dabei nicht klar unterscheiden. Vermutlich finden Fledermäuse solche Strukturen nicht nur als Leitstruktur interessant, sondern nutzen die höhere Dichte an Beutetieren für die Jagd (Heim et al. 2015; Toffoli 2016). So kann jedoch bei bodennahen Erfassungen durch die Standortwahl das Ergebnis stark beeinflusst werden (Abb. 1.6).

Auch der verwendete Detektor hat direkt Einfluss auf die erhaltenen Aufnahmezahlen. Bedingt durch Eigenschaften wie die Empfindlichkeit, Direktionalität oder die Aufnahmesteuerung, werden beim direkten Vergleich von Geräten teils deutlich unterschiedliche Aufnahmezahlen ermittelt. Tab. 1.1 zeigt vereinfacht die Auswirkung der einzelnen Parameter. Auch gezeigt ist die Auswirkung auf die Aufnahmedauer. Diese ist ähnlich stark variabel wie die Aufnahmezahl (Kontaktzahl) (Abb. 1.6). Eine Kombination der Detektoreigenschaften mit dem Aufbau und dem Standort können jedoch gegenläufige Tendenzen ergeben. Eine nachträgliche Korrektur der Ergebnisse ist somit nicht möglich.

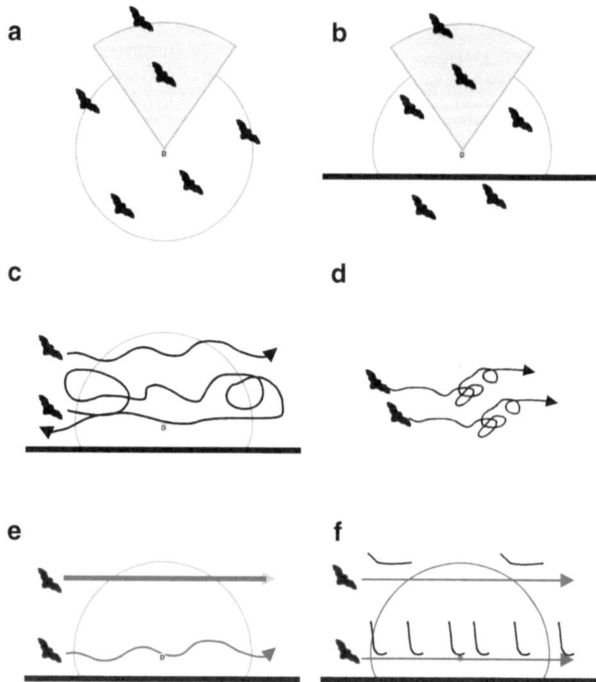

Abb. 1.6 Die Abbildungen zeigen die Auswirkung des Detektors, des Aufbaus und des Verhaltens auf die erhaltenen Anzahl Aufnahmen (=Anzahl Kontakte) (**a**–**d**). Der genaue Standort des Detektors hat durch seine räumliche Ausprägung (Schallhindernisse) starken Einfluss auf die Anzahl Aufnahmen (**a**, **b**). Unterscheiden sich die Direktionalität der Detektoren zusätzlich, kann es zu stark abweichenden Ergebnissen kommen. Geringe Aufnahmedauern erhält man beim schnellen Flug der Tiere durch den Erfassungsbereich, wohingegen ein mäandrischer Flug zu längeren Aufnahmezeiten führt (**c**). Beim Gondelmonitoring entscheidet die Flughöhe der Fledermaus im Hinblick auf die Detektorhöhe stark über Aufnahmezahl und Aufnahmedauer (**d**). Effekt auf die Aufnahmedauern, wenn Tiere, zum Beispiel bedingt durch den Abstand zur Vegetation, schneller (oben) oder langsamer (unten) fliegen und sich so unterschiedlich lange im Erfassungsraum aufhalten (**e**). Unterschied der Anzahl an Rufen bei Flug nahe oder entfernt von der Vegetation (**f**)

Fig. 1.6 The images show effects of detector, location and behaviour of bats on the resulting number of recordings (**a**–**d**). The exact location of the detector as well as the surrounding structures can in addition with different directionality of the detectors strongly influence recording count (**a**, **b**). Quick passing or meandering flight of bats both have strong influence on recording durations (**c**). In nacelle monitoring the difference of flight height and detector height strongly influence counts and durations of recordings (**d**). Effect on recording durations due to slower (lower) or faster (upper) flight speeds of animals for example due to distance to vegetation (**e**). The influence of distance to clutter on the number of resulting calls is shown (**f**)

Die starke Streuung der Maßzahlen „Anzahl Aufnahmen“ oder „Aufnahmedauer“ erschwert die Bewertung. Dies fällt besonders dann ins Gewicht, wenn der zeitliche Umfang der Datenerhebung nur wenige Nächte beträgt. Insbesondere in den Voruntersuchungen wird häufig nur an wenigen Terminen eine

Tab. 1.1 Auswirkung der Detektoreigenschaften auf die Aufnahme-/Kontaktzahl und die Aufnahmedauern. Die Angaben sind als Tendenz zu verstehen, denn in Kombination und bedingt durch die tatsächliche Ausprägung der Eigenschaft ergeben sich sowohl kumulative als auch sich auslöschende Effekte

Tab. 1.1 Influence of detector properties on recording number and recording duration. The effects need to be seen as tendencies and can be cumulative as well as canceling in combination with each other

Detektoreigenschaft	Ausprägung	Aufnahmezahl (Tendenz)	Aufnahmedauer
Empfindlichkeit/Reichweite	Niedrig	Niedriger	Kürzer
	Hoch	Höher	Länger
Direktionalität	Gerichtet	Höher	Kürzer
	Ungerichtet	Niedriger	Länger
Aufnahmesteuerung	Während der Rufaktivität	Höher	Divers
	Feste Dauer	Niedriger	Fix
Totzeit	Lang	Niedriger	Fix
	Kurz	Höher	Fix
Aufnahmeschwelle	Variabel	Niedriger	Divers
	Fix	Höher	Fix

Erfassung durchgeführt. Eine längere Erfassungsdauer führt somit nicht nur zu einer besseren Bewertungsgrundlage, sondern auch dazu, dass seltene Arten oder solche, die akustisch nur schwer zu erfassen sind, zuverlässiger aufgezeichnet werden. Insofern sollten für rechtssichere Bewertungen entsprechend umfangreiche Zeiträume bereits in der Voruntersuchung erfasst werden. Auch sollte der Anwender es vermeiden, die relativ schwachen Aktivitätsindizes „Anzahl Aufnahmen" oder „Aufnahmedauer (Sekunden)" zu verwenden. Diese sind bei manchen Fragestellungen gegebenenfalls anwendbar. Generell erweisen sich jedoch weniger streuende und nicht so stark technikabhängige Indizes in Form von Zeitintervallen mit Aktivität als günstiger. Hier bietet sich die Zusammenfassung der Aufnahmen in 30-s- bis 10-min-Intervallen entsprechend der tatsächlichen Fragestellung an. In einer Masterarbeit wurde dazu ein Vergleich mehrerer Detektoren durchgeführt, der zu dem Ergebnis kam, dass eine Auswertung mittels eines 5-min-Zeitintervalls beinahe jegliche Streuung der Technik eliminiert (Belkin 2014).

Auch eine Beachtung der zeitlichen Verteilung der Daten kann für die Bewertung wichtig sein. So können zum Beispiel durch das Verhalten Phasen mit erhöhter Aktivität solchen Phasen mit geringer oder keiner Aktivität gegenüberstehen. Somit sind Zusammenfassungen der gesamten Aktivität nicht immer sinnvoll bei der Bewertung eines Eingriffs.

Die bestehenden Bewertungsindizes bestehen nach wie vor zumeist auf der Anzahl Aufnahmen/Kontakten und sind auch wegen fehlender Angaben zur Technik nicht brauchbar. Sie weisen auch andere Schwachstellen auf. So wird die ermittelte Aktivität in der Regel als Mittelwert je Stunde verwendet, und es werden mehrere Klassen gebildet, die dann die Schwere des Eingriffs beurteilen. Am Beispiel eines Leitfadens des Landes Schleswig-Holstein (LANU 2009) werden die Probleme dieses Vorgehens verdeutlicht. Trotz der Veröffentlichung vor zehn Jahren findet sich das Bewertungsschema noch heute in aktuellen Gutachten auch außerhalb des Landes Schleswig-Holstein, wird also bundesweit aktiv verwendet.

Dieser Leitfaden hat in Tabelle III-9 eine Klassifizierung bestehend aus der mittleren Anzahl der aufgezeichneten Ereignisse je Untersuchungsnacht. Das „Ereignis" ist nicht weiter definiert, wird aber in der Regel von den Gutachtern mit einer Aufnahme oder einem Kontakt gleichgesetzt. Die Bewertung des Kollisionsrisikos wird anhand sieben verschiedener Abundanzklassen festgelegt. Diese Klassen gelten gleichermaßen für alle schlaggefährdeten Arten. Damit sind Arten, die durch Flughöhe oder Jagdverhalten seltener aufgezeichnet werden, benachteiligt. Arten wie die Zwergfledermaus, die kleinräumig und eher bodennah jagt, werden hingegen bevorteilt. Ein weiteres Problem ist die Mittelwertbildung. Diese ignoriert zum einen die Phänologie, aber auch kurzzeitige Ereignisse mit hoher Aktivität. Die Mittelwertbildung ist bei akustischen Daten in der Regel nicht sinnvoll, da die Daten, insbesondere bei langen Zeiträumen, nicht normalverteilt sind. Damit ist das arithmetische Mittel nicht anwendbar.

Die Argumentationsgrundlage der Bewertung ist, dass wenige Aufnahmen automatisch auch nur eine geringe Gefährdung bedeuten. Dies findet sich so auch regelmäßig in Gutachten zu Eingriffsplanungen. Bei der Beurteilung der baubedingten Lebensraumverluste ist diese Schlussfolgerung bedingt möglich, insbesondere wenn im direkten Vergleich an anderen Standorten deutlich höhere Aktivität herrscht. Hohe Aktivität einzelner Arten (z. B. Zwergfledermaus, *Pipistrellus pipistrellus*) werden dann häufig noch relativiert und als intensive Jagd eines Einzelindividuums nur gering bewertet. Per se bedeuten niedrige Aktivitäten jedoch nicht zugleich eine geringe Gefährdung durch einen Eingriff. Es gibt zahlreiche, bereits genannte Faktoren, die zu einer scheinbar niedrigen Aktivität führen können. Nicht alle Arten können repräsentativ erfasst und somit auch nicht detailliert bewertet werden.

Bei Höhenmonitoring wird – in Deutschland – zumeist eine objektive Bewertung vorgenommen. In der Regel muss auf das Tool ProBat (Behr et al. 2018) zurückgegriffen werden, das als evidenzbasiertes Werkzeug verstanden werden kann. ProBat verwendet akustische Erfassungen an der Gondel, die standardisiert erhalten werden, um eine Schlagopferprognose zu erstellen. Darauf basierend werden dann je Monat und Nachtzehntel Windgeschwindigkeiten ermittelt, die als Schwellen für den Betrieb der WEA am Standort dienen. Für die Anwendung von ProBat sind strenge Voraussetzungen zu erfüllen, ansonsten können keine verlässlichen Ergebnisse ermittelt werden. Kann ProBat nicht genutzt werden, muss eine alternative Bewertung der Aktivität im Hinblick auf individuelle Kollisionsopfer vorgenommen werden. Dazu wird die gemessene Aktivität analog zu ProBat in Bezug zu Umweltparametern gesetzt. Im Gegensatz zu ProBat liegt dann jedoch keine statistische Korrelation von Aktivität und Schlagopfern zugrunde. Geringe Aktivität kann nicht zwingend mit geringem Kollisionsrisiko gleichgesetzt werden.

Durch Erfassungsdefizite aufgrund begrenzter Reichweite und Richtung der Fledermaus zum Detektor ist die tatsächliche Aktivität insbesondere an modernen WEA (Rotordurchmesser ≥ 120 m) nicht genau bekannt, und Hochrechnungen auf die Rotorgröße sind nur bedingt möglich. Dies gilt gleichermaßen für die Anwendung von ProBat, wobei hierfür wärmeoptische Aufnahmen an einzelnen Anlagen als anekdotische Basis einer Hochrechnung dienen. Bei zunehmender Rotorgröße muss bei der Bewertung somit eine mögliche Datenunsicherheit berücksichtigt werden. So sind niedrige Aktivitäten, wenn sie sich regelmäßig wiederholen, ein klarer Hinweis für potenzielle Kollisionsopfer. Durch die möglicherweise unzureichende Erfassung können sich weiterhin Ungenauigkeiten bei der Korrelation von Aktivität mit Umweltparametern wie Windgeschwindigkeit oder Temperatur ergeben. Diese werden zumeist für Abschaltalgorithmen verwendet. Fehlt relevante Aktivität aufgrund der oben beschriebenen limitierenden Faktoren bei der akustischen Erfassung, werden somit auch falsche Abschaltungen berechnet. Dies lässt sich zum Beispiel durch wenigstens ein zusätzliches Mikrofon auf Höhe der Rotorunterkante teilweise kompensieren. Eine ausführliche Prüfung der Daten auf mögliche Erfassungslücken und der Vergleich mit im selben Naturraum erhobenen Daten sind dann weitere sinnvolle Maßnahmen für die Einschätzung möglicher Datendefizite. Bei Verdacht auf Datenlücken sollten Abschaltzeiten im Rahmen der Einschätzungsprärogative angepasst werden. Insbesondere größere zeitliche Ausnahmen von Abschaltungen sind bei fehlenden Erfassungen kritisch. Falls möglich, können durch Nachsuchen von Kollisionsopfern Verbesserungen erreicht werden, wenn der Anlagenstandort dies zulässt.

1.4 Ansprüche an akustische Erfassung

Die bereits eingangs erwähnten Voraussetzungen für die akustische Erfassung (Hayes 2000; Gannon et al. 2003) werden nun nochmals im Hinblick auf Gutachten in der Eingriffsplanung formuliert und ergänzt. Sowohl die Erfassung im Vorfeld der Windkraftplanung als auch beim Höhenmonitoring während des Betriebs sollte so ausgestattet sein, dass diese Aspekte alle berücksichtigt werden.

1.4.1 Objektive Aufzeichnung

Das verwendete Gerät muss objektiv alle Fledermäuse zuverlässig und reproduzierbar aufzeichnen. Wiederkehrende Ereignisse müssen gleichermaßen zur Aufnahme führen. Totzeiten zwischen Aufnahmen dürfen nicht auftreten. Dazu sollte die Erfassung in jeder Richtung gleich gut erfolgen und somit idealerweise omnidirektional sein. Die Omnidirektionalität ist insbesondere bei der bodennahen Erfassung wichtig, da dort kleinräumiges Verhalten zu erwarten ist. Beim Einsatz im offenen Luftraum sowie bei der Dauererfassung sind Kompromisse zum Beispiel im Hinblick auf die Omnidirektionalität nötig, wenn sich diese nicht vermeiden lassen (Gondeleinbau) oder wenn sie die Wetterfestigkeit erhöhen (Detektorboxen).

1.4.2 Mikrofonempfindlichkeit

Für die Vergleichbarkeit und Interpretation von Daten sollte das Gerät kalibriert sein und eine bekannte Grundempfindlichkeit besitzen. Die sich daraus ergebende Reichweite sollte – soweit im Hinblick auf physikalische Effekte möglich – ausreichend zur repräsentativen Untersuchung der auftretenden Arten sein. Durch simultanen Einsatz mehrerer gleich arbeitender Geräte an unterschiedlichen Messpunkten werden reichweitenbedingte Erfassungsdefizite kompensiert. Es sollte das gesamte Frequenzspektrum der zu erwartenden Fledermäuse überwacht und aufgezeichnet werden können.

1.4.3 Ausreichende Datenqualität

Die Bestimmung der Arten erfolgt durch Auswertung der Rufaufnahmen. Da dies auch automatisch zuverlässig erfolgen muss, sollten die Aufnahmen eine entsprechend hohe technische Qualität (Samplerate, Amplitudenauflösung, Signal-Rausch-Abstand) aufweisen. Idealerweise sind sie ohne Störungen, Echos oder andere die Bestimmung erschwerende Artefakte.

1.4.4 Zuverlässiger Betrieb

Die Funktionalität, insbesondere des Mikrofons, muss regelmäßig geprüft werden und das Ergebnis der Prüfung dem Anwender im Idealfall täglich vorliegen, um auf Ausfälle kurzfristig reagieren zu können. Der Detektor muss autark, das bedeutet auch ohne eine dauerhafte Stromversorgung zuverlässig aufzeichnen. Die Geräte müssen ausreichend robust sein, um typische Witterungsbedingungen im Jahresverlauf zu überstehen.

1.4.5 Standortwahl und Erfassungsdauer

Akustische Messungen weisen bedingt durch zeitliche und räumliche Aktivitätsmuster der Fledermäuse häufig eine sehr hohe Variabilität auf. Die Daten streuen dabei sowohl innerhalb einer Nacht als auch zwischen Nächten und im Jahresverlauf stark. Darüber hinaus haben die horizontale und vertikale Strukturierung des Standorts großen Einfluss auf die erhobenen Daten. Zeitliche und räumliche Faktoren müssen daher bei der Erfassung durch die Wahl geeigneter Erfassungsdauern und Standorte möglichst gut berücksichtigt werden, um eine repräsentative und aussagekräftige Erfassung zu ermöglichen.

1.4.6 Automatisierte Artbestimmung und Datenverarbeitung

Die automatische Rufanalyse muss so gestaltet sein, dass aufgezeichnete Rufe auch dann zuverlässig vermessen werden, wenn bis zu einem gewissen Grad Störsignale in der Aufnahme vorhanden sind. Die Ergebnisse der automatischen Artbestimmung sollten mehrere Bestimmungsebenen zulassen und eine einfache manuelle Kontrolle erlauben. Für den Austausch und die Sammlung von Daten sind einfache Schnittstellen mit ubiquitären Datenformaten sinnvoll.

1.4.7 Neutrale Bewertung

Die Bewertung der Ergebnisse muss neutral im Hinblick vor allem auf die verwendete Technik erfolgen. Unterschiede der verwendeten Geräte dürfen sich nicht in der Maßzahl der Aktivität niederschlagen. Die Bewertung muss art- oder artgruppenspezifisch erfolgen, um etwaige Unterschiede im Verhalten und der Ortung zu berücksichtigen. Eine pauschale Beurteilung, zum Beispiel mittels Kontaktdichten je Tag oder je Stunde, ist ebenso wie der Vergleich zwischen Arten nur bedingt oder nicht möglich. Bei der Bewertung sollte die Detektionsreichweite, wenn Bezug auf sie genommen wird, besser unter- als überschätzt werden, da sie sehr variabel ist.

1.4.8 Dokumentation

Sowohl die Erfassung als auch die Auswertung und die Bewertung müssen umfassend dokumentiert sein. Dazu müssen alle relevanten Informationen, so zum Beispiel die genauen Einstellungen der Geräte, durchgeführte Prüfungen (Mikrofon), aber auch alle Schritte und Parameter der Auswertung dokumentierbar sein und auch dokumentiert werden. Liegen Abweichungen von behördlichen Vorgaben vor, müssen diese ebenso überprüfbar begründet werden.

1.4.9 Qualifizierte Bearbeiter

Neben den technischen Aspekten der Anwendung muss der Bearbeiter eine ausreichende und umfassende Qualifizierung aufweisen. Dies ist beim Einsatz der Geräte ebenso wie bei der Auswertung und Bewertung der Daten nötig. Der hohe Automatisierungsgrad macht den qualifizierten Bearbeiter nicht überflüssig. Nur so können, beginnend bei der Erfassung, mögliche Probleme durch Technik, Standort oder Verhalten der Tiere erkannt und dokumentiert werden. Für die Auswertung der Daten ist eine umfassende Kenntnis der Möglichkeiten und Grenzen zwingend erforderlich.

Die Veröffentlichung wurde durch den Open-Access-Publikationsfonds für Monografien der Leibniz-Gemeinschaft gefördert.

Literatur

Adams AM, Jantzen MK, Hamilton RM, Fenton MB (2012) Do you hear what I hear? Implications of detector selection for acoustic monitoring of bats. Methods Ecol Evol 3:992–998

Bass HE, Sutherland LC, Zuckerwar AJ (1972) Atmospheric absorption of sound: Analytical expressions. J Acoust Soc Am 52:2019–2021

Bazley EN (1976) Sound absorption in air at frequencies up to 100 kHz. National Physics Laboratory, Teddington

Behr O, Brinkmann R, Hochradel K, Mages J, Korner-Nievergelt F, Reinhard H, Simon R, Stiller F, Weber N, Nagy M (2018) Bestimmung des Kollisionsrisikos von Fledermäusen an Onshore-Windenergieanlagen in der Planungspraxis (RENEBAT III). 415 S

Behr O, Brinkmann R, Korner-Nievergelt F, Nagy M, Niermann I, Reich, M, Simon R (2016) Ergebnisbericht des Forschungsvorhabens „Reduktion des Kollisionsrisikos von Fledermäusen an Onshore-Windenergieanlagen (RENEBAT II)". 374 S

Belkin B (2014) Vergleich verschiedener Horchkisten zur akustischen Erfassung von Fledermauskontakten bei der Planung von Windenergieanlagen. Master thesis. Universität Oldenburg. 84 S

Brabant R, Laurent Dolap U, Degraer S, Poerink BJ (2018) Comparing the results of four widely used automated bat identification software programs to identify nine bat species in coastal Western Europe. Belg J Zool 148:1–11

Brinkmann R, Behr O, Niermann I, Reich M (2011) Entwicklung von Methoden zur Untersuchung und Reduktion des Kollisionsrisikos von Fledermäusen an Onshore-Windenergieanlagen. Umwelt und Raum. Bd 4. Cuvillier Verlag, Göttingen. 470 S

Britzke ER, Murray KL, Hadely BM, Robbins LW (1999) Measuring bat activity with the Anabat II system. Bat Res News 40:1–3

Bruckner A (2015) Recording at water bodies increases the efficiency of a survey of temperate bats with stationary, automated detectors. Mammalia 80:196–199

Corben C, Fellers GM (2000) Choosing the correct bat detector a reply. Acta Chiropterol 2:253–256

Cryan PM, Gorresen PM, Hein CD, Schirmacher MR, Diehl RH, Huso MM, Hayman DTS, Fricker PD, Bonaccorso FH, Johnson DH, Heist K, Dalton DC (2014) Behavior of bats at wind turbines. Proc Nat Acad of Sci USA 111:15126–15131

D'Acunto LE, Pauli BP, Moy M, Johnson K, Abu-Omar J, Zollner PA (2018) Timing and technique impact the effectiveness of road-based, mobile acoustic surveys of bats. Ecol Evol 8:3152–3160

de Torrez ECB, Wallrichs MA, Ober JK, McCleery RA (2017) Mobile acoustic transects miss rare bat species: implications of survey method and spatio-temporal sampling for monitoring bats. PeerJ 5:e3940

Dietz M, Krannich E, Weitzel M (2016) Arbeitshilfe zur Berücksichtigung des Fledermausschutzes bei der Genehmigung von Windenergieanlagen (WEA) in Thüringen. 121 S

Evans LB, Bass HE, Sutherland LC (1971) Atmospheric absorption of sound: theoretical predictions. J Acoust Soc Am 51:1565–1575

Fenton MB (2000) Choosing the correct bat detector. Acta Chiropterol 2:215–224

Fisher-Phelps M, Schwilk D, Kingston T (2017) Mobile acoustic transects detect more bat activity than stationary acoustic point counts in a semi-arid and agricultural landscape. J Arid Environm 136:38–44

Foo CF, Benett VJ, Hale AM, Korstian JM, Schildt AJ, Williams DA (2017) Increasing evidence that bats actively forage at wind turbines. PeerJ 5:e3985

Frick WF (2013) Acoustic monitoring of bats, considerations of options for long-term monitoring. Therya 4:69–78

Fritsch G, Bruckner A (2014) Operator bias in software-aided bat call identification. Ecol Evol 4:2703–2713

Froidevaux JSP, Zellweger F, Bollmann K, Obrist MK (2014) Optimizing passive acoustic sampling of bats in forests. Ecol Evol 4:4690–4700

Gannon WL, Sherwin RE, Haymond S (2003) On the importance of articulating assumptions when conducting acoustic studies of habitat use by bats. Wildl Soc Bull 31:45–61

Goerlitz HR, ter Hofstede HM, Zeale MR, Jones G, Holderied MW (2010) An aerial-hawking bat uses stealth echolocation to counter moth hearing. Current Biol 20:1568–1572

Goerlitz HR (2018) Weather conditions determine attenuation and speed of sound: Environmental limitations for monitoring and analyzing bat echolocation. Ecol Evol 8:5090–5100

Hayes JP (2000) Assumptions and practical considerations in the design and interpretation of echolocation-monitoring studies. Acta Chiropterol 2:225–236

Heim O, Treitler JT, Tschapka M, Knörnschild M, Jung K (2015) The importance of landscape elements for bat activity and species richness in agricultural areas. PLoS ONE 10:1–14

Hogue AS, McGowan AT (2018) Comparison of driving transect methods for acoustic monitoring of bats. In *Bats. InTech,* 1–15

Holderied MW, Korine C, Fenton B, Parsons S, Robson S, Jones G (2005) Echolocation call intensity in the aerial hawking bat *Eptesicus bottae* (Vespertilionidae) studied using stereo videogrammetry. J Exp Biol 208:1321–1327

Holderied MW, von Helversen O (2003) Echolocation range and wingbeat period match in aerial-hawking bats. Proc R Soc London 270:2293–2299

Hurst J, Balzer S, Biedermann M, Dietz M, Höhne E, Karst I, Petermann R, Schorcht W, Steck C, Brinkmann R (2015) Erfassungsstandards für Fledermäuse bei Windkraftprojekten in Wäldern. Nat Landsch 90:157–169

Jakobsen L, Ratcliffe JM, Surlykke A (2012) Convergent acoustic field of view in echolocating bats. Nature 493:93–96

Jennings N, Parsons S, Pocock MJO (2008) Human vs. machine: identification of bat species from their echolocation calls by humans and by artificial neural networks. Can J Zool 86:371–377

Johnson JB, Menzel MA, Edwards JW, Ford WM (2002) A comparison of 2 acoustical bat survey techniques. Wildl Soc Bull 30:931–936

Jones G, Vaughan N, Parsons S (2000) Acoustic identification of bats from directly sampled and time expanded recordings of vocalizations. Acta Chiropterol 2:155–170

Jüdes U (1989) Erfassung von Fledermäusen im Freiland mittels Ultraschalldetektor. Myotis 27:27–38

Kelm DH, Lenski J, Kelm V, Toelch U, Dziock F (2014) Seasonal bat activity in relation to distance to hedgerows in an agricultural landscape in Central Europe and implications for wind energy development. Acta Chiropterol 16:65–73

LANU (2009) Empfehlungen zur Berücksichtigung tierökologischer Belange bei Windenergieplanungen in Schleswig-Holstein. Schriftenreihe LANU SH 13:1–93

Lewanzik D, Goerlitz HR (2018) Continued source level reduction during attack in the low-amplitude bat *Barbastella barbastellus* prevents moth evasive flight. Funct Ecol 32:1251–1261

Lintott PR, Davison S, Van Breda J, Kubasiewicz L, Dowse D, Daisley J, Mathews F (2017) Ecobat: an online resource to facilitate transparent, evidence-based interpretation of bat activity data. Ecol Evol 8:935–941

Lintott PR, Mathews F (2017) Basic mathematical errors may make ecological assessments unreliable. Biodiv Conserv 27:1–3

MUGV (2011) Erlass des Ministeriums für Umwelt, Gesundheit und Verbraucherschutz. Beachtung naturschutzfachlicher Belange bei der Ausweisung von Windeignungsgebieten und bei der Genehmigung von Windenergieanlagen. 6 S

MULE (Ministerium für Umwelt, Landwirtschaft und Energie) (2018) Leitfaden Artenschutz an Windenergieanlagen in Sachsen-Anhalt. 47 S

Müller J, Brandl R, Buchner J, Pretzsch H, Seifert S, Straetz C, Fenton B (2013) From ground to above canopyBat activity in mature forests is driven by vegetation density and height. For Ecol Manag 306:179–184

O'Farrell MJ, Gannon WL (1999) A comparison of acoustic versus capture techniques for the inventory of bats. J Mamm 80:24–30

Parsons S (1996) A comparison of the performance of a brand of broad-band and several brands of narrow-band bat detectors in two different habitat types. Bioacoustics 7:33–43

Plank M, Fiedler K, Reiter G (2012) Use of forest strata by bats in temperate forests. J Zool 286:154–162

Ratcliffe JM, Jakobsen L (2018) Dont believe the mike: behavioural, directional, and environmental impacts on recorded bat echolocation call measures. Can J Zool 96:283–288

Rodrigues L, Bach L, Dubourg-Savage MJ, Goodwin J, Harbusch C (2016) Leitfaden für die Berücksichtigung von Fledermäusen bei Windenergieprojekten: Überarbeitung 2014. Eurobats Publication Series 6. 73 S

Roeleke M, Blohm T, Kramer-Schadt S, Yovel Y, Voigt CC (2016) Habitat use of bats in relation to wind turbines revealed by GPS tracking. Sci Rep 6:28961

Runkel V (2008) Mikrohabitatnutzung syntoper Waldfledermäuse. PhD thesis. Universität Erlangen-Nürnberg

Runkel V, Gerding G, Marckmann U (2018) Handbuch: Praxis der akustischen Fledermauserfassung. Hamburg, tredition

Russo D, Ancillotto L, Jones G (2018) Bats are still not birds in the digital era: echolocation call variation and why it matters for bat species identification. Can J Zool 96:63–78

Russo D, Voigt CC (2016) The use of automated identification of bat echolocation calls in acoustic monitoring: a cautionary note for a sound analysis. Ecol Ind 66:598–602

Rydell J, Bogdanowicz W, Boonman A, Pettersons S, Suchecka E, Pomorski JJ (2016) Bats may eat diurnal flies that rest on wind turbines. Mamm Biol 81:331–339

Rydell J, Nyman S, Eklöf J, Jones G, Russo D (2017) Testing the performances of automated identification of bat echolocation calls: a request for prudence. Ecol Ind 78:416–420

Skalak SL, Sherwin RE, Brigham RM (2012) Sampling period, size and duration influence measures of bat species richness from acoustic surveys. Methods Ecol Evol 3:490–502

Stahlschmidt P, Brühl CA (2012) Bats as bioindicators – the need of a standardized method for acoustic bat activity surveys. Methods Ecol Evol 3:503–508

Toffoli R (2016) The importance of linear landscape elements for bats in a farmland area: the influence of height on activity. J Landsc Ecol 9:49–62

Waters DA, Jones G (1995) Echolocation call structure and intensity in five species of insectivorous bats. J Exp Biol 198:475–489

Waters DA, Walsh AL (1994) The influence of bat detector brand on the quantitative estimation of bat activity. Bioacoustics 5:205–221

Weid R, von Helversen O (1987) Ortungsrufe europäischer Fledermäuse beim Jagdflug im Freiland. Myotis 25:5–27

Weller TJ, Zabel CJ (2002) Variation in bat detections due to detector orientation in a forest. Wildl Soc Bull 30:922–930

2 Windkraft im Wald und Fledermausschutz – Überblick über den Kenntnisstand und geeignete Erfassungsmethoden und Maßnahmen

Wind energy production in forests and bat conservation – an overview of the current state of knowledge and suitable methods for monitoring and measures

Johanna Hurst, Martin Biedermann, Christian Dietz, Markus Dietz, Hendrik Reers, Inken Karst, Ruth Petermann, Wigbert Schorcht und Robert Brinkmann

J. Hurst (✉) · R. Brinkmann
Freiburger Institut für angewandte Tierökologie GmbH, Freiburg, Deutschland
E-Mail: hurst@frinat.de

R. Brinkmann
E-Mail: brinkmann@frinat.de

M. Biedermann · I. Karst · W. Schorcht
Nachtaktiv GbR, Erfurt, Deutschland
E-Mail: anfrage@nachtaktiv-biologen.de

I. Karst
E-Mail: anfrage@nachtaktiv-biologen.de

W. Schorcht
E-Mail: anfrage@nachtaktiv-biologen.de

C. Dietz
Biologische Gutachten Dietz, Horb, Deutschland
E-Mail: isabel@fledermaus-dietz.de

C. C. Voigt (Hrsg.), *Evidenzbasierter Fledermausschutz in Windkraftvorhaben*,
https://doi.org/10.1007/978-3-662-61454-9_2

Zusammenfassung

In Deutschland werden immer mehr Windenergieanlagen (WEA) an Waldstandorten errichtet. Für fast alle Fledermausarten stellen Wälder sensible Lebensräume dar, die sowohl als Quartier- als auch als Jagdgebiete genutzt werden. Neben dem Kollisionsrisiko sind an Waldstandorten auch erhebliche Lebensraumverluste zu erwarten. Um auch an Waldstandorten zu gewährleisten, dass der Ausbau der Windkraft nicht zu Lasten des Fledermausschutzes geschieht, müssen die Fledermausbestände mit spezifischen Methoden erfasst und muss auftretenden Konflikten mit angepassten Maßnahmen begegnet werden.

Akustische Erfassungen an Waldstandorten sowohl an Windmessmasten als auch an WEA-Gondeln zeigen, dass über dem Wald die gleichen Arten aktiv und somit kollisionsgefährdet sind wie im Offenland, die Zwergfledermaus, die Rauhautfledermaus, die Mückenfledermaus und die ähnlich rufenden Arten Abendsegler, Kleinabendsegler, Nord-, Breitflügel- und Zweifarbfledermaus. Zudem ist die Aktivität wie auch im Offenland abhängig von Temperatur, Windgeschwindigkeit sowie Nacht- und Jahreszeit. Die Artengruppen *Myotis* sowie *Plecotus* werden an Waldstandorten nur in Ausnahmefällen über den Baumkronen aufgezeichnet. Auch die Mopsfledermaus wird äußerst selten oberhalb des Kronendachs detektiert. Für diese Arten besteht daher im Normalfall kein erhöhtes Kollisionsrisiko. In der Nähe von Quartieren, z. B. Balzquartieren des Kleinabendseglers, können ungewöhnliche Aktionsmuster auftreten. Die Ergebnisse zeigen, dass das Kollisionsrisiko im Wald nicht generell höher ist als im Offenland. Daher können auch an Waldstandorten gängige Abschaltalgorithmen zur Vermeidung von Kollisionen auf Grundlage der Ergebnisse eines Gondelmonitorings entwickelt und angewendet werden. Allerdings muss an Waldstandorten vor allem in der Nähe von Quartieren kollisionsgefährdeter Arten auf Abweichungen vom üblichen Aktivitätsverlauf geachtet werden. Eine wichtige Stellschraube für einen effizienten Schutz von Fledermauspopulationen ist die Zahl zulässiger Schlagopfer pro Anlage, die möglichst gering gewählt werden sollte. Da ein erhöhtes Kollisionsrisiko für Fledermäuse sowohl an Standorten im Wald als auch im Offenland zu erwarten

M. Dietz
Institut für Tierökologie und Naturbildung, Gonterskirchen, Deutschland
E-Mail: info@tieroekologie.com

H. Reers
OekoFor GbR, Freiburg, Deutschland
E-Mail: reers@oekofor.de

R. Petermann
Bundesamt für Naturschutz, Fachgebiet II, Bonn, Deutschland
E-Mail: ruth.petermann@bfn.de

ist, sind anlagenspezifische Abschaltzeiten dem Stand der Technik folgend für jede WEA zu beauflagen.

Lebensraumverluste an Waldstandorten betreffen alle Arten, die Baumquartiere beziehen. Vor allem Wochenstuben sind gefährdet, wenn Anlagen in Quartierzentren gebaut werden und dadurch zahlreiche genutzte und potenzielle Quartiere zerstört werden. Darüber hinaus können Arten wie die Bechsteinfledermaus, die den geschlossenen Wald als Jagdgebiet bevorzugen, durch die Rodungsarbeiten auch essenzielle Jagdhabitate verlieren. Ob Störungen durch den Betrieb von WEA sowie mikroklimatische Veränderungen durch die Öffnung ehemals geschlossener Waldbereiche außerdem dazu führen, dass auch an die Rodungsflächen angrenzende Waldhabitate nicht mehr genutzt werden, ist Gegenstand aktueller Forschungen. Um Lebensraumverluste weitestgehend zu vermeiden, müssen die Quartierbereiche und Jagdgebiete der waldgebundenen Fledermausarten vor Errichtung der WEA intensiv erfasst werden. Hochwertige, ältere Waldgebiete mit einem großen Quartierangebot sollten von vornherein nicht in die Standortplanung für WEA einbezogen werden. Wiederholte Netzfänge bei guten Bedingungen sowie die Telemetrie reproduktiver Weibchen über einen längeren Zeitraum sind notwendig, um bedeutende Quartierbereiche und Jagdhabitate der jeweiligen Kolonien im Wald finden und abzugrenzen zu können. Nachgewiesene Quartiergebiete und essenzielle Jagdhabitate sollten aus Vorsorgegründen zuzüglich eines 200-m-Pufferbereichs von der Windkraftnutzung ausgenommen werden. Als Ausgleichsmaßnahme eignet sich vor allem der dauerhafte Nutzungsverzicht auf Waldflächen in Quartierbereichen und daran angrenzenden Flächen mit Aufwertungspotenzial in Kombination mit dem Ausbringen von Fledermauskästen.

Summary

In Germany, wind turbines are increasingly installed in forests. Many bat species are highly dependent on forests for roosting and foraging. It is widely assumed that bats may suffer from increased collision risks and habitat loss when wind turbines are erected and operated in forests. Accordingly, measures have to be adjusted to survey bat populations and to mitigate emerging conflicts to guarantee that the installation of wind turbines in forests does not come at the expense of bat conservation.

Comparative acoustic surveys at wind turbines as well as at wind masts show that the same bat species occur above forest canopies and at sites in open landscapes, i.e. *Pipistrellus pipistrellus, P. nathusii, P. pygmaeus* and the similar calling species *Nyctalus leisleri, N. noctula, Vespertilio murinus, Eptesicus serotinus* und *E. nilssonii.* Similar to open landscapes, the acoustic activity of bats at forest sites depends on wind speed, temperature, time of year and time of night. Bats of the genera *Myotis* and *Plecotus* have rarely been encountered above the canopy. Also *Barbastellus barbastellus* has rarely been observed above the forest canopy. Therefore, a high collision risk is not anticipated for these species under normal circumstances. Special activity patterns might occur close to roosts e.g. close to mating roosts of *N. leisleri.* In general, current evidence suggests that the collision risk for bats at wind turbines is similar in forests and in open landscapes. Thus, standard curtailment algorithms can be developed and applied as mitigation schemes for wind turbines at forest sites when based on acoustic monitoring at the nacelle height. Yet, special attention has to be given to daytime roosts of species with high collision risk when activity patterns deviate form the normal scheme. The number of accepted bat fatalities per turbine should be chosen as low as possible for an efficient protection of bat populations. Turbine specific curtailment algorithms have to be implemented for all wind turbines following the current state of knowledge since elevated collision risks can be expected for bats at all sites in forests as well as in open landscapes.

The loss of forest habitats is relevant for all species that roost in trees. Especially maternity colonies are at risk when turbines are placed next to roosting areas, leading to the destruction of used and potential roosts. Furthermore, species which prefer closed forests for foraging, such as *Myotis bechsteinii,* may loose essential hunting areas due to forest clearance. Currently, it is investigated if disturbances caused by wind turbine operation and microclimatic changes caused by the opening of formerly closed forests may lead to the deterioration of areas adjacent to clearings. Roosting and hunting areas of forest bats should be intensively surveyed prior to the erection of wind turbines to prevent habitat loss as much as possible. Old forests with many potential bat roosts must be completely avoided as potential sites for wind park projects. Repeated mist-netting in suitable ambient conditions and radio-tracking of several reproductive females over a longer period of time are necessary to identify important roosting and foraging areas. Turbines should be installed at a minimum distance of 200 m to roosting areas and essential foraging habitats. For compensation, it is recommended to permanently abandon the commercial use of forest patches with known daytime roosts, including valuable adjacent areas, in combination with the installation of bat boxes.

2.1 Einleitung

Die Ausbauziele der Bundesregierung sehen vor, dass bis zum Jahr 2050 80 % des Bruttostromverbrauchs über erneuerbare Energien gedeckt werden (Bundesregierung 2011). Um die Ziele der internationalen Klimaschutzvereinbarung (COP 21) einzuhalten, die für Deutschland eine Minderung des Klimagasausstoßes von 80–95 % bis 2050 vorsieht, wäre voraussichtlich sogar eine komplette Umstellung der Energieversorgung auf erneuerbare Energien vonnöten (Walter et al. 2018). Im Jahr 2017 betrug der Anteil der erneuerbaren Energien bereits 35 %, insgesamt 14,6 % wurden über die Windkraft an Land abgedeckt (BMWi 2018). Auch für den weiteren Ausbau der erneuerbaren Energien spielt die Windkraft an Land eine bedeutende Rolle. Ursprünglich wurden Windenergieanlagen (WEA) in Deutschland ausschließlich an Offenlandstandorten errichtet. In den letzten Jahren gewann der Wald als Windkraftstandort zunehmend an Bedeutung, da die technischen Weiterentwicklungen, z. B. eine zunehmende Anlagenhöhe, auch eine Nutzung von Schwachwindstandorten ermöglichten und die politische Entscheidung für eine Öffnung des Waldes getroffen wurde, um die ambitionierten Klimaziele zu erreichen. Vor allem in den südlichen Bundesländern mit hohem Waldanteil wurden in der Folge zahlreiche Windparks an Waldstandorten in den windhöffigen Kuppenlagen errichtet. Während im Jahr 2010 noch 5 % des jährlichen Zuwachses an WEA im Wald errichtet wurden, betrug dieser Anteil im Jahr 2016 25 % und im Jahr 2017 19 % (Fraunhofer IEE 2018). Ende des Jahres 2017 waren knapp 2000 WEA an Waldstandorten in Betrieb (Fachagentur Wind 2018). Da gerade in den waldreichen Bundesländern die Ausbauziele längst nicht erreicht sind, ist in den nächsten Jahren mit dem weiteren Ausbau der Windenergie im Wald zu rechnen, wobei durch die stetige Weiterentwicklung der Technik zunehmend auch tiefer gelegene Standorte erschlossen werden könnten (Abb. 2.1).

Fledermäuse können durch den Bau und Betrieb von WEA erheblich beeinträchtigt werden. Zum einen ist bereits seit Beginn des Ausbaus der Windkraft in Deutschland klar, dass Fledermäuse regelmäßig mit den sich drehenden Rotorblättern kollidieren oder durch den erzeugten Unterdruck im Abstrich des Rotorflügels schwere Verletzungen erleiden (Vierhaus 2000; Trapp et al. 2002; Dürr und Bach 2004; Hötker et al. 2005). Zum anderen können durch die Errichtung der WEA Fledermaushabitate zerstört werden. Dadurch können nach §44 des Bundesnaturschutzgesetzes (BNatSchG) Verstöße gegen das Tötungsverbot (Abs. 1 Nr. 1) und gegen das Verbot der Zerstörung von Lebensstätten (Abs. 1 Nr. 3) eintreten, die durch geeignete Maßnahmen vermieden werden müssen. Weiterhin sind durch Bau und Betrieb der Anlagen Störwirkungen denkbar, die einen Verstoß gegen das Störungsverbot (Abs. 1 Nr. 2) darstellen. Vor allem Wälder haben eine große Bedeutung als Lebensraum für fast alle Fleder-

Abb. 2.1 WEA werden in Deutschland zunehmend an Waldstandorten errichtet. (© Horst Schauer-Weisshahn)

Fig. 2.1 In Germany wind turbines are increasingly installed at forest sites. (© Horst Schauer-Weisshahn)

mausarten (Meschede und Heller 2000), sodass aus Sicht des Fledermausschutzes die Errichtung von WEA an Waldstandorten als besonders kritisch eingeschätzt wird. Daher empfiehlt das von Deutschland ratifizierte Abkommen zum Schutz der europäischen Fledermauspopulationen EUROBATS, aufgrund der Bedeutung von Wald für Fledermäuse, WEA ausschließlich in einem Abstand von mindestens 200 m von Wäldern zu errichten (Rodrigues et al. 2015). Dennoch haben in Deutschland zahlreiche Bundesländer den Wald für Windkraftplanungen geöffnet. Da es aber zugleich ein erklärtes Ziel der Nationalen Biodiversitätsstrategie der Bundesregierung ist, den Klimaschutz nicht zu Lasten der Biodiversität voranzubringen (BMU 2007), ist es nun entscheidend, durch spezifische Erfassungsmethoden und passende Maßnahmenkonzepte, die an den aktuellen Wissensstand angepasst sind, für einen bestmöglichen Schutz der Fledermäuse und anderer windkraftsensibler Tierarten bei Bau und Betrieb von WEA an Waldstandorten zu sorgen.

In diesem Artikel wird der aktuelle Kenntnisstand bezüglich des Kollisionsrisikos sowie des Lebensstättenverlusts von Fledermäusen an Waldstandorten zusammengetragen. Darauf aufbauend werden geeignete Erfassungsmethoden sowie effektive Maßnahmen speziell für Waldstandorte diskutiert.

2.2 Kollisionsrisiko an Waldstandorten

2.2.1 Stand der Forschung

Das Kollisionsrisiko im Offenland wurde in Deutschland bereits frühzeitig intensiv untersucht. Im deutschlandweiten Forschungsvorhaben RENEBAT wurden an insgesamt 30 WEA Schlagopfersuchen durchgeführt und an 70 WEA akustische Erfassungsgeräte in Gondelhöhe installiert (Behr et al. 2011a; Niermann et al. 2011). Dabei zeigte sich, dass fast ausschließlich Arten, deren morphologische und bioakustische Merkmale an die Jagd im freien Luftraum angepasst sind, akustisch in Gondelhöhe nachgewiesen werden und als Schlagopfer auftreten. In erster Linie sind dies der Abendsegler *(Nyctalus noctula)*, die Rauhautfledermaus *(Pipistrellus nathusii)*, die Zwergfledermaus *(Pipistrellus pipistrellus)*; seltener werden der Kleinabendsegler *(Nyctalus leisleri)*, die Zweifarbfledermaus *(Vespertilio murinus)*, die Breitflügelfledermaus *(Eptesicus serotinus)* und die Mückenfledermaus *(Pipistrellus pygmaeus)* als Schlagopfer gefunden (Niermann et al. 2011; Dürr 2019). Waldgebundene Arten wie z. B. das Braune Langohr *(Plecotus auritus)* und die Bechsteinfledermaus *(Myotis bechsteinii)* sowie die Mopsfledermaus *(Barbastella barbastellus)* treten nur in Einzelfällen als Schlagopfer unter WEA auf (Dürr 2019). Die Fledermausaktivität in Gondelhöhe zeigt außerdem einen deutlichen Zusammenhang mit der Windgeschwindigkeit und Temperatur sowie Jahres- und Nachtzeit (Arnett et al. 2008; Behr et al. 2011a). Diese Zusammenhänge wurden genutzt, um anlagenspezifische Abschaltalgorithmen zu entwickeln, bei denen die Anlagen bei bestimmten Witterungsbedingungen abgeschaltet werden (Behr et al. 2011b). Die Maßnahme erwies sich im Offenland als sehr effizient zur Vermeidung von Schlagopfern (Behr et al. 2016) und wird inzwischen in vielen Bundesländern zur Vermeidung eines erhöhten Kollisionsrisikos an WEA angewendet (Reinhard und Brinkmann 2018). Diese Methode entspricht dem Stand der Technik, da sie lange erprobt wurde, auf den Einzelfall anpassbar ist und derzeit die einzige nachweislich wirksame Vermeidungsmaßnahme eines erhöhten Kollisionsrisikos ist.

Wie gut sich diese Erkenntnisse auf Waldstandorte übertragen lassen, war aber vor allem zu Beginn des Ausbaus der Windkraft im Wald unklar. Aufgrund der Bedeutung des Walds als Lebensraum für Fledermäuse wurde häufig davon ausgegangen, dass dort das Kollisionsrisiko im Vergleich zum Offenland erhöht ist (Rodrigues et al. 2015) und möglicherweise auch weitere Arten betroffen sein könnten. Insbesondere ein Kollisionsrisiko der Mopsfledermaus *(Barbastella barbastellus)* wurde aus Vorsorgegesichtspunkten angenommen und resultierte in der Ausweisung einer strikten Tabuzone von 5 km um Quartiere dieser Art in mehreren Bundesländern (HMUELV und HMWVL 2012; Richarz et al. 2012, 2013). Hinzu kommt, dass Wälder für einige kollisionsgefährdete Arten, die Baumquartiere bewohnen, z. B. den Abendsegler und den Kleinabendsegler, bedeutende Quartierstandorte darstellen. Aufgrund der Abstandsregelungen zu Gebäuden sind im Offenland die Quartiere kollisionsgefährdeter Arten meist deutlich von den WEA-Standorten entfernt. Im Wald allerdings können sich Baumquartiere in unmittelbarer Nähe der geplanten Standorte befinden, wodurch sich das Kollisionsrisiko für diese Arten beträchtlich erhöhen könnte. In Thüringen werden aus diesem Grund Mindestabstände für den Bau von WEA zu Quartiergebieten von kollisionsgefährdeten Arten wie z. B. dem Kleinabendsegler vorgesehen (ITN 2015). In den letzten Jahren wurden aufgrund der vielen offenen Fragen mehrere Forschungsprojekte durchgeführt, die den Kenntnisstand zur Fledermausaktivität über dem Wald erheblich erweiterten.

In einer Metaanalyse wurden akustische Aktivitätsdaten von Gondelmonitorings an WEA im Offenland (106 WEA) und im Wald (87 WEA) miteinander verglichen (Reichenbach et al. 2015; Reers et al. 2017). Dabei wurde sowohl für die Gesamtaktivität als auch für die Arten Zwergfledermaus, Rauhautfledermaus und die Nyctaloid-Gruppe (ähnlich rufende Arten der Gattungen *Nyctalus, Eptesicus* und *Vespertilio*) insgesamt keine signifikanten Unterschiede zwischen Wald- und Offenlandstandorten gefunden. Im Gegenteil, einzelne Anlagen mit den höchsten gemessenen Aktivitäten befanden sich sogar im Offenland. Darüber hinaus wurden sowohl im Offenland als auch an Waldstandorten die Gattungen *Plecotus* und *Myotis*, zu denen zahlreiche waldgebundene Arten gehören, nur in Ausnahmefällen in Gondelhöhe nachgewiesen. In dieser Studie wurden allerdings im großen Maßstab Wald und Offenlandstandorte verglichen. Es ist denkbar, dass regional auf kleinem Raum Unterschiede zwischen Wald- und Offenlandstandorten auftreten. In einer Studie von Hurst et al. (2016a) konnte dieses Ergebnis an sechs Windmessmasten bestätigt werden. Hier wurden akustische Erfassungen in Höhen von 5 m, 50 m und 100 m Höhe durchgeführt. Die *Myotis* und *Plecotus*-Gruppe traten auch hier fast ausschließlich in Bodennähe auf. Die kollisionsgefährdeten Arten wurden dagegen alle bis in 100 m Höhe nachgewiesen. Dabei waren die Rauhautfledermaus und die Nyctaloid-Gruppe in allen drei Höhen ähnlich häufig aktiv, wohingegen die Zwergfledermaus deutlich häufiger in Bodennähe auftrat. Auch in geringem Abstand von der Waldoberkante ist die Aktivität der Gattung *Myotis* bereits gering, wie akustische Aktivitätsmessungen an hohen Bäumen im Bayerischen Wald zeigen (Müller et al. 2013). Die Mopsfledermaus als seltene Art wurde in einigen Studien gezielt in ihren Wochenstubengebieten untersucht. Dabei zeigten akustische Messungen an Messmasten, dass diese Art auch nahe ihrer Wochenstubenquartiere in Höhen ab 50 m nur noch in Ausnahmefällen nachgewiesen werden kann (Hurst et al. 2016b; Budenz et al. 2017). Gerichtete Flüge am Messmast nach oben konnten zwar beobachtet werden, endeten aber jeweils am Mikrofon knapp über den Baumkronen in 35 m Höhe (Budenz et al. 2017). Auch bei einer Studie in einem Windpark in Schweden wurde in akustischen Messungen sowie Schlagopfersuchen kein erhöhtes Kollisionsrisiko der Mopsfledermaus festgestellt (Apoznański et al. 2018). Die Aktivität der kollisionsgefährdeten Arten ist an Waldstandorten wie auch im Offenland stark von den Einflussfaktoren Windgeschwindigkeit und Temperatur sowie Tages- und Jahreszeit abhängig (Hurst et al. 2016a). Die bisherigen Forschungsergebnisse deuten somit darauf hin, dass das Kollisionsrisiko über Waldstandorten nicht generell höher ist als im Offenland und auch keine zusätzlichen Arten regelmäßig schlaggefährdet sind.

Bisher sind nach unserer Kenntnis noch keine Studien veröffentlicht, die das Kollisionsrisiko im Umfeld um die Quartiere schlaggefährdeter Waldfledermausarten systematisch untersuchten. Eine Fallstudie in einem Paarungsgebiet des Kleinabendseglers *(Nyctalus leisleri)* in Süddeutschland weist darauf hin, dass in der Nähe von Paarungsquartieren ungewöhnliche Aktivitätsmuster mit hohen Aktivitätsspitzen auftreten können (Brinkmann et al. 2016). Für diese Studie wurde die akustische Aktivität an drei Standorten über den Baumkronen erfasst und mit der Aktivität in Bodennähe an den bekannten Kastenquartieren verglichen. Der Großteil der Aktivität über den Baumkronen wurde im August in der zweiten Nachthälfte parallel zur Balzaktivität am Boden gemessen. Die Aktivitätsverteilung im Nachtverlauf unterschied sich damit deutlich vom üblichen Bild an WEA-Gondeln. In einer weiteren Studie wurde die Aktivität über den Baumkronen in ca. 30 m Höhe zwischen einem Schwärmquartier der Zwergfledermaus und Referenzstandorten in der Umgebung verglichen (Hurst et al. 2016c). Hierbei konnte keine erhöhte Aktivität am Schwarmquartier im Vergleich zu den Referenzstandorten festgestellt werden. Aus diesen beiden Studien können keine allgemeinen Schlüsse gezogen werden, inwieweit die Nähe zu Quartieren die Höhenaktivität und damit das Kollisionsrisiko an Waldstandorten beeinflusst. Die vorliegenden Ergebnisse aus der Studie zum Kleinabendsegler legen aber nahe, dass Nachweise von Quartieren kollisionsgefährdeter Arten in der Nähe der Standorte bei der Maßnahmenplanung vorsorglich berücksichtigt werden sollten und möglicherweise intensivere Erfassungen und Monitoringmaßnahmen angezeigt sein könnten.

2.2.2 Erfassungsmethoden

Nach dem derzeitigen Stand der Forschung ist es nicht möglich, das Kollisionsrisiko vor Errichtung der WEA exakt abzuschätzen. Habitatveränderungen im Bereich der Standorte (Segers und Broders 2014) sowie Attraktionseffekte durch die WEA selbst (Cryan und Barclay 2009; Cryan et al. 2014) können dazu führen, dass sich Aktivität und Phänologie am WEA-Standort verändern. Zudem ist es im Normalfall nicht möglich, die Messungen in Höhe der zukünftigen Gondel und damit im eigentlichen Gefährdungsbereich durchzuführen. Messungen vor Errichtung der WEA dienen daher in erster Linie dazu, kollisionsgefährdete Arten am Standort nachzuweisen, Maßnahmen für das erste Betriebsjahr zu rechtfertigen und diese so weit wie möglich anzupassen. Sehr hohe Aktivitäten können neben Netzfängen Hinweise auf Quartiere in der nahen Umgebung geben und zudem hohe Abschaltzeiten in Aussicht stellen, sodass der Projektierer die Wirtschaftlichkeit der Anlage überprüfen kann (Hurst et al. 2015). Generell ist aber immer davon auszugehen, dass an allen Standorten in Deutschland kollisionsgefährdete Arten sowohl stationär mit Quartieren im Umfeld als auch auf dem saisonalen Zug nachgewiesen werden und Abschaltungen daher immer notwendig sind (Kohnen et al. 2016; Meschede et al. 2017). In einigen Fällen geben daher Länderleitfäden zumindest an ausgewählten Standorten die Möglichkeit auf Voruntersuchungen zur Erfassung des Kollisionsrisikos unter der Auflage pauschaler Abschaltungen und eines Gondelmonitorings zu verzichten (LUBW 2014).

In Expertenkreisen ist mittlerweile die akustische Dauererfassung als geeignetste Methode zur Ermittlung des Artenspektrums und der Phänologie kollisionsgefährdeter Arten anerkannt. Diese stellt sicher, dass punktuelle Ereignisse wie ein Durchzug der Rauhautfledermaus nicht verpasst werden. Da sich die Aktivität zwischen Messungen in Bodennähe und in der Höhe deutlich unterscheiden (Bach et al. 2012; Müller et al. 2013; Hurst et al. 2016a), ist es gerade an Waldstandorten sinnvoll, die Detektoren für die Dauererfassung über den Baumkronen zu platzieren, z. B. an einem Windmessmast oder an in den Baumkronen befestigten Stangen (Abb. 2.2). Wenn dies nicht möglich sein sollte, muss darauf geachtet werden, dass das Mikrofon zumindest freien Zugang zum freien Luftraum hat und nicht unter einem dichten Kronendach gemessen wird, da hier über dem Wald fliegende Individuen nur mit sehr geringer Wahrscheinlichkeit aufgezeichnet werden (Bach et al. 2012; Hurst et al. 2016a). Wichtig für eine Bewertung des zukünftigen Kollisionsrisikos sind außerdem Kenntnisse über die Quartiere kollisionsgefährdeter Arten in der Umgebung der Standorte. Diese werden an Waldstandorten obligatorisch durch Netzfänge, Telemetrie und Begehungen zur Ermittlung von Balzquartieren ermittelt.

Nach Errichtung der Anlagen ist auch an Waldstandorten zwingend eine Erfassung der akustischen Aktivität in Gondelhöhe nach den aktuellen Vorgaben des Forschungsvorhabens RENEBAT durchzuführen (Weber et al. 2018). Nur diese Erfassungen ermöglichen nach dem derzeitigen Wissensstand eine quantitative Bewertung des Kollisionsrisikos und die Ermittlung anlagenspezifischer

Abb. 2.2 Akustische Erfassungen an Waldstandorten vor (links) und nach (rechts) Errichtung der WEA. Vor Errichtung der WEA sollte die Fledermausaktivität idealerweise oberhalb der Baumkronen aufgezeichnet werden. Nach Errichtung der WEA wird zusätzlich zum Gondelmonitoring teils ein weiteres Erfassungsgerät am Mast im Bereich der unteren Rotorspitze installiert. (Links: © Robert Brinkmann, rechts: © Horst Schauer-Weisshahn)

Fig. 2.2 Acoustic surveys at forest sites in pre- (left) and post-construction situation (right). The bat activity should ideally be surveyed above the canopy before the erection of turbines. After turbine construction an additional acoustic detector can be attached at the lower operation height of the blade tip. (left: © Robert Brinkmann, right: © Horst Schauer-Weisshahn)

Abschaltzeiten mittels des Berechnungstools ProBat (Behr 2018). An Waldstandorten werden zusätzlich teilweise noch akustische Messungen am Mast im Bereich der unteren Rotorspitze gefordert (Richarz et al. 2013; Hurst et al. 2016d; Lindemann et al. 2018). Diese Messungen können dazu dienen zu überprüfen, ob weitere Arten in den Gefährdungsbereich der Rotoren geraten, die bei den Maßnahmen besonders berücksichtigt werden müssen. Eine Berücksichtigung der Daten dieser Messungen bei der Berechnung der Abschaltalgorithmen mittels ProBat ist derzeit aber noch nicht möglich. Vor dem Hintergrund, dass der Durchmesser der Rotoren immer mehr zunimmt und der von Detektoren in der Gondel erfasste prozentuale Gefährdungsbereich dadurch immer kleiner wird, wäre es wichtig, auch den Zusammenhang zwischen der akustischen Aktivität im unteren Rotorbereich und dem Kollisionsrisiko zu untersuchen und bei Bedarf in ProBat zu implementieren.

2.2.3 Maßnahmen

Da die Fledermausaktivität einen deutlichen Zusammenhang mit der Jahreszeit, der Windgeschwindigkeit und der Temperatur aufweist (Arnett et al. 2008; Behr et al. 2011a; Hurst et al. 2016a), sind Abschaltungen der Anlagen zu bestimmten Jahreszeiten und bei bestimmten Witterungsbedingungen eine gut geeignete Maßnahme zur Minimierung des Kollisionsrisikos (Behr und Helversen 2006; Arnett et al. 2009, 2010). Im Forschungshaben RENEBAT wurde eine Methode entwickelt, auf Basis der akustischen Messungen in Gondelhöhe die Zahl der Schlagopfer vorherzusagen und anlagenspezifische Abschaltungen zu berechnen, die einen hohen Fledermausschutz bei möglichst geringen Ertragseinbußen für den Betreiber gewährleisten (Behr et al. 2011b; Korner-Nievergelt et al. 2011). Diese Methode wurde in den Folgevorhaben validiert und weiterentwickelt (Behr et al. 2016; Korner-Nievergelt et al. 2018a). Nach derzeitigem Forschungsstand kann diese Methode auch an Waldstandorten eingesetzt werden, da sich die Fledermausaktivität über dem Wald nicht systematisch vom Offenland unterscheidet. Das ProBat-Tool zur Berechnung dieser Abschaltungen kann daher auch für Daten von Waldstandorten verwendet werden. Bisher wurde die Funktion der Abschaltalgorithmen an Waldstandorten nicht systematisch getestet. Gerade an kritischen Standorten, z. B. mit Quartieren kollisionsgefährdeter Arten, wäre es daher ratsam, die Wirksamkeit anhand von systematischen Schlagopfersuchen mit Ermittlung der Korrekturfaktoren absuchbare Fläche, Abtragrate und individuelle Sucheffizienz (Niermann et al. 2011) zu überprüfen. Um aussagekräftige Ergebnisse zu erhalten, sollten wenigstens 60 % eines 50-m-Radius um den Mastfuß absuchbar sein (Niermann et al. 2011), was aber aufgrund der Größe der Rodungsflächen auch an Waldstandorten häufig der Fall ist. Insbesondere im ersten Jahr nach Inbetriebnahme ist der Aufwuchs auf den temporär genutzten Flächen noch so gering, dass eine Schlagopfersuche und -berechnung erfolgversprechend sind. Unverzichtbar sind außerdem pauschale Abschaltungen im ersten bzw. in den ersten beiden Betriebsjahren, solange noch keine Daten zur Berechnung der anlagenspezifischen Abschaltungen vorliegen bzw. diese noch nicht sicher errechnet werden können. In den Länderleitfäden werden dafür in der Regel Schwellenwerte von bis zu 6 oder 7 m/s und ab 10 °C während der Aktivitätsphase der Fledermäuse vorgegeben (Richarz et al. 2013; LUBW 2014). Diese Abschaltungen übersteigen normalerweise im Mittel die von ProBat errechneten, spezifischen Werte und sollten somit ebenfalls ausreichend Wirksamkeit entfalten. Aus Vorsorgegesichtspunkten muss immer überprüft werden, ob die tatsächlich in der Höhe gemessene Aktivität bei Windgeschwindigkeiten und Temperaturen außerhalb dieser Schwellenwerte ein Maß überschreitet, das es notwendig macht, eine Verschärfung/Anpassung dieser Werte vorzunehmen. Dies kann z. B. in der Nähe von Quartieren kollisionsgefährdeter Arten der Fall sein. An hoch gelegenen Standorten und bei Vorkommen kältetoleranter Arten wie der Nordfledermaus ist es außerdem sinnvoll, vor allem in den Randmonaten im Frühjahr und Herbst eine niedrigere Temperaturschwelle z. B. ab 6 °C anzusetzen. Um diese festzulegen, können die Daten der akustischen Erfassungen vor Errichtung der WEA oder auch Daten von benachbarten Windparks verwendet werden.

In Bezug auf das Kollisionsrisiko gibt es aus derzeitiger Sicht auch in Wäldern keine Standorte, die grundsätzlich komplett von WEA frei bleiben müssen, da Abschaltungen immer eine geeignete Maßnahme zur Vermeidung eines signifikant erhöhten Kollisionsrisikos darstellen. Ausschlussgebiete in bestimmten Wäldern zur Vermeidung von zu großen Lebensraumbeeinträchtigungen sind aber empfehlenswert (Abschn. 4.2). Bei sehr hohen Aktivitäten vor Errichtung der Anlagen kann zudem auch eine Abschätzung der daraus resultierenden Abschaltzeiten dazu führen, dass die Wirtschaftlichkeit des Standorts infrage gestellt werden muss. Aus Vorsorgegesichtspunkten werden außerdem beispielsweise in

Thüringen Abstandsregelungen z. B. für Wochenstubenvorkommen von kollisionsgefährdeten Fledermausarten vorgesehen (ITN 2015).

Die Ergebnisse von Aktivitätsmessungen in verschiedenen Höhen (Müller et al. 2013; Hurst et al. 2016a, c; Budenz et al. 2017) weisen außerdem darauf hin, dass Anlagen so geplant werden sollten, dass zwischen dem Kronendach und der unteren Rotorspitze ein ausreichend großer Abstand von mindestens 50 m eingehalten wird. Je geringer der Abstand zum Kronendach ist, desto wahrscheinlicher muss damit gerechnet werden, dass weitere Arten in den Gefährdungsbereich geraten und die Aktivität an der unteren Rotorspitze die Aktivität in Gondelhöhe so beträchtlich übersteigt, dass die Abschaltalgorithmen eine nicht ausreichende Wirksamkeit entfalten.

Ein entscheidender Faktor für einen effizienten Fledermausschutz ist der Schwellenwert für die Zahl noch zulässiger Schlagopfer, an dem die Berechnungen mit ProBat ausgerichtet werden. Momentan wird in vielen Bundesländern sowohl für den Wald als auch für das Offenland eine Zahl von weniger als zwei Schlagopfern pro Jahr und Anlage noch für vertretbar gehalten (Richarz et al. 2012; LUBW 2014). Im Saarland wird eine Unterscheidung vorgenommen, welche Arten nachgewiesen wurden, und ggf. ein geringerer Schwellenwert von einem Tier gefordert (Richarz et al. 2013). Ein aktueller Leitfaden aus Thüringen sieht dagegen für alle neu gebauten WEA einen Schwellenwert von einer toten Fledermaus pro Jahr und Anlage vor (ITN 2015). Lindemann et al. (2018) gehen davon aus, dass für seltenere Arten wie den Kleinabendsegler der Schwellenwert sogar deutlich geringer sein müsste, um auf Dauer eine negative Populationsentwicklung zu vermeiden. Tatsächlich ist eine Herabsetzung dieses Schwellenwerts ein einfaches Mittel, um die Zahl der Schlagopfer erheblich zu mindern und den negativen Folgen von Summationseffekten entgegenzuwirken und damit der aktuellen Rechtsprechung[1] Folge zu leisten. Aus Sicht des Artenschutzes ist es daher notwendig, einen deutlich geringeren Schwellenwert als bisher möglichst deutschlandweit sowohl für Wald- als auch für Offenlandstandorte anzustreben. Darüber hinaus sollte in Zukunft aufgrund des flächendeckend vorhandenen Kollisionsrisikos sichergestellt werden, dass keine Anlagen mehr ohne Abschaltungen ab dem ersten Betriebsjahr genehmigt werden. Aktuell sind insbesondere Abschaltzeiten nach dem RENEBAT-Verfahren (ProBat) als Stand der Technik anzusehen. Auch die Möglichkeit einer rückwirkenden Implementierung für die zahlreichen Altanlagen, die derzeit ohne Abschaltungen betrieben werden, muss in diesem Zusammenhang erfolgen. Hierbei steht den zuständigen Naturschutzbehörden die Möglichkeit offen, über §3 (2) BNatSchG eine verhältnismäßige Anpassung der Betriebsart zu verlangen, ohne dass die Genehmigung im Kern verändert oder gar zurückgenommen werden müsste, also ohne Regressansprüche zu befürchten.

[1]BVerwG, Urteil vom 10.11.2016 – 9 A 18.15, Rn. 83 f., in Verbindung mit BVerwG, Urteil vom 06.04.2017 – 4 A 16.16, Rn. 75.

2.3 Lebensstättenverluste an Waldstandorten

2.3.1 Bedeutung von Wald als Lebensstätte

Wälder stellen ein sehr bedeutendes Habitat für die Mehrzahl der in Deutschland vorkommenden Fledermausarten dar. Zum einen werden von vielen Arten nahezu ausschließlich oder gelegentlich Baumquartiere genutzt. Bäume dienen sowohl als Quartiere für Wochenstuben als auch für Paarungsgruppen, für Überwinterungsgesellschaften und auch für Einzeltiere (Meschede und Heller 2000). Besonders Wochenstuben sind auf einen größeren Quartierverbund angewiesen. In der Regel werden die Quartiere nach wenigen Tagen gewechselt und die Kolonien spalten sich in mehrere Gruppen auf, sodass mehrere Quartiere gleichzeitig genutzt werden (Fission-Fusion-Verhalten). Im Verlauf eines Jahres kann so beispielsweise eine Kolonie der Bechsteinfledermaus mehr als 50 Quartierbäume nutzen (Kerth und König 1999). Diese befinden sich meist innerhalb eines Radius von 500 m zueinander, aber auch 1000 m sind belegt (Dietz und Pir 2009; Dietz et al. 2013). Da die Art Spechthöhlen bevorzugt (Steck und Brinkmann 2015), findet sie ausreichend natürliche Quartiermöglichkeiten vor allem in älteren, wirtschaftlich wenig genutzten Laub- und Mischwäldern vor (Abb. 2.3, Abb. 4.1), auch wenn Nadelwälder teilweise zur Jagd genutzt werden (Albrecht et al. 2002). Andere Arten wie die Mopsfledermaus bevorzugen als Quartiere abplatzende Borke, die häufig nur über einen kurzen Zeitraum zur Verfügung steht (Russo et al. 2005) (Abb. 2.3).

Abb. 2.3 Waldfledermäuse nutzen viele verschiedene Quartiertypen. Bechsteinfledermäuse bevorzugen Spechthöhlen in alten Laubbäumen (links). Mopsfledermäuse nutzen Rindenschuppen an absterbenden Bäumen (Mitte). Braune Langohren sind auch in quartierarmen Fichtenwäldern in Zwieselhöhlen anzutreffen (rechts) (Links: Horst Schauer-Weisshahn, Mitte und rechts: Johanna Hurst)

Fig. 2.3 Forest bats use different roost types. Bechstein's bats prefer woodpecker cavities in old broadleaved trees. Barbastelles use roosts beneath loose bark at dying trees. Brown long-eared bats even find roosts in monocultural coniferous forests

Auch diese Art erschließt sich, um einem Quartiermangel vorzubeugen, ein großes Netz an geeigneten Quartieren und ist auf einen hohen Anteil an stehendem Alt- und Totholz angewiesen (Peerenboom 2009; Kortmann et al. 2017). Selbst vermeintlich intensiv genutzte Wirtschaftswälder mit geringem Habitatpotenzial können Fledermauswochenstuben beherbergen; so bezogen beispielsweise Braune Langohren im Nordschwarzwald bevorzugt Fäulnishöhlen in gezwieselten Fichten, die auf den ersten Blick nicht als Quartierbäume erkennbar gewesen wären (Hurst et al. 2019) (Abb. 2.3). In monotonen Nadelforsten in Südthüringen wurden zudem bereits Wochenstuben des Kleinabendseglers in durch Rothirschverbiss entstandenen Fäulnishöhlen in Fichten nachgewiesen (Beck und Schorcht 2005).

Paarungsquartiere in Bäumen werden z. B. von Abendseglern und Kleinabendseglern bezogen, um durch Balzrufe Weibchen im Umfeld dieser Quartiere anzulocken. Auch diese Quartiere werden regelmäßig gewechselt (Brinkmann et al. 2016). Auch als Winterquartiere werden Baumhöhlen genutzt, z. B. durch Überwinterungsgesellschaften des Abendseglers (Meschede und Heller 2000). Die Überwinterungsgruppen können große Individuenzahlen von bis zu mehreren Hundert Tieren erreichen (Dietz 1997). Außerdem dienen Wälder für fast alle Fledermausarten als Jagdgebiete, wobei von den unterschiedlichen Arten verschiedene Strukturen wie beispielsweise der Waldboden, Einzelbäume, Randstrukturen oder der freie Luftraum zwischen den Bäumen genutzt werden. Vor allem vegetationsgebunden jagende Arten wie die Bechsteinfledermaus suchen häufig kleinflächige, individuelle Jagdhabitate im nahen Umfeld um die Quartiere auf, die vermutlich wie Reviere verteidigt werden (Kerth et al. 2001; Dawo et al. 2013; Steck und Brinkmann 2015).

Die Errichtung von WEA an Waldstandorten benötigt nach dem derzeitigen Stand der Technik eine Rodungsfläche von ca. 1 ha/WEA. Hinzu kommen die Anpassung und Neuschaffung von Zuwegungen, die je nach Erschließung des Standortes weitere Rodungen notwendig macht. Durch die Rodungsarbeiten können Quartiere von Fledermäusen zerstört werden. Jagdhabitate von vegetationsgebunden jagenden Arten können durch die Rodungen zerstört werden, für andere Arten können aber auch neue Jagdhabitate, z. B. im Bereich der neu geschaffenen Waldränder, entstehen (Segers und Broders 2014). Darüber hinaus werden durch die Rodungsarbeiten geschlossene Waldflächen zerschnitten, und es entstehen neue Waldinnenränder, an denen Randeffekte ins Waldesinnere wirken. So kann z. B. eine stärkere Auskühlung in der Nacht oder mehr Sonneneinstrahlung am Tage eine Veränderung des Unterwuchses bedingen und damit die Habitateigenschaften verändern. Verlärmungen durch Bau und Betrieb der WEA könnten Störungen erzeugen, die auch Quartiere und Jagdhabitate in bestehenden Waldflächen beeinträchtigen. Inwieweit solche Störungen dazu führen, dass sich Aktionsräume von Waldfledermauskolonien verschieben oder Flächen nahe von WEA-Standorten weniger intensiv genutzt werden, ist Gegenstand aktueller Forschungen. Bei einer Vorher-nachher-Untersuchung an einer Kolonie der

Mopsfledermaus mit Wochenstubenquartieren in ca. 800 m Entfernung von den WEA-Standorten konnten keine Verschiebungen der Quartiere und Aktionsräume festgestellt werden; ähnliche Studien an Kolonien des Braunen Langohrs laufen derzeit noch (Hurst et al. 2019). Bei einer Studie in Frankreich wurde an verschiedenen Heckenstandorten im Umfeld um bestehende WEA, allerdings im Offenland, die akustische Fledermausaktivität gemessen (Barré et al. 2018). Hier nahm die akustisch gemessene Aktivität einiger Fledermausarten mit zunehmender Entfernung von den WEA zu. Inwieweit Störungen durch den WEA-Betrieb tatsächlich einen Effekt haben, kann derzeit noch nicht abschließend beurteilt werden.

2.3.2 Erfassungsmethoden

Zur Beurteilung der eintretenden Beeinträchtigungen ist es wichtig, die Funktion von geplanten Waldstandorten vor der Errichtung der WEA intensiv zu untersuchen. Grundsätzlich muss davon ausgegangen werden, dass alle Waldstandorte Fledermäusen ein Habitat bieten können und daher in Wäldern nicht auf Erfassungen zur Ermittlung der Bedeutung als Lebensstätte verzichtet werden kann. Auch vermeintlich wenig geeignete monotone Fichtenforste können Quartier- und Jagdgebiete für verschiedene Fledermausarten darstellen (Albrecht et al. 2002; Beck und Schorcht 2005; Hurst et al. 2019).

Um das Artenspektrum, Quartiere und Jagdhabitate erfassen zu können, müssen zwingend Netzfänge durchgeführt werden. Diese ermöglichen es, auch akustisch schwer zu unterscheidende Arten zu bestimmen, Geschlecht und Reproduktionsstatus zu erfassen und Tiere zu besendern. Die Netzfänge sollten in ausreichender Anzahl bei guten Witterungsbedingungen (Temperaturen über 10 °C und wenig Wind) durchgeführt werden. Ein guter Standard sind zwei Netzfänge pro geplanter WEA (ITN 2015). Dabei müssen die Netze an geeignete Strukturen gestellt werden, und die Fangorte sollten sich nach Möglichkeit auf den beeinträchtigten Flächen befinden und einen Abstand von 1 km zu diesen nicht überschreiten.

Zur Besenderung geeignet sind vor allem reproduktive Weibchen, da diese in der Regel gemeinsam mit der Wochenstubenkolonie Quartier beziehen und die gefundenen Quartiere dementsprechend besonders planungsrelevant sind. Vor allem in der Laktationsphase ist die Wahrscheinlichkeit bei eher kleinräumig jagenden Arten groß, dass sich die genutzten Quartiere nahe der Fangstelle und damit auch nahe der geplanten WEA befinden (z. B. Siemers et al. 1999; Steinhauser et al. 2002; Steck und Brinkmann 2015). Vor Kurzem flügge gewordene Jungtiere gehören im Normalfall noch nahe gelegenen Wochenstubenkolonien an und sind daher gegebenenfalls für die Quartiertelemetrie geeignet, wenn keine geeigneten adulten Tiere gefangen werden. Quartiere und Aktionsräume von Männchen außerhalb der Paarungszeit sind dagegen meistens für die Planung wenig relevant, da in der Regel Einzelquartiere besetzt werden, die leichter ersetzt werden können. Allerdings gibt es auch einige Arten, bei denen sich gemischte Gruppen oder auch reine Männchengruppen in Baumquartieren aufhalten, beispielsweise die Wasserfledermaus (Encarnação et al. 2005, 2012). Aus den regelmäßigen Quartierwechseln und dem Fission-Fusion-Verhalten der baumbewohnenden Arten (Kerth und König 1999; Russo et al. 2005) folgt außerdem, dass die Quartiernutzung mehrerer Weibchen einer Kolonie über jeweils mehrere Tage hinweg untersucht werden sollte. Dies ermöglicht es, mehrere von der Kolonie genutzte Quartiere zu ermitteln und auf dieser Basis Quartierzentren abzugrenzen. Planungsrelevant sind außerdem die Jagdhabitate kleinräumig jagender Arten wie der Bechsteinfledermaus oder des Braunen Langohrs, da sie eine essenzielle Bedeutung für die Kolonie haben und ihre Beeinträchtigung dazu führen kann, dass auch Quartiere in ihrer Eignung gemindert werden (LANA 2010). Zur Ermittlung der Jagdgebiete muss eine Raumnutzungstelemetrie durchgeführt werden, indem die Habitatnutzung einer repräsentativen Anzahl von Weibchen einer Kolonie (in der Regel wenigstens fünf Tiere) über mehrere Nächte hinweg durch Kreuzpeilungen erfasst wird. Da durch die Raumnutzungstelemetrie in der Regel nicht der Aktionsraum der gesamten Kolonie ermittelt wird, muss anhand der Ergebnisse beurteilt werden, ob die Eingriffsgebiete geeignete Jagdhabitate darstellen. Dazu werden im Regelfall 95 %-Kernel (statistisch ermittelte Aufenthaltsbereiche, die in 95 % der Zeit genutzt werden) berechnet und auf dieser Basis die vermutlich in ähnlicher Weise genutzten Waldbereiche mit vergleichbarer Habitatausstattung ermittelt. Alternativ können zur Flächenbewertung auch Habitatmodelle erstellt werden (Steck und Brinkmann 2013).

Auch Balzquartiere in Bäumen sollten ermittelt werden, da sie häufig mehreren Tieren Quartier bieten und aufgrund der Territorialität der Männchen auch durchaus eine begrenzte Ressource darstellen, die bei der Planung zu beachten ist. Balzquartiere in Bäumen können durch Begehungen mit dem Detektor im Spätsommer und Herbst identifiziert werden, da deutliche Balzlaute geäußert werden (Helversen und Helversen 1994; Ohlendorf und Ohlendorf 1998). Daher ist es notwendig, hierfür wie auch für alle anderen Untersuchungen entsprechend geschultes Personal einzusetzen, das Balzrufe der relevanten Arten sicher identifizieren kann. Auch hier sind mehrere Durchgänge notwendig, um die Nachweiswahrscheinlichkeit zu erhöhen. Zudem sollten die Begehungen erst nach dem ersten Nachtviertel beginnen, da die Männchen zumindest beim Kleinabendsegler häufig zunächst Jagdflüge unternehmen (Brinkmann et al. 2016). Beim Nachweis balzender Tiere in unmittelbarer Umgebung der Rodungsflächen ist es unter Umständen notwendig, die Tiere zu fangen und zu besendern, um das tatsächliche Quartier zu finden.

Die Ermittlung bedeutender Winterquartiere ist schwierig, da die Tiere im Winter größtenteils inaktiv sind. In jüngeren Wäldern, in denen keine Bäume mit ausreichender Stammdicke vorhanden sind, sowie in Wäldern in den Hochlagen der Mittelgebirge sind große Winterquartiere von vornherein nicht zu erwarten. Können diese nicht ausgeschlossen werden, ist ein Nachweis möglicherweise über das sogenannte Frostschwärmen möglich. So wird von Zwergfledermäusen berichtet, dass diese an Gebäuden in den ersten Nächten nach Beginn einer

Frostperiode in der ersten Nachthälfte ab ca. 1 h nach Sonnenuntergang Schwärmverhalten zeigen (Korsten et al. 2016). Es müsste überprüft werden, ob diese Nachweismethode auch für Überwinterungsquartiere in Wäldern geeignet ist. Bei gut erreichbaren potenziellen Winterquartieren könnten außerdem auch Baumhöhlenkameras eingesetzt werden, um einen Besatz nachzuweisen (ITN 2006, 2012). Neben Baumhöhlen mit großer Wandstärke sind außerdem Strukturen wie Höhlen, Stollen, Dolinen, Blockschutthalden und Felswände im nahen Umfeld bis zu 1 km um die geplanten Standorte im Spätherbst auf eine mögliche (Winter-) Quartiernutzung zu untersuchen.

Im Anschluss an die Fledermauserfassungen sollten die Rodungsflächen inklusive eines Puffers von 50 m genau kartiert werden, um die Eignung als Quartier- und Jagdgebiet festzustellen und darauf basierend angepasste Maßnahmen zu entwickeln. Die Kartierung erst nach den telemetrischen Untersuchungen durchzuführen, ist sinnvoll, da die von den Kolonien bevorzugten Quartiertypen und Jagdgebiete dann bekannt sind und bei der Kartierung besonders auf diese Strukturen geachtet werden kann. Dies ermöglicht eine bessere Bewertung der zu erwartenden Beeinträchtigungen.

2.3.3 Maßnahmen

Im Gegensatz zur Vermeidung eines erhöhten Kollisionsrisikos ist zur Vermeidung von Lebensstättenverlusten die Definition von Ausschlussgebieten eine wichtige Maßnahme, um von vornherein die bedeutendsten Fledermauslebensräume von Windkraftanlagen freizuhalten. Alte Laubwälder und Laubmischwälder ab einem Bestandsalter von 100 Jahren, naturnahe Nadelwälder und Wälder in Natura2000-Gebieten, in denen Erhaltungsziele von Fledermäusen beeinträchtigt werden könnten, sollten daher von der Windkraftnutzung ausgeschlossen werden (ITN 2015; Hurst et al. 2016d). Darüber hinaus müssen bei der konkreten Standortplanung die Ergebnisse der Fledermauserfassungen berücksichtigt und ggf. Standorte verschoben oder gestrichen werden, wenn sie sich innerhalb bedeutender Fledermaushabitate befinden. Dabei sollten nicht nur die gefundenen Quartiere selbst verschont werden, sondern es ist aus Vorsorgegründen sinnvoll, um die Quartierzentren einen Pufferzone von mindestens 200 m zu legen (ITN 2015; Hurst et al. 2016d). Aufgrund der nachgewiesenen Entfernungen zwischen Wochenstubenquartieren von bis zu 1 km (z. B. Steinhauser et al. 2002; Dietz und Pir 2009; Dietz et al. 2013) sollten zur Abgrenzung der Quartierbereiche alle innerhalb dieser Distanz gefundenen Quartiere anhand eines Polygons zusammengefasst werden, das dann zuzüglich der Pufferzone von WEA frei bleiben sollte. Durch diese Maßnahme wird zum einen berücksichtigt, dass durch die Erfassungen nie alle Quartiere gefunden werden und sich im näheren Umfeld weitere Quartiere befinden können, die dadurch geschützt werden, zum anderen werden Randeffekte von den Quartieren ferngehalten. Mehrere zweijährige Erfassungen in Wochenstubengebieten der Mopsfledermaus und des Braunen Langohrs zeigten, dass durch dieses Vorgehen in der

Tat zahlreiche weitere Quartiere geschützt werden, da sich die genutzten Quartiere häufig auf eine kleine Fläche konzentrieren (Hurst et al. 2019). Hinzu kommt, dass bei kleinräumig jagenden Arten die quartiernahen Flächen in der Regel auch intensiv als Jagdhabitate genutzt werden, die dadurch eine essenzielle Bedeutung für die Kolonie haben können und durch diese Maßnahme ebenfalls geschützt sind. Über die 200-m-Pufferzone hinaus sollte aber auch geprüft werden, ob die Eingriffsflächen inklusive eines Puffers von 50 m besonders geeignete Quartiere und Habitatstrukturen aufweisen, wie sie von der Fledermauskolonie bevorzugt genutzt werden; in diesem Falle sollte ebenfalls eine Standortverschiebung angestrebt werden. Befinden sich dennoch potenzielle Quartiere auf den Rodungsflächen, müssen diese vor Beginn der Baumfällungen mittels Endoskopie und ggf. Hubsteigern oder Baumkletterern auf Besatz überprüft werden, um Tötungen zu vermeiden.

Es wird an Waldstandorten in der Regel nicht möglich sein, die Standorte so zu wählen, dass überhaupt keine potenziellen Quartiere sowie Jagdhabitate verloren gehen oder beeinträchtigt werden. Daher müssen Maßnahmen zum vorgezogenen Ausgleich von Habitatverlusten (CEF-Maßnahmen) durchgeführt werden. Als Maßnahme mit einem hohen Wirkungsgrad empfiehlt es sich, Waldflächen dauerhaft aus der Nutzung zu nehmen. Es ist zu erwarten, dass durch den Nutzungsverzicht die Zahl potenzieller Quartiere und die Eignung als Jagdhabitat aufgrund der verbesserten Strukturvielfalt zunehmen. So werden in Wirtschaftswäldern in der Regel nur Höhlendichten bis maximal 5 Höhlenbäume/ha erreicht (Dietz 2007; Brünner et al. 2017), wohingegen in wenig wirtschaftlich genutzten Wochenstubengebieten z. B. der Bechsteinfledermaus häufig sogar 20 Höhlenbäume/ha vorhanden sind (Dietz und Krannich 2019). Es bietet sich an, geeignete Flächen im Bereich der nachgewiesenen Quartierzentren und daran angrenzend zu suchen, da hier davon ausgegangen werden kann, dass die Maßnahme in jedem Fall der nachgewiesenen Kolonie zugutekommt. Dabei muss darauf geachtet werden, dass auf den Flächen ein Aufwertungspotenzial besteht, damit die Maßnahme als Ausgleichsmaßnahme gewertet werden kann und nicht nur dem Bestandsschutz der bereits genutzten Quartiere dient. Um die Wirksamkeit zu erhöhen, wird in der Regel ein Vielfaches der Rodungsfläche aus der Nutzung genommen. Je nach Potenzial der verloren gehenden Fläche kann eine bis um das Fünffache größere Fläche für den Ausgleich notwendig werden (Hurst et al. 2016d). Ist ein Nutzungsverzicht nicht möglich, können auch Habitatbaumgruppen ausgewiesen werden. Diese müssen ebenfalls dauerhaft aus der Nutzung genommen werden und sollten auch Bäume im nahen Umfeld mit einschließen, sodass die Quartiereigenschaften auf Dauer erhalten bleiben (Dietz und Krannich 2019). Bei dieser Maßnahme ist aber allein aufgrund der geringeren Anzahl an Bäumen von einer schwächeren Wirkung auszugehen. An dieser Stelle muss darauf hingewiesen werden, dass es üblich ist, den Nutzungsverzicht nur für die Laufzeit der WEA über einen Zeitraum von 20 bis 25 Jahren festzulegen. Dies entspricht keinem adäquaten Ausgleich, da die Habitate auf den Rodungsflächen dauerhaft zerstört wurden. Daher muss bei der Ausweisung der Maßnahmen angestrebt werden, dass die stillgelegten Flächen bzw. Baumgruppen auch über diesen Zeitraum hinaus gesichert werden und als qualitativ hochwertige Fledermaushabitate erhalten bleiben.

Da die genannten Maßnahmen jeweils erst nach längerer Zeit ihre volle Wirkung entfalten, müssen außerdem zum Erhalt der ökologischen Funktion Fledermauskästen ausgebracht werden. Diese Maßnahme funktioniert allerdings unterschiedlich gut, abhängig von der zu ersetzenden Quartierfunktion, den Fledermausarten und dem Gebiet. Zahn und Hammer (2016) konnten zeigen, dass die Kästen vor allem dann gut angenommen werden, wenn die Kästen entweder mehrere Jahre vor dem Eingriff ausgebracht werden oder bereits Kästen im Gebiet hängen, sodass die Tiere bereits ein Suchbild für diesen Quartiertyp besitzen. Außerdem werden die Kästen von verschiedenen Arten unterschiedlich angenommen. Dennoch ist in der Regel davon auszugehen, dass sich bei einer ausreichenden Kastenzahl das Quartierangebot in jedem Fall verbessert. Um die Funktion der Maßnahmen zu gewährleisten, sollte ein Monitoring beauflagt werden (Zahn und Hammer 2016). Dabei müssen die Belegung der Kästen überprüft und der Zustand der Ausgleichsflächen dokumentiert werden. Außerdem müssen die Kästen regelmäßig gesäubert und ggf. bei Beschädigungen ersetzt werden. Sollte sich bei diesem Monitoring zeigen, dass die Maßnahmen nicht die gewünschte Wirkung entfalten, kann beispielsweise die Zahl der Kästen erhöht werden oder der Absterbeprozess einzelner Bäume durch Ringelung vorangetrieben werden.

2.4 Forschungsbedarf und Ausblick

Selbst wenn in den letzten Jahren aufgrund einiger Forschungsprojekte sowie praktischer Erfahrungen durch WEA-Planungen an Waldstandorten ein deutlicher Wissenszuwachs stattfand, besteht nach wie vor Forschungsbedarf zu Windkraft und Fledermäusen an Waldstandorten. Dies betrifft vor allem das Kollisionsrisiko, da dies im Gegensatz zum Lebensstättenverlust eine windkraftspezifische Problematik ist. Nach wie vor ist es weitestgehend ungeklärt, welche Standortfaktoren ein hohes Kollisionsrisiko begünstigen. An Waldstandorten ist vor allem die Frage offen, ob die Nähe von Quartieren kollisionsgefährdeter Arten wie dem Abendsegler die Aktivität im Rotorbereich und damit das Kollisionsrisiko erhöht. Dazu müssten systematische Untersuchungen an Standorten mit und ohne Quartiere durchgeführt werden. Auf Grundlage der Ergebnisse könnte geklärt werden, inwieweit Abstandsregelungen von solchen Quartieren, wie sie in Thüringen vorgesehen sind (ITN 2015), beibehalten und bundesweit empfohlen werden sollten. Weiterhin sollte untersucht werden, wie sich veränderte Standortfaktoren durch Bau und Betrieb der WEA, beispielsweise ein Attraktionseffekt durch die WEA selbst oder die Anlockung von Insekten durch Wärmestrahlungen, auf die Fledermausaktivität auswirken.

Da die Anlagen immer größer werden und die untere Rotorspitze teilweise weniger als 20 m von der Geländeoberfläche entfernt ist, stellt sich außerdem zunehmend die Frage, ob Messungen im Bereich der unteren Rotorspitze generell notwendig sind, um das Kollisionsrisiko besser zu beurteilen und die Abschaltzeiten daran anzupassen. Optimalerweise müssten dazu nach dem Vorbild des Projekts RENEBAT I (Brinkmann et al. 2011) umfassende Aktivitätsmessungen mit Detektoren oder Kameras in Gondelhöhe und in Höhe der unteren Rotorspitze sowie Schlagopfersuchen an Waldstandorten stattfinden. Sollte sich zeigen, dass das Kollisionsrisiko durch die Aktivität im Bereich der unteren Rotorspitze maßgeblich beeinflusst wird, müsste zudem auch die Möglichkeit zur Verwendung dieser Daten in ProBat implementiert werden. Zur Beantwortung vieler offener Fragen dieser Art wäre es sinnvoll, die Betreiber zu verpflichten, alle im Rahmen von Windkraftprojekten erhobenen Daten freizugeben, sodass diese in einer Datenbank gesammelt und für wissenschaftliche Zwecke genutzt werden können.

Immer drängender wird aufgrund des zunehmenden Ausbaus der Windkraft zudem die Frage nach den Summationswirkungen sowie den langfristigen Auswirkungen auf Fledermauspopulationen. Aufgrund fehlender Daten zu Schlüsselparametern, die die Populationsentwicklung bestimmen, ist es fast unmöglich, Vorhersagen zur Populationsentwicklung auf Grundlage statistischer Modelle zu treffen (Dietz et al. 2016; Korner-Nievergelt et al. 2018b). Um aussagekräftige Daten zu gewinnen, müssten daher Fledermauskolonien schlaggefährdeter Arten in der Nähe von WEA langjährig untersucht werden.

Auch bezüglich des Lebensstättenverlusts sind nicht alle Fragen geklärt. Insbesondere die Frage, wie an die Rodungsflächen angrenzende Habitate beeinträchtigt werden, ist relevant für die Beurteilung der zu erwartenden Habitatverluste und für das Ausmaß der notwendigen Maßnahmen. Zu dieser Fragestellung werden derzeit Kolonien von Waldfledermausarten in einem Forschungsprojekt untersucht. Um den Nachweis von Winterquartieren zu ermöglichen, wäre es außerdem interessant zu überprüfen, inwieweit das sogenannte Frostschwärmen (Korsten et al. 2016) auch bei weiteren Arten wie dem Abendsegler und an bedeutenden Winterquartieren in Bäumen auftritt.

Aufgrund der zahlreichen offenen Fragen insbesondere zu Summationswirkungen und der Populationsentwicklung ist es dringend notwendig, bei Windkraftprojekten an Waldstandorten, aber auch im Offenland, nach dem Vorsorgeprinzip zu handeln und Maßnahmen streng anzusetzen. Insbesondere restriktivere Vorgaben des Schwellenwerts für die Anzahl noch zulässiger Schlagopfer und die generelle Einführung von Abschaltzeiten als Stand der Technik sind wie bereits beschrieben notwendig, um einen mit den Zielen des Fledermausschutzes zu vereinbarenden Ausbau der Windkraft im Wald aber auch im Offenland zu gewährleisten.

Die Veröffentlichung wurde durch den Open-Access-Publikationsfonds für Monografien der Leibniz-Gemeinschaft gefördert.

Literatur

Albrecht K, Hammer M, Holzhaider J (2002) Telemetrische Untersuchungen zum Nahrungshabitatanspruch der Bechsteinfledermaus (*Myotis bechsteinii*) in Nadelwäldern bei Amberg in der Oberpfalz. In: Meschede A, Heller K-G, Boye P (Hrsg) Ökologie, Wanderungen und Genetik von Fledermäusen in Wäldern – Untersuchungen als Grundlage für den Fledermausschutz. Schriftenreihe für Landschaftspflege und Naturschutz, vol 66. Bundesamt für Naturschutz, Bonn-Bad Godesber, S 109–130

Apoznański G, Sánchez-Navarro S, Kokurewicz T, Pettersson S, Rydell J (2018) Barbastelle bats in a wind farm: are they at risk? Eur J Wildl Res 64:43

Arnett EB, Brown WK, Erickson WP, Fiedler JK, Hamilton BL, Henry TH, Jain A, Johnson GD, Kerns J, Koford RR, Nicholson CP, O'Connell TJ, Piorkowski MD, Tankersley RD, (2008) Patterns of bat fatalities at wind energy facilities in North America. J Wildl Manage 72:61–78

Arnett EB, Schirmacher M, Huso MMP, Hayes JP (2009) Effectiveness of changing wind turbine cut-in speed to reduce bat fatalities at wind facilities. Bats and Wind Energy Cooperative and the Pennsylvania Game Commission, Austin

Arnett EB, Huso MMP, Schirmacher MR, Hayes JP (2010) Altering turbine speed reduces bat mortality at wind-energy facilities. Front Ecol Environ 9:209–214

Bach L, Bach P, Tillmann M, Zucchi H (2012) Fledermausaktivität in verschiedenen Straten eines Buchenwaldes in Nordwestdeutschland und Konsequenzen für Windenergieplanungen. In: Petermann R, Bühner-Käßer B, Balzer S (Hrsg) Fledermäuse zwischen Kultur und Natur. Naturschutz und Biologische Vielfalt, vol 128. Bundesamt für Naturschutz, Bonn-Bad Godesberg, S 147–158

Barré K, Le Viol I, Bas Y, Julliard R, Kerbiriou C (2018) Estimating habitat loss due to wind turbine avoidance by bats: implications for European siting guidance. Biol Conserv 226:205–214

Beck A, Schorcht W (2005) Baumhöhlenquartiere des Kleinabendseglers (*Nyctalus leisleri*) in Südthüringen und der Nordschweiz. Nyctalus 10:250–254

Behr O, Helversen O von (2006) Gutachten zur Beeinträchtigung im freien Luftraum jagender und ziehender Fledermäuse durch bestehende Windkraftanlagen – Wirkungskontrolle zum Windpark Rosskopf (Freiburg im Br.) im Jahr 2005. Erlangen

Behr O, Brinkmann R, Niermann I, Korner-Nievergelt F (2011a) Akustische Erfassung der Fledermausaktivität an Windenergieanlagen. In: Brinkmann R, Behr O, Niermann I, Reich M (Hrsg) Entwicklung von Methoden zur Untersuchung und Reduktion des Kollisionsrisikos von Fledermäusen an Onshore-Windenergieanlagen. Cuvillier Verlag, Göttingen, S 177–286

Behr O, Brinkmann R, Niermann I, Korner-Nievergelt F (2011b) Fledermausfreundliche Betriebsalgorithmen für Windenergieanlagen. In: Brinkmann R, Behr O, Niermann I, Reich M (Hrsg) Entwicklung von Methoden zur Untersuchung und Reduktion des Kollisionsrisikos von Fledermäusen an Onshore-Windenergieanlagen. Cuvillier Verlag, Göttingen, S 354–383

Behr O, Brinkmann R, Hochradel K, Hurst J, Mages J, Naucke A, Nagy M, Niermann I, Reers H, Simon R, Weber N, Korner-Nievergelt F (2016) Experimenteller Test der fledermausfreundlichen Betriebsalgorithmen. In: Behr O, Brinkmann R, Korner-Nievergelt F, Nagy M, Niermann I, Reich M, Simon R (Hrsg) Reduktion des Kollisionsrisikos von Fledermäusen an Onshore Windenergieanlagen (RENEBAT II): Ergebnisse eines Forschungsvorhabens. Umwelt und Raum, vol 7. Institut für Umweltplanung, Hannover, S 205–269

Behr O, Brinkmann R, Hochradel K, Mages J, Korner-Nievergelt F, Reinhard H, Simon R, Stiller F, Weber N, Nagy M (2018). Bestimmung des Kollisionsrisikos von Fledermäusen an Onshore-Windenergieanlagen in der Planungspraxis – Endbericht des Forschungsvorhabens gefördert durch das Bundesministerium für Wirtschaft und Energie (Förderkennzeichen 0327638E). In: Behr O, et al., Erlangen, Freiburg, Ettiswil. http://www.windbat.techfak.fau.de/Abschlussbericht/renebat-iii.pdf. die vorgeschlagene Zitation

Behr O (2018) ProBat Tool. http://www.windbat.techfak.fau.de/tools/. Zugegriffen: 15. Mai 2019

BMU (Bundesministerium für Umwelt, Naturschutz und nukleare Sicherheit) (2007) Nationale Strategie zur biologischen Vielfalt. Kabinettsbeschluss vom 7. November 2007. Berlin

BMWi (Bundesministerium für Wirtschaft und Energie) (2018) Erneuerbare Energien in Zahlen – Nationale und internationale Entwicklung im Jahr 2017. https://www.bmwi.de/Redaktion/DE/Publikationen/Energie/erneuerbare-energien-in-zahlen-2017.pdf?__blob=publicationFile&v=27. Zugegriffen: 15. Aug. 2019

Brinkmann R, Behr O, Niermann I, Reich M (2011) Entwicklung von Methoden zur Untersuchung und Reduktion des Kollisionsrisikos von Fledermäusen an Onshore-Windenergieanlagen. Cuvillier Verlag, Göttingen

Brinkmann R, Kehry L, Köhler C, Schauer-Weisshahn H, Schorcht W, Hurst J (2016) Raumnutzung und Aktivität des Kleinabendseglers (*Nyctalus leisleri*) in einem Paarungs- und Überwinterungsgebiet bei Freiburg (Baden-Württemberg). In: Hurst J, Biedermann M, Dietz C, Dietz M, Karst I, Krannich E, Petermann R, Schorcht W, Brinkmann R (Hrsg) Fledermäuse und Windkraft im Wald. Naturschutz und Biologische Vielfalt, vol 153. Bundesamt für Naturschutz, Bonn-Bad Godesberg, S 278–326

Brünner K, Galsterer E, Dehler W (2017) Ohne Buntspechthöhlen Dendrocopos major keine Sperlingskäuze Glaucidium passerinum – Langjährige Untersuchungen zum Höhlenangebot in fränkischen Wäldern. Charadrius 53:102–106

Budenz T, Gessner B, Lüttmann J, Molitor F, Servatius K, Veith M (2017) Up and down: B. barbastellus explore lattice towers. Hystrix 28:272–276

Bundesregierung (2011) Der Weg zur Energie der Zukunft – sicher, bezahlbar, umweltfreundlich. Eckpunktepapier der Bundesregierung zur Energiewende. https://www.bmwi.de/Redaktion/DE/Downloads/E/energiekonzept-2010-beschluesse-juni-2011.pdf?__blob=publicationFile&v=1. Zugegriffen: 12. Aug. 2019

Cryan PM, Barclay RMR (2009) Causes of bat fatalities at wind turbines: hypotheses and predictions. J Mamm 90:1330–1340

Cryan PM, Gorresen PM, Hein CD, Schirmacher MR, Diehl RH, Huso MMP, Hayman DTS, Fricker PD, Bonaccorso FJ, Johnson DH (2014) Behavior of bats at wind turbines. Proc Natl Acad Sci 111:15126–15131

Dawo B, Kalko EKV, Dietz M (2013) Spatial organization reflects the social organization in Bechstein's bats. Ann Zool Fenn 50:356–370

Dietz M (1997) Habitatansprüche ausgewählter Fledermausarten und mögliche Schutzaspekte. Beitr Akad Nat Umweltschutz Baden-Wurtt 26:27–57

Dietz M (2007) Ergebnisse fledermauskundlicher Untersuchungen in hessischen Naturwaldreservaten. Mitteilungen der Hessischen Landesforstverwaltung 43:1–70

Dietz M, Pir J (2009) Distribution and habitat selection of *Myotis bechsteinii* in Luxembourg: implications for forest management and conservation. Folia Zool 58:327–340

Dietz M, Krannich A (2019) Die Bechsteinfledermaus *Myotis bechsteinii* – Eine Leitart für den Waldnaturschutz. Handbuch für die Praxis. Naturpark Rhein-Taunus, Idstein

Dietz M, Bögelsack K, Dawo B, Krannich A (2013) Habitatbindung und räumliche Organisation der Bechsteinfledermaus. In: Dietz M (Hrsg) Populationsökologie und Habitatansprüche der Bechsteinfledermaus *Myotis bechsteinii*. Beiträge zur Fachtagung in der Trinkkuranlage Bad Nauheim, 25.-26.02.2011. S 85–103

Dietz C, Dietz I, Hartmann S, Hurst J, Kohnen A, Steck C, Brinkmann R (2016) Identifizierung von Schlüsselparametern für die Entwicklung von Populationsmodellen bei Fledermäusen. In: Hurst J, Biedermann M, Dietz C, Dietz M, Karst I, Krannich E, Petermann R, Schorcht W, Brinkmann R (Hrsg) Fledermäuse und Windkraft im Wald. Naturschutz und Biologische Vielfalt, vol 153. Bundesamt für Naturschutz, Bonn-Bad Godesberg, S 353–396

Dürr T (2019) Fledermausverluste an Windenergieanlagen. Daten aus der zentralen Fundkartei der Staatlichen Vogelschutzwarte im Landesamt für Umwelt, Gesundheit und Verbraucherschutz Brandenburg. Stand vom 7. Januar 2019

Dürr T, Bach L (2004) Fledermäuse als Schlagopfer von Windenergieanlagen – Stand der Erfahrungen mit Einblick in die bundesweite Fundkartei. Bremer Beitr Naturkunde Naturschutz 7:253–263

Encarnação JA, Kierdorf U, Holweg D, Jasnoch U, Wolters V (2005) Sex-related differences in roost-site selection by Daubenton's bats *Myotis daubentonii* during the nursery period. Mamm Rev 35:285–294

Encarnação JA (2012) Spatiotemporal pattern of local sexual segregation in a tree-dwelling temperate bat Myotis daubentonii. J Ethol 30:271–278

Fachagentur Wind (2018) Entwicklung der Windenergie im Wald – Ausbau, planerische Vorgaben und Empfehlungen für Windenergiestandorte auf Waldflächen in den Bundesländern. https://www.fachagentur-windenergie.de/fileadmin/files/Windenergie_im_Wald/FA-Wind_Analyse_Wind_im_Wald_3Auflage_2018.pdf. Zugegriffen: 15. Aug. 2019

Fraunhofer IEE (2018) Wind Energie Report Deutschland 2017. http://windmonitor.iee.fraunhofer.de/opencms/export/sites/windmonitor/img/Windmonitor-2017/WERD_2017_180523_Web_96ppi.pdf. Zugegriffen: 15. Aug. 2019

HMUELV, HMWVL (Hessisches Ministerium für Umwelt, Klimaschutz, Landwirtschaft und Verbraucherschutz, Hessisches Ministerium für Wirtschaft, Energie, Verkehr und Landesentwicklung) (2012) Leitfaden Berücksichtigung der Naturschutzbelange bei der Planung und Genehmigung von Windkraftanlagen (WKA) in Hessen. HMUELV, HMWVL (Hessisches Ministerium für Umwelt, Klimaschutz, Landwirtschaft und Verbraucherschutz, Hessisches Ministerium für Wirtschaft, Energie, Verkehr und Landesentwicklung), Wiesbaden

Hötker H, Thomsen KM, Köster H (2005) Auswirkungen regenerativer Energiegewinnung auf die biologische Vielfalt am Beispiel der Vögel und der Fledermäuse. BfN-Skripten, vol 142. Bundesamt für Naturschutz, Bonn-Bad Godesberg

Hurst J, Balzer S, Biedermann M, Dietz C, Dietz M, Höhne E, Karst I, Petermann R, Schorcht W, Steck C, Brinkmann R (2015) Erfassungsstandards für Fledermäuse bei Windkraftprojekten in Wäldern – Diskussion aktueller Empfehlungen der Bundesländer. Natur und Landschaft 90:157–169

Hurst J, Biedermann M, Dietz M, Krannich E, Karst I, Korner-Niervergelt F, Schauer-Weisshahn H, Schorcht W, Brinkmann R (2016a) Fledermausaktivität in verschiedenen Höhen über dem Wald. In: Hurst J, Biedermann M, Dietz C, Dietz M, Karst I, Krannich E, Petermann R, Schorcht W, Brinkmann R (Hrsg) Fledermäuse und Windkraft im Wald. Naturschutz und Biologische Vielfalt, vol 153. Bundesamt für Naturschutz, Bonn-Bad Godesberg

Hurst J, Biedermann M, Dietz M, Karst I, Krannich E, Schauer-Weisshahn H, Schorcht W, Brinkmann R (2016b) Aktivität und Lebensraumnutzung der Mopsfledermaus (*Barbastella barbastellus*) in Wochenstubengebieten. In: Hurst J, Biedermann M, Dietz C, Dietz M, Karst I, Krannich E, Petermann R, Schorcht W, Brinkmann R (Hrsg) Fledermäuse und Windkraft im Wald. Naturschutz und Biologische Vielfalt, vol 153. Bundesamt für Naturschutz, Bonn-Bad Godesberg, S 198–233

Hurst J, Dietz C, Brinkmann R (2016c) Aktivität der Zwergfledermaus (*Pipistrellus pipistrellus*) zur Schwärmzeit am Massenwinterquartier Battertfelsen (Baden-Württemberg). In: Hurst J, Biedermann M, Dietz C, Dietz M, Karst I, Krannich E, Petermann R, Schorcht W, Brinkmann R (Hrsg) Fledermäuse und Windkraft im Wald. Naturschutz und Biologische Vielfalt, vol 153. Bundesamt für Naturschutz, Bonn-Bad Godesberg, S 258–277

Hurst J, Biedermann M, Dietz C, Dietz M, Krannich E, Karst I, Petermann R, Schorcht W, Brinkmann R (2016d) Fledermäuse und Windkraft im Wald: Überblick über die Ergebnisse des Forschungsvorhabens. In: Hurst J, Biedermann M, Dietz C, Dietz M, Karst I, Krannich E, Petermann R, Schorcht W, Brinkmann R (Hrsg) Fledermäuse und Windkraft im Wald. Naturschutz und Biologische Vielfalt, vol 153. Springer, Berlin, S 17–66

Hurst J, Brinkmann R, Lorch S, Greule S, Lüdtke B, Kohnen A (2019) Vorher-Nachher-Untersuchungen an WKA im Wald zur Ermittlung der Auswirkungen auf Fledermausvorkommen – Endbericht. Bundesamt für Naturschutz, Bonn-Bad Godesberg

ITN (Institut für Tierökologie und Naturbildung) (2006) Frankfurter Nachtleben – Fledermäuse in Frankfurt am Main. Umweltamt der Stadt Frankfurt, Frankfurt a. M.

ITN (Institut für Tierökologie und Naturbildung) (2012) Höhlenbäume im urbanen Raum. Entwicklung eines Leitfadens zum Erhalt eines wertvollen Lebensraumes in Parks und Stadtwäldern unter Berücksichtigung der Verkehrssicherung. Umweltamt der Stadt Frankfurt, Frankfurt a. M.

ITN (Institut für Tierökologie und Naturbildung) (2015) Arbeitshilfe zur Berücksichtigung des Fledermausschutzes bei der Genehmigung von Windenergieanlagen (WEA) in Thüringen. Erstellt im Auftrag der Thüringer Landesanstalt für Umwelt und Geologie, Gonterskirchen

Kerth G, König B (1999) Fission, fusion and nonrandom associations in female Bechstein's bats (*Myotis bechsteinii*). Behaviour 136:1187–1202

Kerth G, Wagner M, König B (2001) Roosting together, foraging apart: information transfer about food is unlikely to explain sociality in female Bechstein's bats (*Myotis bechsteinii*). Behav Ecol Sociobiol 50:283–291

Kohnen A, Steck C, Hurst J, Brinkmann R (2016) Verbreitungsmodelle windkraftempfindlicher Fledermausarten als Grundlage für die Risikobewertung. In: Hurst J, Biedermann M, Dietz C, Dietz M, Karst I, Krannich E, Petermann R, Schorcht W, Brinkmann R (Hrsg) Fledermäuse und Windkraft im Wald. Naturschutz und Biologische Vielfalt, vol 153. Bundesamt für Naturschutz, Bonn-Bad Godesberg, S 66–120

Korner-Nievergelt F, Behr O, Niermann I, Brinkmann R (2011) Schätzung der Zahl verunglückter Fledermäuse an Windenergieanlagen mittels akustischer Aktivitätsmessungen und modifizierter N-mixture Modelle. In: Brinkmann R, Behr O, Niermann I, Reich M (Hrsg) Entwicklung von Methoden zur Untersuchung und Reduktion des Kollisionsrisikos von Fledermäusen an Onshore-Windenergieanlagen. Cuvillier Verlag, Göttingen, S 323–353

Korner-Nievergelt F, Almasi B, Hochradel K, Mages J, Naucke A, Nagy M, Simon R, Weber N, Behr O (2018a) Weiterentwicklung der statistischen Modelle zur Vorhersage des Kollisionsrisikos von Fledermäusen an WEA aus akustischen Aktivitätsdaten. In: Behr O, Brinkmann R, Hochradel K, Hurst J, Mages J, Korner-Niervergelt F, Reers H, Simon R, Stiller F, Weber N, Nagy M (Hrsg) Bestimmung des Kollisionsrisikos von Fledermäusen an Onshore-Windenergieanlagen in der Planungspraxis – Endbericht des Forschungsvorhabens gefördert durch das Bundesministerium für Wirtschaft und Energie. Erlangen, S 111–146

Korner-Nievergelt P, Simon R, Behr O, Korner-Nievergelt F (2018b) Populationsbiologische Modellierung von Fledermauspopulationen. In: Behr O, Brinkmann R, Hochradel K, Hurst J, Mages J, Korner-Niervergelt F, Reers H, Simon R, Stiller F, Weber N, Nagy M (Hrsg) Bestimmung des Kollisionsrisikos von Fledermäusen an Onshore-Windenergieanlagen in der Planungspraxis – Endbericht des Forschungsvorhabens gefördert durch das Bundesministerium für Wirtschaft und Energie. Erlangen, S 313–340

Korsten E, Jansen E, Limpens H, Boonmann M (2016) Swarm and switch: on the trail of the hibernating common pipistrelle. Bat News 110:8–10

Kortmann M, Hurst J, Brinkmann R, Heurich M, Silveyra González R, Müller J, Thorn S (2017) Beauty and the beast: how a bat utilizes forests shaped by outbreaks of an insect pest. Anim Conserv. https://doi.org/10.1111/acv.12359

LANA (Länderarbeitsgemeinschaft Naturschutz) (2010) Hinweise zu zentralen unbestimmten Rechtsbegriffen des Bundesnaturschutzgesetzes. Thüringer Ministerium für Landwirtschaft, Forsten, Umwelt und Naturschutz. https://www.bfn.de/fileadmin/BfN/recht/Dokumente/Hinweise_LANA_unbestimmte_Rechtsbegriffe.pdf

Lindemann C, Runkel V, Kiefer A, Lukas A, Veith M (2018) Abschaltalgorithmen für Fledermäuse an Windenergieanlagen. Naturschutz und Landschaftsplanung 50:418–425

LUBW (LUBW Landesanstalt für Umwelt Baden-Württemberg) (2014) Hinweise zur Untersuchung von Fledermausarten bei Bauleitplanung und Genehmigung für Winkraftanlagen. Karlsruhe. https://mlr.baden-wuerttemberg.de/fileadmin/redaktion/m-mlr/intern/Untersuchungsumfang_Fledermaeuse_Endfassung_01_04_2014.pdf

Meschede A, Heller KG (2000) Ökologie und Schutz von Fledermäusen in Wäldern. Schriftenreihe für Landschaftspflege und Naturschutz, vol 66. Bundesamt für Naturschutz, Bonn-Bad Godesberg

Meschede A, Schorcht W, Karst I, Biedermann M, Fuchs D, Bontadina F (2017) Wanderrouten der Fledermäuse. BfN-Skripten, vol 453. Bundesamt für Naturschutz, Bonn-Bad Godesberg

Müller J, Brandl R, Buchner J, Pretzsch H, Seifert S, Strätz C, Veith M, Fenton B (2013) From ground to above canopy – bat activity in mature forests is driven by vegetation density and height. For Ecol Manage 306:179–184

Niermann I, Brinkmann R, Korner-Nievergelt F, Behr O (2011) Systematische Schlagopfersuche – Methodische Rahmenbedingungen, statistische Analyseverfahren und Ergebnisse. In: Brinkmann R, Behr O, Niermann I, Reich M (Hrsg) Entwicklung von Methoden zur Untersuchung und Reduktion des Kollisionsrisikos von Fledermäusen an Onshore-Windenergieanlagen. Cuvillier Verlag, Göttingen, S 40–115

Ohlendorf B, Ohlendorf L (1998) Zur Wahl der Paarungsquartiere und zur Struktur der Haremsgesellschaften des Kleinabendseglers (*Nyctalus leisleri*) in Sachsen-Anhalt. Nyctalus 6:476–491

Peerenboom G (2009) Quartierbaumwahl der Mopsfledermaus (*Barbastella barbastellus*) im Alb-Wutach-Gebiet. Albert-Ludwigs-Universität, Freiburg im Breisgau (Diplomarbeit)

Reers H, Hartmann S, Hurst J, Brinkmann R (2017) Bat activity at nacelle height over forest. In: Köppel J (Hrsg) Wind Energy and Wildlife Interactions – Presentations from the CWW 2015. Springer, Cham, S 79–98

Reichenbach M, Brinkmann R, Kohnen A, Köppel J, Menke K, Ohlenburg H, Reers H, Steinborn H, Warnke M (2015) Bau- und Betriebsmonitoring von Windenergieanlagen im Wald. Abschlussbericht 30.11.2015. Erstellt im Auftrag des Bundesministeriums für Wirtschaft und Energie, Oldenburg

Reinhard H, Brinkmann R (2018) Zeitliche Einschränkungen des Betriebs von Windenergieanlagen als Maßnahme des Fledermausschutzes. In: Behr O, Brinkmann R, Hochradel K, Hurst J, Mages J, Korner-Niervergelt F, Reers H, Simon R, Stiller F, Weber N, Nagy M (Hrsg) Bestimmung des Kollisionsrisikos von Fledermäusen an Onshore-Windenergieanlagen in der Planungspraxis – Endbericht des Forschungsvorhabens gefördert durch das Bundesministerium für Wirtschaft und Energie. Erlangen, S 375–416

Richarz K, Hormann M, Werner M, Simon L, Wolf T (2012) Naturschutzfachlicher Rahmen zum Ausbau der Windenergienutzung in Rheinland-Pfalz – Artenschutz (Vögel, Fledermäuse) und NATURA 2000-Gebiete. Ministerium für Umwelt, Landwirtschaft, Ernährung, Weinbau und Forsten Rheinland-Pfalz, Mainz

Richarz K, Hormann M, Braunberger C, Harbusch C, Süßmilch G, Caspari S, Schneider C, Monzel M, Reith C, Weitrath U (2013) Leitfaden zur Beachtung artenschutzrechtlicher Belange beim Ausbau der Windenergienutzung im Saarland betreffend die besonders relevanten Artengruppen der Vögel und Fledermäuse. Ministerium für Umwelt und Verbraucherschutz Saarland, Saarbrücken

Rodrigues L, Bach L, Dubourg-Savage M.-J, Karapandza N, Kovac D, Kervyn T, Dekker J, Kepel A, Bach P, Kollins J, Harbusch C, Park K, Micevski B, Minderman J (2015) Guidelines for consideration of bats in wind farm projects – Revision 2014. EUROBATS publication series No. 6 (English version). UNEP/EUROBATS Secretariat, Bonn, Germany, S 133. https://www.eurobats.org/sites/default/files/documents/publications/publication_series/pubseries_no6_english.pdf

Russo D, Cistrone L, Jones G (2005) Spatial and temporal patterns of roost use by tree-dwelling barbastelle bats *Barbastella barbastellus*. Ecography 28:769–776

Segers J, Broders H (2014) Interspecific effects of forest fragmentation on bats. Can J Zool 92:665–673

Siemers BM, Kaipf I, Schnitzler H-U (1999) The use of day roosts and foraging grounds by Natterer's bats (*Myotis nattereri* Kuhl, 1818) from a colony in southern Germany. Z Säugetierkunde 64:241–245

Steck C, Brinkmann R (2013) Vom Punkt in die Fläche – Habitatmodelle als Instrument zur Abgrenzung von Lebensstätten der Bechsteinfledermaus am südlichen Oberrhein und für die Beurteilung von Eingriffsvorhaben. In: Dietz M (Hrsg) Populationsökologie und Habitatansprüche der Bechsteinfledermaus *Myotis bechsteinii*. Beiträge zur Fachtagung in der Trinkkuranlage Bad Nauheim, 25.-26.02.2011. S 69-83

Steck C, Brinkmann R (2015) Wimperfledermaus, Bechsteinfledermaus und Mopsfledermaus – Einblicke in die Lebensweise gefährdeter Arten in Baden-Württemberg. Haupt-Verlag, Berlin, S 1–200

Steinhauser D, Burger F, Hoffmeister U (2002) Untersuchungen zur Ökologie der Mopsfledermaus, *Barbastella barbastellus* (SCHREBER, 1774), und der Bechsteinfledermaus, *Myotis bechsteinii* (KUHL, 1817) im Süden des Landes Brandenburg. In: Meschede A, Heller K-G, Boye P (Hrsg) Ökologie, Wanderungen und Genetik von Fledermäusen in Wäldern – Untersuchungen als Grundlage für den Fledermausschutz. Schriftenreihe für Landschaftspflege und Naturschutz, vol 66. Bundesamt für Naturschutz, Bonn, S 81–98

Trapp H, Fabian D, Förster F, Zinke O (2002) Fledermausverluste in einem Windpark der Oberlausitz. Naturschutzarbeit Sachs 44:53–56

Vierhaus H (2000) Neues von unseren Fledermäusen. ABU info 24:58–60

von Helversen O, von Helversen D (1994) The 'advertisement song'of the lesser noctule bat (*Nyctalus leisleri*). Folia Zool 43:331–338

Walter A, Wiehe J, Schlömer G, Hashemifarzad A, Wenzel T, Albert I, Hofmann L, Hingst J zum, Haaren C von (2018) Naturverträgliche Energieversorgung aus 100% erneuerbaren Energien 2050. BfN-Skripten, vol 501. Bundesamt für Naturschutz, Bonn – Bad Godesberg

Weber N, Nagy M, Hochradel K, Mages J, Naucke A, Schneider A, Stiller F, Behr O, Simon R (2018) Akustische Erfassung der Fledermausaktivität an Windenergieanlagen. In: Weber N, Nagy M, Hochradel K, Mages J, Naucke A, Schneider A, Stiller F, Behr O, Simon R (Hrsg) Bestimmung des Kollisionsrisikos von Fledermäusen an Onshore-Windenergieanlagen in der Planungspraxis – Endbericht des Forschungsvorhabens gefördert durch das Bundesministerium für Wirtschaft und Energie. Erlangen, S 31–57

Zahn A, Hammer M (2016) Zur Wirksamkeit von Fledermauskästen als vorgezogene Ausgleichsmaßnahme. ANLiegen Natur 39:9

Teil II
Originalartikel

Expert*innenbewertung der Methoden zum Fledermausmonitoring bei Windkraftvorhaben

3

Expert evaluations of methods used for monitoring bats during wind turbine projects

Christian C. Voigt, Manuel Roeleke, Olga Heim, Linn S. Lehnert, Marcus Fritze und Oliver Lindecke

Zusammenfassung

Die Erfassung des Artvorkommens und der Aktivität von Fledermäusen im Rahmen von Genehmigungsverfahren für Windenergieanlagen (WEA) beruht auf der legalen Notwendigkeit, das gesetzlich verankerte Störungs- und Tötungsverbot geschützter Arten umzusetzen. In einer Internetumfrage baten wir Fachexpert*innen um eine Einschätzung der Eignung und Praxistauglichkeit von Methoden, die gegenwärtig für die Begleituntersuchung von

C. C. Voigt (✉) · M. Roeleke · O. Heim · L. S. Lehnert · M. Fritze · O. Lindecke
Abteilung Evolutionäre Ökologie, Leibniz-Institut für Zoo- und Wildtierforschung, Berlin, Deutschland
E-Mail: voigt@izw-berlin.de

M. Roeleke
E-Mail: roeleke@izw-berlin.de

O. Heim
E-Mail: heim@izw-berlin.de

L. S. Lehnert
E-Mail: lehnert@izw-berlin.de

M. Fritze
E-Mail: fritze@izw-berlin.de

O. Lindecke
E-Mail: lindecke@izw-berlin.de

C. C. Voigt (Hrsg.), *Evidenzbasierter Fledermausschutz in Windkraftvorhaben*,
https://doi.org/10.1007/978-3-662-61454-9_3

Fledermäusen eingesetzt werden. Der Netzfang und die manuelle sowie automatische Erfassung der akustischen Aktivität von Fledermäusen in Bodennähe betrachteten die Fachexpert*innen als ungeeignet oder bedingt geeignet, um das Schlagrisiko für Fledermäuse an WEA bewerten zu können. Dies galt vor allem für Standorte im Offenland wie zum Beispiel auf Agrarflächen. Die automatische Erfassung der akustischen Aktivität von Fledermäusen in Gondelhöhe (Gondelmessung) wurde mehrheitlich, vor allem für den Zeitraum der Herbstmigration, als geeignet erachtet. Behördenvertreter*innen und Fachgutachter*innen bewerteten die Gondelmessung als wenig praxistauglich, aber prinzipiell geeignet. Der Netzfang wurde für Waldstandorte und speziell für die Wochenstubenzeit als geeignete Methode zur Erfassung der lokalen Fledermausaktivität beurteilt. Die Suche nach Quartierstandorten mittels Radiotelemetrie wurde besonders für Waldstandorte als geeignet bewertet. Fachgutachter*innen gaben häufiger als Behördenvertreter*innen an, dass sie Diskrepanzen zwischen der Gondelmessung und der Schlagopferzahl beobachten konnten. Die Fachexpert*innen waren sich uneinig darüber, ob die Schätzwerte für Schlagopfer mittels spezieller Hochrechnungen der Realität entsprechen. Nur etwa jeder fünfte Befragte gab an, dass diese Hochrechnung realistische Zahlen liefere. Die Mehrheit der Fachexpert*innen vermutete eine Unterschätzung der tatsächlichen Schlagopferzahl. Die Ergebnisse unserer Umfrage zeigen, dass einige im Rahmen von Genehmigungsverfahren praktizierte Methoden von den Fachexpert*innen hinterfragt und deren Verlässlichkeit unter bestimmten Bedingungen kritisiert werden. Insbesondere schließen wir aus der Auswertung, dass die prinzipiell als geeignet bewertete akustische Aktivitätsmessung in Gondelhöhe mit Schlagopfersuchen an den betreffenden WEA kombiniert werden sollte, um die Unsicherheiten der einzeln angewandten Methoden zu reduzieren.

Summary

Owing to the legal protection of bats and their habitats, it is mandatory to monitor the presence and activity of bats as part of environmental impact assessments during the planning process of wind turbine projects. During an internet-based survey, we asked involved experts to judge the practicability and feasibility of methods, which are currently applied to monitor bats. The mist-netting of bats and both automated and non-automated acoustic recordings at ground level were judged unsuitable or conditionally suitable to assess the mortality risk of bats at wind turbines. This was considered particularly true for open areas, such as farmland. The majority of experts considered the automated acoustic monitoring of bat activity at nacelle height (nacelle monitoring) as suitable in general, but not necessarily practical. The mist-netting of bats was judged suitable to document the activity of bats at forested sites, particularly during the maternity period. Consultants more so than members of the conservation agencies reported discrepancies between the acoustic recording of bats at nacelle height and the number of documented fatalities. The experts disagreed on whether or not the estimated number of killed bats was representative for the true number of killed bats at wind turbines. Only about one-fifth of responding experts reported that the estimated number of killed bats matched with true fatality rates. Indeed, the majority of respondents suggested that the estimated number of killed bats falls below the true number of killed bats at wind turbines. The results of our survey show that some of the methods applied as part of the environmental impact assessments procedure are scrutinized by experts. Particularly, experts questioned the validity of some of the widely applied methods for specific conditions. Overall, we conclude that the acoustic monitoring of bats at nacelle height should be combined with carcass searches to reduce the uncertainties involved in using only one of the aforementioned methods.

3.1 Einleitung

Bis zum Jahr 2050 plant die Bundesregierung eine vollständige Abkehr von fossilen und nuklearen Energieträgern und einen flächendeckenden Ausbau der Energieproduktion aus erneuerbaren Energieträgern wie Solarenergie, Biogas, Wind- und Wasserkraft. Das primäre Ziel dabei ist, die Kohlendioxidemission, die durch die Verbrennung von fossilen Brennstoffen entsteht, aus Klimaschutzgründen zu reduzieren und die gefährliche Energieproduktion aus nuklearen Energieträgern mit dem einhergehenden ungelösten Problem der Endlagerung zu stoppen (EEG 2017). Auch weltweit sind viele Länder bestrebt, die Energieproduktion aus erneuerbaren Energieträgern auszubauen, um die voranschreitende Erderwärmung einzudämmen. Auf der UN-Klimakonferenz in Paris 2015 haben sich deshalb mehr als 150 Länder dazu verpflichtet, die Weltwirtschaft und damit auch die Energieproduktion auf „klimafreundliche Weise“ zu verändern. In Deutschland werden momentan 29.213 Windenergieanlagen (WEA) mit einer kumulativen Leistung von 52.931 MW an Land betrieben (Stand Dezember 2018; Deutsche WindGuard 2019). Aufgrund des großen Raumbedarfs, der durch die stetig wachsende Anzahl an WEA entsteht, kommt es vermehrt zu Interessenskonflikten in der Flächennutzung. Besonders im Fokus steht dabei das sogenannte Grün-Grün-Dilemma – ein Konflikt zwischen Klima- und Artenschutz (Voigt 2016; Voigt et al. 2019). Die vermehrten Funde von toten und verletzten Großvögeln unter WEA führten seit dem Bau der ersten WEA zu einer erhöhten Aufmerksamkeit gegenüber potenziellen Gefahren für Vögel. Um die Jahrtausendwende wurden durch das Auffinden von Fledermausschlagopfern zunehmend auch negative Auswirkungen auf Fledermäuse in Deutschland sowie die Populationen der Nachbarländer deutlich (Bach 2001; Dürr 2002; Dürr und Bach 2004; Voigt et al. 2012, 2015, 2016; Lehnert et al. 2014; Zahn et al. 2014). Diese reichen von Habitatverlust bis zur Tötung von Individuen durch direkten Schlag an Rotorblättern oder Verletzungen der inneren Organe durch abrupte

Luftdruckunterschiede im Rotorbereich (Barotrauma; Baerwald et al. 2008; Voigt et al. 2015). Aufgrund ihres Schutzstatus in internationalen Konventionen (EU-Fauna-Flora-Habitat-Richtlinie, UN-Konvention zum Schutz migrierender Arten UNEP/EUROBATS) sowie nach nationalem Recht (Bundesnaturschutzgesetz, BNatSchG) zählen Fledermäuse in Deutschland zu den besonders und streng geschützten Arten. Gemäß §44 BNatSchG ist es deshalb verboten, Fledermäuse zu stören, zu töten oder deren Lebensstätten zu zerstören. Um den Zielen des Gesetzes zur Förderung der erneuerbaren Energien (EEG 2017) gerecht zu werden und gleichzeitig die Belange des BNatSchG einzuhalten, ist es notwendig, in sogenannten Artenschutzgutachten zu prüfen, ob beim Bau und Betrieb von WEA am jeweiligen Standort ein Verstoß gegen das BNatSchG vorliegt. Konkret wird untersucht, inwieweit Vögel und Fledermäuse im Gebiet vorkommen und ob sie durch den Bau oder den Betrieb der WEA im Sinne des §44 BNatSchG erheblich beeinträchtigt werden. Ist ein Verstoß absehbar, müssen Vermeidungs- oder Verminderungsmaßnahmen geplant werden, damit eine Genehmigung erteilt werden kann.

Je nach Tierart kommen bei der Erfassung unterschiedliche Methoden zum Einsatz. Bei der Erfassung von Fledermäusen werden typischerweise bioakustische Empfängergeräte verwendet und Netzfänge durchgeführt. Besenderte Tiere werden zudem gegebenenfalls mittels Radiotelemetrie verfolgt und lokalisiert. Umfangreiche Methodenempfehlungen zur Untersuchung und zur Reduktion des Kollisionsrisikos von Fledermäusen wurden bereits 2011 von Brinkmann zusammengestellt (Brinkmann 2011). Das benötigte Methodenrepertoire muss sich jedoch einer dynamisch entwickelnden Situation anpassen. Zum einen werden die WEA-Typen zunehmend in Bau- und Betriebsweise (z. B. Gondelhöhe, Rotordurchmesser und Umdrehungsgeschwindigkeit) diverser und größer (Deutsche WindGuard 2019). Zum anderen wird die räumliche Situation, in denen WEA errichtet werden, immer vielfältiger. So umfassen die beplanten Standorte aufgrund der zunehmenden Flächenverknappung mehr Landschaftstypen als in den Anfangsjahren, in denen hauptsächlich landwirtschaftliche Nutzflächen betroffen waren (Deutsche WindGuard 2019). Seit 2010 kommt es zum Beispiel vermehrt zu Genehmigungsvorhaben in Forst- und Waldgebieten (80 % Zuwachs; FA Wind 2018), sowie zum Ausbau in Naturparken und FFH-Gebieten, als auch der Errichtung von WEA am Rand von streng geschützten Habitaten wie Naturschutzgebieten und Nationalparks. Ende 2017 ist bundesweit die Zahl von WEA im Wald auf ungefähr 1850 beziffert worden (FA Wind 2018). Zudem werden WEA heutzutage in unterschiedlichen Geländetypen installiert (z. B. Uferbereiche, Flachland, Täler, Höhenzüge und Plateaus). Diese sich weiter entwickelnde Situation erfordert eine an die jeweiligen Vorhaben angepasste Erfassungsmethodik, um potenziell negative Auswirkungen auf lokale sowie wandernde Fledermäuse vorherzusagen. Hurst et al. (2015) erarbeiteten speziell für Windkraftprojekte in Waldgebieten eine Synopsis der bundeslandspezifischen Handlungsempfehlungen. Unabhängig davon, ob WEA-Projekte im Wald oder im Offenland geplant werden, gibt es generelle Kritiken an den Methoden und deren Aussagekraft zur Abschätzung der Gefährdung von Fledermäusen. Während zum

Beispiel Lintott et al. (2016) die Aussagekraft der Voruntersuchung am geplanten WEA-Standort infrage stellten, kritisierten Lindemann et al. (2018) vor allem die Verlässlichkeit der Ergebnisse von bioakustischen Aufnahmen in Gondelhöhe, die eine erhebliche Rolle bei der nachträglichen Untersuchung an den bereits gebauten WEA spielen. Eine Qualitätsprüfung von 156 Fledermausgutachten aus mehreren Bundesländern zeigte zudem, dass methodische Vorgaben weder einheitlich noch vollumfänglich eingehalten werden und deshalb eine Standardisierung gutachterlicher Methoden sowie deren Kontrolle dringend erforderlich sind (Gebhard et al. 2016).

Um während des Planungsprozesses für alle Interessensgruppen Rechtssicherheit zu schaffen und bundesweit vergleichbare Planungsverfahren zu gewährleisten, wären bundesweit einheitliche, standardisierte Methoden, welche die jeweils regional unterschiedlichen Standorte und Betriebsweisen der WEA berücksichtigen, notwendig. Allerdings existieren derzeit nur bundeslandspezifische Leitfäden. Diese unterscheiden sich teilweise stark in ihren Forderungen und Empfehlungen zur Erfassungsmethodik, da sie zu unterschiedlichen Zeitpunkten erstellt worden sind. Während ältere Leitfäden, wie z. B. der Windenergieerlass in Brandenburg (MLUL 2011) noch vor dem Erscheinen des Standardwerkes von Brinkmann et al. (2011) erstellt wurden, stammen die während der Tagung „Evidenzbasierter Fledermausschutz bei Windkraftvorhaben" (Leibniz-IZW Berlin, März 2019) vorgestellten aktuellen Leitfäden aus Thüringen (Dietz et al. 2015) und Sachsen-Anhalt (MULE 2018) aus den Jahren 2015 bzw. 2018. Daraus ist abzuleiten, dass die in die Genehmigungsverfahren involvierten Personen (Fachgutachter*innen, Vertreter*innen der Behörden sowie des Windenergiesektors und zum Teil auch Umweltverbände und Wissenschaftler) mit unterschiedlichen Methoden, die sich aus den Empfehlungen der Leitfäden ergeben, arbeiten.

Die vorliegende bundesweite Expert*innenbefragung diente dazu, die derzeit angewandten Methoden anhand von Expert*innenmeinungen zu bewerten. Die Ergebnisse sollen dazu dienen, die besten Methoden für die spezifischen Situationen an den jeweiligen WEA-Standorten zu identifizieren und das jeweilige Methodenrepertoire nach dem Best-Practice-Prinzip darzustellen.

3.2 Material und Methoden

Unter Verwendung der Online-Umfragesoftware SurveyGizmo (https://www.surveygizmo.eu/) erstellten wir einen Fragebogen zum Thema „Vereinbarkeit von Fledermausschutz und Windenergieausbau in Deutschland". Dieser bestand aus 50 Fragen bzw. Kommentaroptionen. Der Link dazu wurde per E-Mail an ungefähr 1000 Personen und Institutionen versandt, die sich professionell mit Fledermäusen und/oder Windkraft beschäftigen (Anhang Frage 2; Fritze et al. 2019). Zusätzlich riefen wir zur Weiterleitung an interessierte Personen auf. Die Teilnahme an der Umfrage war vom 03.05.2016 bis zum 27.05.2016 möglich. Zur Auswertung fassten wir folgende Expertengruppen zusammen: *Behördenvertreter*innen, Fachgutachter*innen (Landschaftsplaner*innen und Fledermaus-Fachgutachter*innen),*

*Vertreter*innen einer Umweltschutzorganisation* (Angestellte sowie ehrenamtlich Tätige), *Vertreter*innen des Windenergiesektors* (Angestellte und Affiliierte von Windkraftkonzernen, Betreiber, Projektierer, Jurist*innen) und *Wissenschaftler*innen* (Wissenschaftler*innen im Themenfeld Fledermäuse, Wissenschaftler*innen im Themenfeld Windkraft). Personen anderer Berufsgruppen konnten sich unter der Kategorie *Sonstige* eintragen und an der Umfrage teilnehmen. Sofern möglich, integrierten wir diese nach Rücksprache in die entsprechende Expert*innengruppen. Elf Antwortbögen konnten nicht zugeordnet werden und wurden folglich nicht ausgewertet. Der in drei Blöcke unterteilte Fragebogen beinhaltete neben allgemeinen Fragen zur Charakterisierung der Expert*innengruppen vor allem Aspekte des Naturschutzrechts und der Erfassungsmethodik (markierte Fragen im Anhang). Zwei der Umfrageblöcke, die sich mit Aspekten des Genehmigungsverfahrens sowie mit dem Thema Artenschutz bzw. Fledermausschutz im Windenergieausbau beschäftigten, sind bereits an anderer Stelle publiziert (Fritze et al. 2019; Kap. 8). Bei den meisten Fragen baten wir um eine Bewertung von 1 (sehr schlecht) bis 5 (sehr gut). Im Folgenden stellen wir Antworten zu den Aspekten der Erfassungsmethodik vor, das heißt speziell zum Thema Netzfang, Radiotelemetrie, Detektorbegehung, automatisierte akustische Begleituntersuchung in Bodennähe und in Gondelhöhe (im Folgenden Gondelmessung genannt) sowie Schlagopfersuche. Aufgrund des hohen Rücklaufs seitens der Behördenvertreter*innen, Fachgutachter*innen und Vertreter*innen von Umweltschutzorganisationen wurden besonders für diese Gruppen statistische Auswertungen durchgeführt. Die entsprechenden statistischen Testmethoden geben wir zur besseren Übersicht in den jeweiligen Ergebnisbesprechungen an. Als Signifikanzlevel nahmen wir den Wert $p<0{,}05$ an.

3.3 Ergebnisse und Diskussion

Unsere Umfrage wurde insgesamt 540-mal aufgerufen und der Fragenkatalog 169-mal vollständig ausgefüllt zurückgeschickt. Unvollständige Fragebögen wurden von der Auswertung ausgeschlossen. Die geographische Verteilung der Antwortenden mit vollständig ausgefüllten Fragebögen wurde bereits zuvor als relativ ausgeglichen beschrieben (Fritze et al. 2019; Online Supplement www.nul-online.de Webcode 2231). Die Mehrzahl der Teilnehmer*innen waren Behördenvertreter*innen und Fachgutachter*innen. In absteigender Anzahl nahmen Vertreter*innen von Umweltschutzorganisationen und des Windenergiesektors sowie Wissenschaftler*innen an der Umfrage teil.

3.3.1 Aktivität und Artvorkommen: Beurteilung von Erfassungsmethoden in Abhängigkeit von Saison und Habitat

Eine grundlegende Beschreibung der verfügbaren Methoden zur Erfassung der Aktivität und Artenvielfalt von Fledermäusen im Rahmen von Windkraftvorhaben findet sich in Brinkmann et al. (2011). Prinzipiell gelten Detektorbegehungen (manuelle bioakustische Erfassung), automatische bioakustische Aufnahmen in Bodennähe und in Gondelhöhe (Gondelmessung) sowie Netzfänge von Fledermäusen als etablierte Methoden.

Um die Aktivität von Fledermäusen zu erfassen, erachteten die Behördenvertreter*innen die Gondelmessung als am besten geeignet (4 Punkte; Abb. 3.1). Zur Erfassung der Artenvielfalt erhielt die Gondelmessung insbesondere während der Migrationszeit im Offenland gute Bewertungen (4 Punkte). Behördenvertreter*innen beurteilten die automatische Erfassung in Bodennähe und Detektorbegehungen unabhängig von Saison und Habitat als mittelmäßig geeignet, um Aktivität und Artenvielfalt von Fledermäusen lokal zu erfassen (3 Punkte, Anhang Frage 14 bis 17). Fachgutachter*innen bewerteten die verschiedenen akustischen Methoden ähnlich wie die Behördenvertreter*innen, wobei sie den automatischen Erfassungsmethoden eine bessere Eignung zuschrieben. Vertreter*innen von Umweltschutzorganisationen bewerteten die akustischen Methoden ähnlich wie die Behördenvertreter*innen. Alle Fachexpert*innen hielten den Netzfang für wenig geeignet, um Aktivitäten von Fledermäusen zu ermitteln.

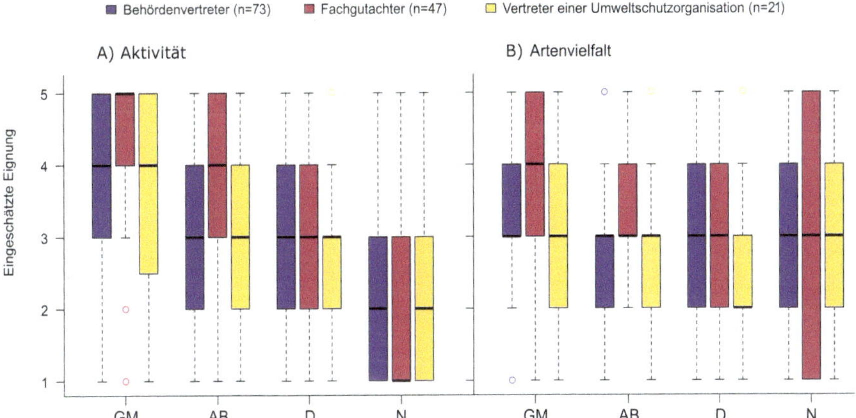

Abb. 3.1 Einschätzung der Eignung (1 = sehr schlecht, 5 = sehr gut) verschiedener Methoden durch Fachexpert*innen um Aktivität (**a**) und Artenvielfalt (**b**) zu erfassen. GM = Gondelmessung, AB = automatische akustische Erfassung in Bodennähe, D = Detektorbegehung, N = Netzfang. Schwarze horizontale Linien entsprechen den Medianwerten, Boxen umfassen 50 % der Datenpunkte

Fig. 3.1 Assessment of the suitability (1 = very bad, 5 = very good) of several methods by expert groups to document activity (**a**) and species diversity (**b**). GM = automated acoustic monitoring at nacelle height, AB = automated acoustic monitoring at ground level, D = acoustic monitoring via transects, N = mist-netting. Behördenvertreter = members of conservation authorities, Fachgutachter = consultants, Vertreter einer Umweltschutzorganisation = member of an NGO. Black horizontal lines represent median values, boxes encompass 50 % of the data points

Die Fachexpert*innen bewerteten die akustische Erfassung zur Dokumentation der lokalen Artenvielfalt und der Aktivität geeignet (Abb. 3.1). Dem Netzfang wurde jedoch eine höhere Wertigkeit zur Erfassung der lokalen Artenvielfalt zugesprochen. Vor allem für Waldstandorte wurde der Netzfang positiv bewertet (Abb. 3.2; Anhang Frage 14 bis 17). Besonders für den Zeitraum der Wochenstubenphase erachteten Behördenvertreter*innen und Fachgutachter*innen den Netzfang im Wald als gut bzw. sehr gut geeignet. Diese Einschätzung deckt sich mit den Empfehlungen, die einige Bundesländer für Waldstandorte abgaben (Hurst et al. 2015). Auffällig unterschiedlich bewerteten Behördenvertreter*innen und Fachgutachter*innen die Eignung von Netzfängen während der Wochenstubenzeit an Offenlandstandorten. Während die Behördenvertreter*innen hier eine mittelmäßige Eignung des Netzfangs sahen, waren die Fachgutachter*innen diesbezüglich eher kritisch. Vertreter*innen von Umweltschutzorganisationen bewerteten den Netzfang durchgehend und unabhängig vom Standort als eher mittelmäßig geeignet. Alle Fachexpert*innen stimmten überein, dass Netzfänge

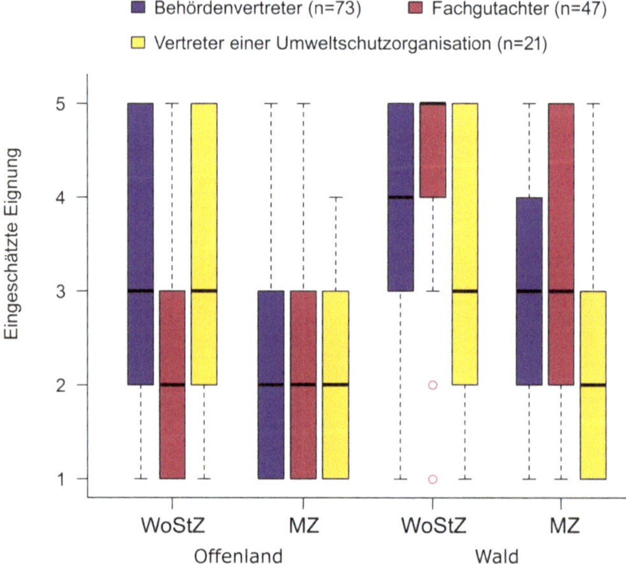

Abb. 3.2 Bewertung der Eignung (1 = sehr schlecht, 5 = sehr gut) des Netzfangs zur Erfassung der Artenvielfalt in Offenland und Wald während der Wochenstubenzeit (WoStZ) und der Migrationzeit (MZ) durch verschiedene Expert*innengruppen. Schwarze horizontale Linien entsprechen den Medianwerten, Boxen umfassen 50 % der Datenpunkte

Fig. 3.2 Assessment of the suitability (1 = very bad, 5 = very good) of mist-netting to document species richness in non-forest (Offenland) and forest sites (Wald) during (WoStZ) and outside the maternity period (MZ) by several expert groups. Behördenvertreter = members of conservation authorities, Fachgutachter = consultants, Vertreter einer Umweltschutzorganisation = member of an NGO Black horizontal lines represent median values, boxes encompass 50 % of the data points

eher schlecht geeignet sind, um im Offenlandbereich die Artenvielfalt zur Migrationszeit zu erfassen.

Da die Gondelmessung von allen Fachexpert*innen als überdurchschnittlich geeignet bewertet wurde (Abb. 3.1), betrachteten wir zusätzlich die Bewertung der Praxistauglichkeit. In dieser Auswertung wurden Behördenvertreter*innen (n = 48) und Gutachter*innen (n = 42) berücksichtigt, die bereits sowohl Gondelmessungen im Offenland als auch im Wald bezüglich ihrer Eignung und Praxistauglichkeit bewertet hatten. Um beides gegenüberzustellen, bildeten wir den folgenden Index: (Praxistauglichkeit – Eignung)/4. Da sich dieser für Wald und Offenland nicht unterschied (Wilcoxon-Rangsummentest, Behördenvertreter*innen: W = 1149, p = 0,98; Fachgutachter*innen: W = 834, p = 0,60), fassten wir die Werte für beide Lebensstätten zusammen. Obgleich ein Großteil der jeweiligen Expert*innen die Gondelmessung zur Aktivitätserfassung als gleichermaßen praxistauglich wie geeignet bewertete (BehöV 52 %, FachG 64 %; Abb. 3.3), ergab die statistische Untersuchung Unterschiede. Die Praxistauglichkeit wurde insgesamt signifikant geringer bewertet als die Eignung (Wilcoxon-Vorzeichen-Rang-Test, Behördenvertreter*innen: V = 207, p = 0,04; Fachgutachter*innen: V = 106, p = 0,01; Abb. 3.3).

Die Fachexpert*innen bewerteten die Eignung und die Praxistauglichkeit der Gondelmessung für beide Habitate gleich (Wilcoxon-Rangsummentest, Behördenvertreter*innen: W = 1149, p = 0,98; Fachgutachter*innen: W = 834, p = 0,60). Etwa die Hälfte der Behördenvertreter*innen bewertete die Gondelmessung zur Aktivitätserfassung von Fledermäusen als ebenso geeignet wie praxistauglich. Bei den Fachgutachter*innen lag der Wert bei 64 % (Median-Indexwert = 0; Abb. 3.3). Dennoch zeigte sich, dass die Praxistauglichkeit von beiden Fachexpert*innengruppen insgesamt signifikant geringer als die Eignung eingeschätzt wurde (Wilcoxon-Vorzeichen-Rang-Test, Behördenvertreter*innen: V = 207, p = 0,04; Fachgutachter*innen: V = 106, p = 0,01).

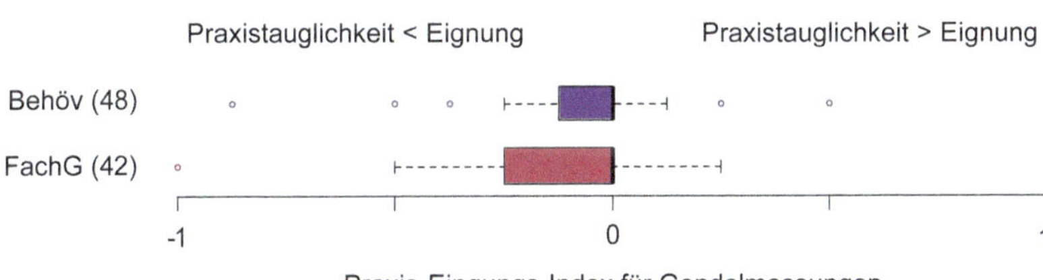

Abb. 3.3 Einschätzung von Praxistauglichkeit und Eignung der Gondelmessung zur Aktivitätserfassung durch Behördenvertreter*innen (Behöv) und Fachgutachter*innen (FachG). Der Praxis-Eignungs-Index errechnet sich aus (Praxistauglichkeit – Eignung)/4. Negative Werte bedeuten, dass die Praxistauglichkeit vergleichsweise gering eingeschätzt wird. Schwarze vertikale Linien entsprechen den Medianwerten, Boxen umfassen 50 % der Datenpunkte

Fig. 3.3 Assessment of the practicability and suitability of automated acoustic monitoring of bats at nacelle heights to monitor overall bat activity by members of conservation authorities (Behöv) and by consultants (FachG). The index calculates as: (rank of practicability – rank of suitability)/4. Negative values indicate that practicability was considered to be relatively low. Black vertical lines represent median values, boxes encompass 50 % of the data points

Über die Eignung von Gondelmessungen zur Erfassung der akustischen Aktivität im Gefahrenbereich von WEA gibt es in der Literatur ein uneinheitliches Bild. Einerseits wird dargelegt, dass die erfassten Aktivitäten im Gondelbereich sich nicht signifikant zwischen Offenland- und Waldstandorten unterscheiden (Reers et al. 2016). Andererseits wird auf die Problematik hingewiesen, dass sich insbesondere an Waldstandorten Fledermäuse entlang des Turms in den Gefahrenbereich der Rotorblätter bewegen könnten, ohne von einer akustischen Erfassung in Gondelhöhe registriert zu werden (Hurst et al. 2015). Hurst et al. (Kap. 2) sowie Bach et al. (Kap. 4) empfehlen daher die Anbringung eines zweiten Mikrofons unterhalb der tiefsten Stelle des Rotoroperationskreises. Die relativ geringe Reichweite des Mikrofons ist je nach Fledermausart eines der generellen Probleme der bioakustischen Erfassung in der Gondel (Lindemann et al. 2018; Kap. 1). Die Aufnahmen im unteren Rotorbereich vergrößern die Detektionsreichweite. Des Weiteren können Fledermäuse, die sich dem Rotorenbereich von unten her nähern, überhaupt erst erfasst werden, denn diese würden bei laufenden WEA den Detektionsbereich des Mikrofons in der Gondel gar nicht erst erreichen. Es ist bekannt, dass sich Insekten an den WEA versammeln (Long et al. 2011; Trieb 2018). Diese könnten von sogenannten „Gleanern“, wie Langohren (*Plecotus* spp.) und Fransenfledermäusen *(Myotis nattereri)* vom Mast abgesammelt werden. Ein weiteres Problem besteht darin, dass manche Arten nur schwer anhand von Echoortungsrufen zu unterscheiden sind und automatische Identifizierungsprogramme fehleranfällig sind (Russo und Voigt 2016; Rydell et al. 2017).

3.3.2 Radiotelemetrie als Methode der Habitatnutzungsanalyse

Auf die Frage, ob Radiotelemetrie unter bestimmten Gesichtspunkten zwingend erforderlich sei, zeigten die Fachexpert*innengruppen deutliche Unterschiede in ihren Beurteilungen (Abb. 3.4; Anhang Frage 18). Während sich Behördenvertreter*innen und Fachgutachter*innen einig waren, dass die Radiotelemetrie für keine Art im Offenland notwendig sei, befürworteten die Behördenvertreter*innen die Radiotelemetrie von besonders schlaggefährdeten Arten im Offenland häufiger als die Fachgutachter*innen (ungefähr 60 % gegenüber ungefähr 40 %). Weitgehend unabhängig von der Schlaggefährdung erachteten die meisten Vertreter*innen von Umweltschutzorganisation die Radiotelemetrie im Offenland als erforderlich.

Insgesamt war die Zustimmung zum Einsatz von Radiotelemetrie im Wald bei allen Fachexpert*innen weitaus größer als für Standorte im Offenland. Dies deckt sich mit den Empfehlungen der Länderleitfäden für Waldstandorte nach Hurst et al. (2015). Über 70 % der Behördenvertreter*innen und Fachgutachter*innen hielten die Radiotelemetrie aller Arten im Wald für erforderlich, bei besonders schlaggefährdeten Arten sogar über 85 % der jeweiligen Fachexpert*innengruppe. Auch von Vertreter*innen von Umweltschutzorganisationen wurde die Radiotelemetrie im Wald, besonders bei schlaggefährdeten Arten, stark befürwortet. Generell waren

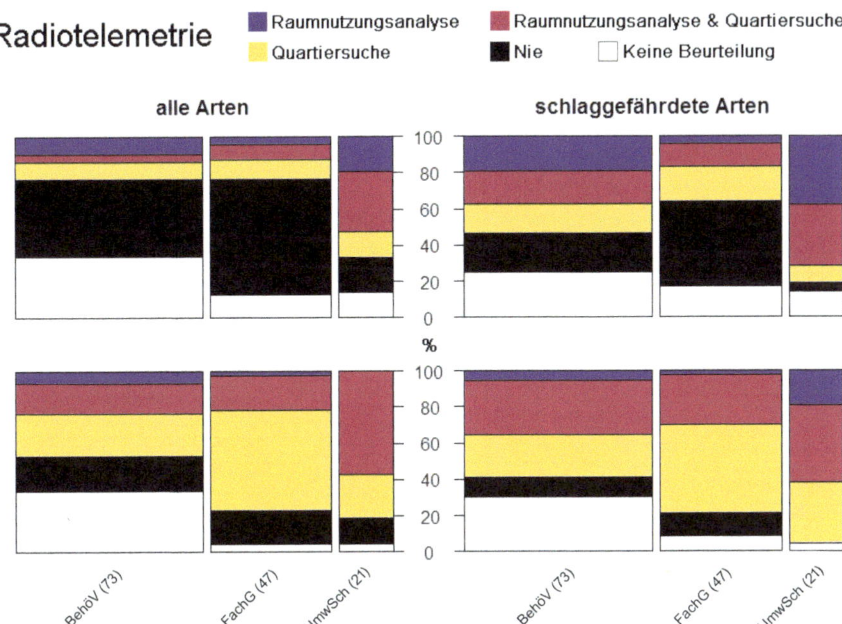

Abb. 3.4 Antworten der Fachexpert*innen auf die Frage, für welche Erfassungsaufgaben Radiotelemetriestudien zwingend Teil von Genehmigungsverfahren sein sollten. Die Breite der Balkensäule steht in Relation zu der Anzahl der Antworten der jeweiligen Expertengruppe (BehöV = Behördenvertreter*innen, FachG = Fachgutachter*innen, UmwSch = Vertreter*innen einer Umweltschutzorganisation)

Fig. 3.4 Answers of expert groups regarding the question: When should radiotracking studies be mandatory during environmental impact assessments during the planning process. The width of the bar indicates the relative number of answers for the specific expert group (BehöV = members of the conservation authorities, FachG = consultants, UmwSch = members of an environmental NGO)

Behördenvertreter*innen bei der Bewertung der Radiotelemetrie als zwingend erforderliche Maßnahme zurückhaltender als die anderen Expert*innengruppen; sie gaben bei dieser Frage am häufigsten keine Beurteilung ab.

27 % der Befragten kommentierten die Frage bezüglich der Notwendigkeit von Radiotelemetrie. Es wurden Bedenken zur begrenzten Aussagekraft von Radiotelemetriestudien zum Ausdruck gebracht (9 % aller Befragten). Kritikpunkte waren hier hauptsächlich zu kurze Untersuchungszeiträume und zu geringe Zahl an telemetrierten Tieren und somit fehlende Repräsentanz. Die Wichtigkeit der Radiotelemetrie zur Erfassung der Lebensstätten speziell kleinräumig jagender, waldlebender Arten wurde über Kommentare durch 7 % der Befragten hervorgehoben. 4 % der Befragten äußerten tierschutzrechtliche Bedenken angesichts der als gering eingeschätzten Aussagekraft der Radiotelemetrie.

3.3.3 Gondelmonitoring und Schlagopfersuchen

Fachgutachter*innen und Windenergievertreter*innen gaben jeweils zu etwa drei Viertel an, dass sie an Schlagopfersuchen oder Gondelmonitorings beteiligt waren; die meisten davon an beiden Maßnahmen (Abb. 3.5). Von den Behördenvertreter*innen waren ungefähr die Hälfte bereits in solche betriebsbegleitenden Monitoringmaßnahmen involviert; zumeist im Rahmen von Stellungnahmen. Vergleichsweise wenige Wissenschaftler*innen und Vertreter*innen von Umweltschutzorganisationen hatten praktische Erfahrung im betriebsbegleitenden Monitoring (Abb. 3.5; Anhang Frage 22). Bemerkenswert ist der hohe Anteil an Fachgutachter*innen und Behördenvertreter*innen, die keine Erfahrung mit den beiden Methoden hatten.

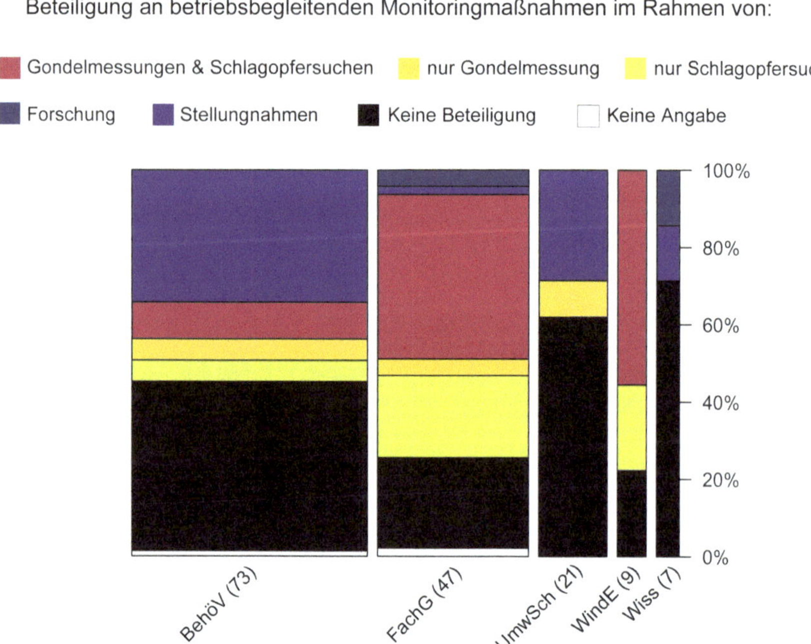

Abb. 3.5 Teilnahme der Fachexpert*innen an betriebsbegleitenden Monitoringmaßnahmen. Die Breite der Balkensäule steht in Relation zu der Anzahl der Antworten der jeweiligen Expertengruppe (BehöV = Behördenvertreter*innen, FachG = Fachgutachter*innen, UmwSch = Vertreter*innen einer Umweltschutzorganisation, WindE = Vertreter*innen des Windenergiesektors, Wiss = Wissenschaftler*innen)

Fig. 3.5 Involvement of experts in environmental impact assessments of operating wind turbines. The width of the bar indicates the relative number of answers for the specific expert group (BehöV = members of the conservation authorities, FachG = consultants, UmwSch = members of an environmental NGO)

3.3.4 Diskrepanz zwischen akustischer Aktivität in Gondelhöhe und geschätzter Schlagopferzahl

Zwischen den Fachexpert*innengruppen herrschte Uneinigkeit darüber, inwieweit die auf den Schlagopfersuchen basierende Schlagopferhochrechnung mit der bioakustischen Aktivitätsmessung auf Gondelhöhe korrelierte (Anhang Frage 23 und 24). Gutachter*innen gaben signifikant öfter als Behördenvertreter*innen an, bereits Diskrepanzen festgestellt zu haben (Fachgutachter*innen 59 %, Behördenvertreter*innen 27 %, Chi^2-Test: $n_{total} = 52$, $p = 0{,}04$).

Betrachtet man nur die Fachgutachter*innen, die Diskrepanzen zwischen Schlagopferzahlen und Gondelmessungen am selben Standort feststellten, ergibt sich kein klarer Trend. Die meisten Befragten gaben an, sowohl mit Fällen konfrontiert gewesen zu sein, in denen im Vergleich zur Gondelmessung relativ wenige, als auch mit Fällen, bei denen relativ viele Schlagopfer verzeichnet

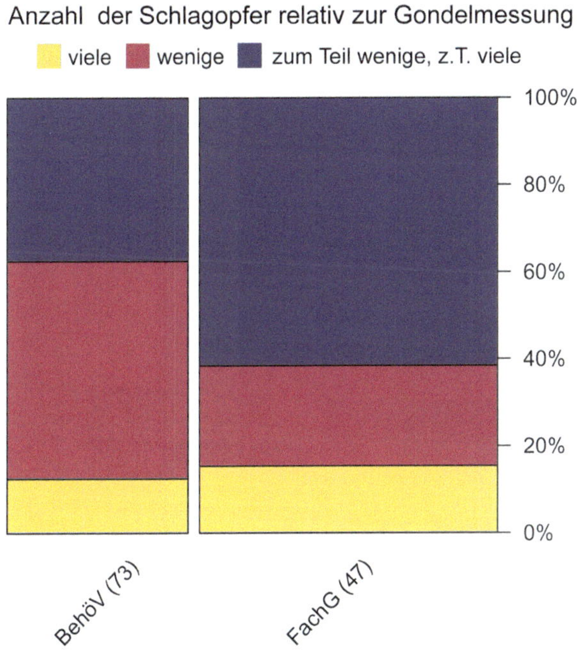

Abb. 3.6 Bewertung der Anzahl der gefundenen Schlagopfer in Relation zur Gondelmessung. Die Kategorien „viele" und „wenige" sind ein subjektives Maß für die Unter- bzw. Überschätzung der Schlagopferzahl an WEA. Die Breite der Balkensäule steht in Relation zu der Anzahl der Antworten der jeweiligen Fachexpert*innengruppe (BehöV = Behördenvertreter*innen, FachG = Fachgutachter*innen)

Fig. 3.6 Assessment of the number of observed bats killed at wind turbines in relation to the acoustic activity of bats at nacelle height. The cagetories ‘viele' (more) and ‘wenige' (less) is a personal evaluation of the under or overestimation of the number of fatalities at wind turbines. The width of the bar indicates the relative number of answers for the specific expert group (BehöV = members of the conservation authorities, FachG = consultants)

wurden (Abb. 3.6). Vermutlich gibt es Standorte, wie zum Beispiel in Wäldern, wo die Schlagopfersuche erhebliche Schwierigkeiten bereiten könnte, sodass diese nicht notwendigerweise verlässliche Daten abwirft. Daraus lässt sich ableiten, dass weder die eine noch die andere Methode allein eine verlässliche Einschätzung des Tötungsrisikos zulässt.

Auf die Frage, wie realistisch die Zahlen aus der Schlagopferhochrechnung nach Korner-Nievergelt et al. (2011) sind, gab etwa die Hälfte der Befragten an, es entweder nicht einschätzen zu können (36 %) oder die Hochrechnung generell nicht für sinnvoll zu halten (15 %). Die übrigen Personen waren geteilter Meinung darüber, ob die errechneten Zahlen realistisch sind (24 % realistisch, 26 % unrealistisch). Mit etwa 40 % gaben Behördenvertreter*innen am häufigsten an, keine Einschätzung zur Schlagopferhochrechnung vornehmen zu können. Nur etwa jeder fünfte Befragte gab an, dass die Schlagopferhochrechnung realistische Zahlen liefere (Abb. 3.7). Beinahe alle Befragten, die die Hochrechnung hinterfragten, schätzten die tatsächliche Zahl der Schlagopfer höher ein als die berechnete.

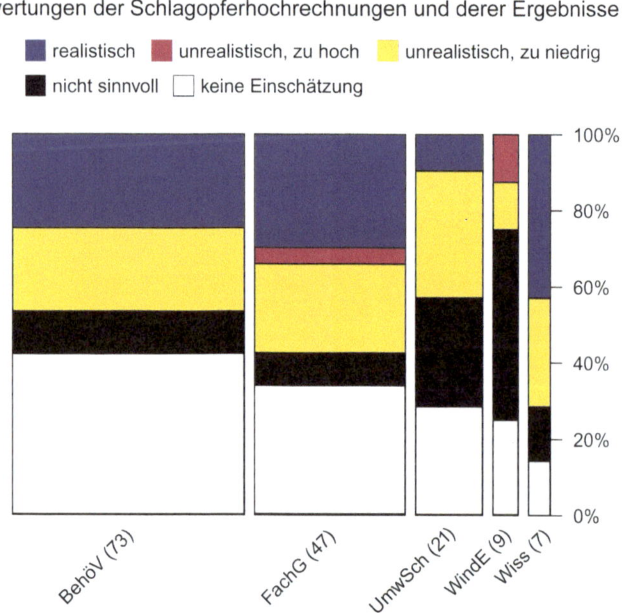

Abb. 3.7 Bewertung der Schlagopferhochrechnungen. Die Breite der Balkensäule steht in Relation zu der Anzahl der Antworten der jeweiligen Fachexpertengruppe (BehöV = Behördenvertreter*innen, FachG = Fachgutachter*innen, UmwSch = Vertreter*innen einer Umweltschutzorganisation, WindE = Vertreter*innen des Windenergiesektors, Wiss = Wissenschaftler*innen)

Fig. 3.7 Assessment of the estimated number of bats killed at wind turbines. The width of the bar indicates the relative number of answers for the specific expert group (BehöV = members of the conservation authority, FachG = consultant, UmwSch = members of an environmental NGO, WindE = member of a wind energy company, Wiss = scientist)

3.4 Zusammenfassende Empfehlungen zum Methodenrepertoire

Zusammenfassend lässt sich festhalten, dass die Erfassung von Fledermäusen in Bodennähe mittels Netzfang und akustischer Detektorbegehung nach der Expert*inneneinschätzung eher für Wald- als für Offenlandstandorte geeignet ist, da die Erfassung am Boden offenbar nicht unbedingt die Aktivität und das Artvorkommen der Tiere im Bereich der Rotoren widerspiegelt. Die beiden bodengebundenen Methoden sind jedoch sinnvoll und notwendig, um vor dem Bau der WEA mögliche Beeinträchtigung von Lebensstätten festzustellen. Mit der Detektorbegehung können zum Beispiel Lebensstätten erkundet und identifiziert werden, in denen besonders viele Fledermäuse aktiv sind, um Hinweise auf Jagdhabitate und Wochenstuben zu erhalten. Mit dem Netzfang können vorkommende Fledermausarten einwandfrei bestimmt werden und durch die Ermittlung des Reproduktionstatus und Alters (Laktationsmerkmale, Juvenile) kann erkannt werden, ob sich Fledermäuse im Einzugsgebiet potenziell reproduzieren. Beide Methoden spielen deshalb im Wald eine herausragende Rolle, da Wälder wichtige Habitate für Fledermäuse darstellen, die durch die Rodung der WEA-Stellflächen und Zuwegungen in Mitleidenschaft gezogen werden können (Rodrigues et al. 2016). Auch die Radiotelemetrie spielt nach Auffassung der Umfrageteilnehmer*innen besonders im Wald eine Rolle. Über die Nachverfolgung laktierender Weibchen eignet sich die Methode besonders gut, um Wochenstuben ausfindig zu machen und deren Nähe zum WEA-Standort festzustellen. Dies ist vor allem deshalb von Bedeutung, weil die Streifgebiete vieler schlaggefährdeter Fledermausarten zur Wochenstubenzeit weit über einen Radius von 200 m um das Quartier herum reichen (z. B. *Nyctalus noctula,* Großer Abendsegler: Mackie und Racey 2007; *Nyctalus leisleri,* Kleinabendsegler: Shiel et al. 1999; *Vespertilio murinus,* Zweifarbfledermaus: Jaberg und Blant 2003). Auch sogenannte Raumnutzungsanalysen werden mittels Kreuzpeilung einzelner besenderter Tiere durchgeführt, um den Bewegungsradius der Tiere festzustellen und zu ermitteln, ob die Tiere den Bereich der geplanten WEA nutzen. Anzumerken ist hierbei jedoch, dass eine Raumnutzungsanalyse von zwei oder drei Individuen, wie es von einigen Behörden gefordert wird (MKULNV NRW 2017), eine nur sehr geringe Aussagefähigkeit hat, um auf das Verhalten aller Individuen einer Population im Gebiet zu schließen. Hinzu kommt, dass eine solche Raumnutzungstelemetrie nur eine Momentaufnahme ist und die Prognosesicherheit für das Verhalten der Tiere für die gesamte WEA-Laufzeit bedacht werden sollte. Die existierenden Leitfäden müssen daher dringend um die wissenschaftlichen Erkenntnisse der letzten 20 Jahre zum Raumnutzungsverhalten nachgebessert und entsprechend angepasst werden, was prioritär zu längeren Untersuchungszeiträumen führen würde.

Während des Betriebs von WEA stellen Gondelmessung und Schlagopfersuche wichtige Methoden dar, um das Schlagrisiko nach erteilter Genehmigung zu ermitteln bzw. die Wirksamkeit der Auflagen zu überprüfen und gegebenenfalls Abschaltzeiten anzupassen. Die Einschätzungen der befragten Fachexpert*innen, vor allem die der Fachgutachter*innen, legen nahe, dass Gondelmessung und

Schlagopfersuche sich nicht gegenseitig ersetzen können, sondern sich vielmehr ergänzen. Über die Hälfte der Antworten der Fachgutachter*innen zeigt, dass Fledermausaktivitäten in Gondelhöhe nicht notwendigerweise die Zahlen aus der Schlagopfersuche widerspiegeln. Es scheint daher empfehlenswert, beide Methoden parallel in den Genehmigungsverfahren anzuwenden.

Das in den Umfrageergebnissen abgebildete Misstrauen gegenüber der Schlagopferhochrechnung resultiert vermutlich aus den Unsicherheiten dieser Methode, die sich aus der rechnerischen Berücksichtigung der Sucheffizienz nach Schlagopfern (Auffindbarkeit der Schlagopfer aufgrund der Beschaffenheit der Fläche, Vegetationsbedeckung, Größe der absuchbaren Fläche, Sucheffizienz des Suchenden, Kadaverabtrag durch Prädatoren) und der Kadaverabtragrate ergeben. Korner-Nievergelt et al. (2011; http://www.kollisionsopfersuche.uni-hannover.de/) etablierten ein inzwischen weitläufig genutztes System zur Abschätzung von Schlagopferzahlen basierend auf tatsächlichen Schlagopferfunden. Mithilfe dieses Onlinetools und dem zugehörigen Protokoll und der Anleitung ist es möglich, standardisierte Schlagopfersuchungen durchzuführen, die Einschränkungen zu dokumentieren und die Schlagopferzahl automatisch abzuschätzen. Die generelle Skepsis gegenüber derartigen Methoden resultiert unserer Auffassung nach aus der Komplexität des mathematischen Modells und der dennoch verbleibenden Unsicherheit der hochgerechneten Werte. Diese Unsicherheiten entsprechen jedoch stets der Größe der Einschränkungen. Wenn also die absuchbare Fläche nicht ausreichend groß ist (weil z. B. Ackerflächen inbegriffen sind) oder wenn nicht genug Begehungen stattgefunden haben, verbleibt eine große statistische Ungenauigkeit. Im Umkehrschluss kann man diese Unsicherheit verkleinern, indem die Suchbedingungen optimiert und die Anzahl der Begehungen vergrößert werden. Zudem berechnet die Formel von Korner-Nievergelt et al. (2011) ein Konfidenzintervall für das Ergebnis, das eine Abschätzung der Genauigkeit der Berechnung ermöglicht.

Behördenvertreter*innen müssen aufgrund geschätzter oder tatsächlich gefundener getöteter Individuen über Auflagen entscheiden. Es scheint deshalb ratsam, Schlagopfersuchen weiter zu beauflagen. Zudem ist eine Abschätzung anhand von akustischen Messungen nur sehr bedingt möglich bzw. kann nur durch speziell dafür entwickelte Programme, wie zum Beispiel Probat (Behr et al. 2018), erfolgen. Für einen flächendeckenden Einsatz solcher Systeme ist mehr Transparenz erforderlich, damit alternative Messmethoden, die ergänzende Informationen liefern, implementiert werden können und die Unsicherheit in der Gefahrenabschätzung effektiv reduziert wird.

Danksagung Wir danken den Umfrageteilnehmer*innen für die Zeit, die sie sich für die Beantwortung der Fragebögen genommen haben, sowie den verschiedenen Fachexpert*innen für die Diskussion der Ergebnisse. Wir bedanken uns bei den zwei anonymen Gutachtern für ihre konstruktive Kommentare.

Die Veröffentlichung wurde durch den Open-Access-Publikationsfonds für Monografien der Leibniz-Gemeinschaft gefördert.

Literatur

Bach L (2001) Fledermäuse und Windenergienutzung – reale Probleme oder Einbildung? Vogelkundliche Ber aus Niedersachs 33:119–124

Baerwald EF, D'Amours GH, Klug BJ, Barclay MR (2008) Barotrauma is a significant cause of bat fatalities at wind turbines. Curr Biol 18:R695–R696

Behr O, Brinkmann R, Hochradel K, Mages J, Korner-Nievergelt F, Reinhard H, Simon R, Stiller F, Weber N, Nagy M (2018) Bestimmung des Kollisionsrisikos von Fledermäusen an Onshore-Windenergieanlagen in der Planungspraxis – Endbericht des Forschungsvorhabens gefördert durch das Bundesministerium für Wirtschaft und Energie Universität Erlangen-Nürnberg Lehrstuhl für Sensorik. Erlangen: 416 S

Brinkmann R (2011) Entwicklung von Methoden zur Untersuchung und Reduktion des Kollisionsrisikos von Fledermäusen an Onshore-Windenergieanlagen: Ergebnisse eines Forschungsvorhabens 1. Aufl. Cuvillier, Göttingen: 457 S

Brinkmann R, Behr O, Korner-Nievergelt F, Mages J, Niermann I, Reich M (2011) Entwicklung von Methoden zur Untersuchung und Reduktion des Kollisionsrisikos von Fledermäusen an Onshore-Windenergieanlagen. Cuvillier Verlag, Göttingen

Deutsche WindGuard (2019) Status des Windenergieausbaus an Land – Jahr 2018. www.windguard.de. Zugegriffen: 10. Apr. 2019

Dietz M, Krannich E, Weitzel M (2015) Arbeitshilfe zur Berücksichtigung des Fledermausschutzes bei der Genehmigung von Windenergieanlagen (WEA) in Thüringen Institut für Tierökologie und Naturbildung. Gonterskirchen: 121 S

Dürr T (2002) Fledermäuse als Opfer von Windenergieanlagen in Deutschland. Nyctalus N.F 8:115–118

Dürr T, Bach L (2004) Fledermäuse als Schlagopfer von WEA – Stand der Erfahrungen mit Einblick in die bundesweite Fundkartei. Bremer Beitr Naturkunde Naturschutz 7:253–263

EEG (2017) Erneuerbare-Energien-Gesetz vom 21. Juli 2014 (BGBl. I S. 1066), das zuletzt durch Artikel 1 des Gesetzes vom 17. Juli 2017 (BGBl. I S. 2532) geändert worden ist

FA Wind (Fachagentur Windenergie an Land) (2018) Entwicklung der Windenergie im Wald – Ausbau, planerische Vorgaben und Empfehlungen für Windenergiestandorte auf Waldflächen in den Bundesländern, Berlin: 44 S

Fritze M, Lehnert LS, Heim O, Lindecke O, Roeleke M, Voigt CC (2019) Fledermaus im Schatten der Windenergie: Deutschlands Experten vermissen Transparenz und bundesweite Standards in den Genehmigungsverfahren. Naturschutz und Landschaftsplanung 51:20–27

Gebhard F, Kötteritzsch A, Lüttmann J, Kiefer A, Hendler R, Veith M (2016) Fördern Arbeitshilfen die Qualität von Fachgutachten? Eine Analyse von Fledermaus-Fachgutachten zur Planung von Windenergieanlagen. Naturschutz und Landschaftsplanung 48:177–183

Hurst J, Balzer S, Biedermann M, Dietz C, Dietz M, Höhne E, Karst I, Petermann R, Schorcht W, Steck C, Brinkmann R (2015) Erfassungsstandards für Fledermäuse bei Windkraftprojekten in Wäldern – Diskussion aktueller Empfehlungen der Bundesländer. Nat Landsch 90:157–169

Jaberg C, Blant J-D (2003) Spatio-temporal utilisation of roosts by the parti-coloured bat Vespertilio murinus L., 1758 in Switzerland. Mamm Biol 68:341–350

Korner-Nievergelt F, Korner-Nievergelt P, Behr O, Niermann I, Brinkmann R, Hellriegel B (2011) A new method to determine bird and bat fatality at wind energy turbines from carcass searches. Wildl Biol 17:350–363. https://doi.org/10.2981/10-121

Lehnert LS, Kramer-Schadt S, Schönborn S, Lindecke O, Niermann I, Voigt CC (2014) Wind farm facilities in Germany kill noctule bats from near and far. PloS one 9:e103106

Lindemann C, Runkel V, Kiefer A, Lukas A, Veith M (2018) Abschaltalgorithmen für Fledermäuse an Windenergieanlagen. Naturschutz Landschaftsplanung 50:418–425

Lintott PR, Richardson SM, Hosken DJ, Fensome SA, Mathews F (2016) Ecological impact assessments fail to reduce risk of bat casualties at wind farms. Curr Biol 26:R1135–R1136. https://doi.org/10.1016/j.cub.2016.10.003

Long CV, Flint JA, Lepper PA (2011) Insect attraction to wind turbines: does colour play a role? European J Wildl Res 57:323–331. https://doi.org/10.1007/s10344-010-0432-7

Mackie IJ, Racey PA (2007) Habitat use varies with reproductive state in noctules bats (*Nyctalus noctula*): implications for conservation. Biol Conserv 140:70–77

MKULNV NRW (Ministerium für Klimaschutz, Umwelt, Landwirtschaft, Natur- und Verbraucherschutz des Landes Nordrhein-Westfalen) (2017) Leitfaden „Methodenhandbuch zur Artenschutzprüfung in Nordrhein-Westfalen –Bestandserfassung und Monitoring–". Landesamt für Natur, Umwelt und Verbraucherschutz Nordrhein-Westfalen (LANUV). Recklinghausen: S.((http://artenschutz.naturschutzinformationen.nrw.de/artenschutz/))

MLUL (Ministerium für Landwirtschaft, Umwelt und Landwirtschaft) (2011) Beachtung naturschutzfachlicher Belange bei der Ausweisung von Windeignungsgebieten und bei der Genehmigung von Windenergieanlagen – Erlass des Ministeriums für Umwelt, Gesundheit und Verbraucherschutz (Windkrafterlass)

MULE (Ministerium für Umwelt, Landwirtschaft und Energie des Landes Sachsen-Anhalt) (2018) Leitfaden Artenschutz an Windenergieanlagen in Sachsen-Anhalt. Magdeburg: 47 S

Reers H, Hartmann S, Hurst J, Brinkmann R (2016) Bat activity at nacelle height over forest. Wind energy and wildlife Interactions (Köppel J). Springer, Cham, S 79–98

Rodrigues L, Bach L, Dubourg-Savage M-J, Karapandža B, Kovač D, Kervyn T, Dekker J, Kepel A, Bach P, Collins J, Harbusch C, Park K, Micevski B, Minderman J (2016) Leitfaden für die Berücksichtigung von Fledermäusen bei Windenergieprojekten Überarbeitung 2014. UNEP/EUROBATS. Bonn: 146 S

Russo D, Voigt CC (2016) The use of automated identification of bat echolocation calls in acoustic monitoring: a cautionary note for a sound analysis. Ecol Ind 66:598–602

Rydell J, Nyman S, Eklöf J, Jones G, Russo D (2017) Testing the performances of automated identification of bat echolocation calls: a request for prudence. Ecol Ind 78:416–420

Shiel C, Shiel R, Fairley J (1999) Seasonal changes in the foraging behaviour of Leisler's bats (*Nyctalus leisleri*) in Ireland as revealed by radio-telemetry. J Zool 249:347–358

Trieb F (2018) Interference of Flying Insects and Wind Parks (FliWip). Study Report. Deutsches Zentrum für Luft- und Raumfahrt: 30 S

Voigt CC (2016) Fledermäuse und Windenergieanlagen: ein ungelöstes 'green-green' Dilemma. S. 43 in BfN-Skripten 432. Korn, H., Bockmühl, K. & Schliep, R. (Hrsg) Biodiversität und Klima – Vernetzung der Akteure in Deutschland XII – Dokumentation der 12. Tagung

Voigt CC, Lehnert LS, Petersons G, Adorf F, Bach L (2015) Bat fatalities at wind turbines: German politics cross migratory bats. Eur J Wildl Res 61:213–219

Voigt CC, Lindecke O, Schönborn S, Kramer-Schadt S, Lehmann D (2016) Habitat use of migratory bats killed during autumn at wind turbines. Ecol Appl 26:771–783

Voigt CC, Popa-Lisseanu AG, Niermann I, Kramer-Schadt S (2012) The catchment area of wind farms for European bats: a plea for international regulations. Biol Conserv 153:80–88

Voigt CC, Straka TM, Fritze M (2019) Producing wind energy at the cost of biodiversity: a stakeholder view on a green-green dilemma. J Sustain Renew Energy 11:063303

Zahn A, Lustig A, Hammer M (2014) Potenzielle Auswirkungen von Windenergieanlagen auf Fledermauspopulationen. ANLiegen Nat 36:1–15

BY

4 Akustische Aktivität und Schlagopfer der Rauhautfledermaus *(Pipistrellus nathusii)* an Windenergieanlagen im nordwestdeutschen Küstenraum

Acoustic activity and fatalities of Nathusius' pipistrelles (*Pipistrellus nathusii*) at wind turbines at coastal areas in Northwestern Germany

Petra Bach, Lothar Bach und Raimund Kesel

Zusammenfassung

Der nordwestdeutsche Küstenraum zeichnet sich durch eine hohe Anzahl an Windenergieanlagen (WEA) aus; gleichzeitig liegt er in einem wichtigen Reproduktionsgebiet der Rauhautfledermaus, die als schlaggefährdete Art im Fokus dieser Untersuchungen steht. Zudem befindet sich das Gebiet im Zugweg dieser Art. Zwischen 2011 und 2016 wurde von uns in dieser Region ein

P. Bach (✉) · L. Bach
Freilandforschung, zoologische Gutachten, Bremen, Deutschland
E-Mail: petrabach@bach-freilandforschung.de

L. Bach
E-Mail: lotharbach@bach-freilandforschung.de

R. Kesel
ecosurvey, Bremen, Deutschland
E-Mail: kesel@ecosurvey.de

C. C. Voigt (Hrsg.), *Evidenzbasierter Fledermausschutz in Windkraftvorhaben*,
https://doi.org/10.1007/978-3-662-61454-9_4

Monitoring an WEA durchgeführt. Es wurden 90 WEA-Jahre (ein WEA-Jahr bedeutet die Beprobung einer WEA pro Saison; meist zwischen April und Oktober) erfasst, in denen WEA mit einem durchgängigen akustischen Aktivitätsmonitoring auf Gondelhöhe und einer begleitenden Schlagopfersuche (alle drei Tage) untersucht wurden. Alle untersuchten WEA wurden ohne vorsorglichen Abschaltalgorithmus betrieben. Die am häufigsten an WEA zu Tode gekommene Art war mit Abstand die Rauhautfledermaus (67 Tiere an allen Standorten). Im Gegensatz dazu war die akustische Aktivität verglichen mit derjenigen anderer Arten relativ niedrig (insgesamt 3811 Aktivitätsminuten der Rauhautfledermaus im Vergleich zu 14.355 Aktivitätsminuten aller Arten). Demzufolge entsprechen 57 akustische Aktivitätsminuten einem Totfund. Nach Berücksichtigung der Sucheffizienz und Abtragsrate ergab sich ein Schätzwert von 27 akustischen Aktivitäten für jeden erwarteten Totfund. Die meisten Tiere kamen im Zeitraum von Mitte August bis Anfang Oktober zu Tode, lediglich sieben Tiere wurden außerhalb dieser Zeit geschlagen. Die Diskrepanz zwischen relativ hoher Schlagopferzahl im Vergleich zur niedrigen Aktivität erschwert eine statistische Betrachtung. Ebenso sind die akustischen Nachweise und das Auftreten von Schlagopfern besonders im Sommer (Juli) nicht streng gekoppelt. Es lässt sich allerdings ein positiver Trend, aber keine signifikante Korrelation zwischen akustischer Aktivität und Schlagopferzahl feststellen. Um weitere Parameter zu identifizieren, welche die Zielvariablen erklären könnten, wurden generalisierte additive Modelle (GAM) für jeweils die akustische Aktivität und die Schlagopferzahl als Beobachtungsvariablen durchgeführt. Die Ergebnisse zeigen im Fall der der akustischen Aktivität einen Zusammenhang mit den technischen Parametern, der geografischen Lage der WEA sowie dem Beprobungsjahr. Diese Zusammenhänge sind jedoch nicht eindeutig, da hinter dem Faktor Beprobungsjahr weitere noch unbekannte Faktoren verborgen bleiben. Das GAM zu den Schlagopfern lässt ebenfalls erkennen, dass es noch weitere nicht identifizierte Parameter gibt, die den Erklärungswert des Modells steigern würden. Die Diskrepanz zwischen relativ geringer akustischer Aktivität und Schlagopfern lässt sich vermutlich durch die geringe Erfassungsreichweite für die im Untersuchungsgebiet am häufigsten geschlagene Art Rauhautfledermaus erklären. Basierend hierauf fordern die Behörden einiger Landkreise im Untersuchungsgebiet für das Monitoring an WEA ein zweites Mikrofon auf Höhe der unteren Rotorspitze. An küstennahen Standorten mit zu erwartender hoher Rauhautfledermausaktivität sollten zudem an einer Stichprobe von WEA eines Windparks zusätzlich Schlagopfer gesucht werden. Eine zusätzliche Absicherung durch eine weitere Methode würde die Aussagekraft des Gondelmonitorings erhöhen.

Summary

The coastal area of northwestern Germany is characterized by a high density of wind turbines, yet it is also a region in Germany where Nathusius' pipistrelles reproduce and migrate. As a species with a high collision risk at wind turbines (WT), it is the focus of our investigation. We performed WT monitoring in this region between 2011 and 2016. In total, our study included 90 WT years (one wind turbine year equals one monitored WT per year; with monitoring conducted between April and October). Our study involved two approaches: a continuous acoustic monitoring at nacelle height and carcass searches (performed every three days). All monitored WT were operated without a precautionary cut-in algorithm. We observed that Nathusius' pipistrelles (67 animals at all locations) were by far the most common species killed by WT. By contrast, the acoustic activity of Nathusius' pipistrelles was relatively low compared to that of other species (a total of 3,811 Nathusius' pipistrelles activity minutes in relation to 14,355 activity minutes of all species). As a result, 57 acoustic activity minutes corresponded to one detected carcass. After taking into account the search efficiency and the removal rate, we concluded that 27 acoustic activity minutes corresponded to one estimated bat fatality. Most of the animals died between mid-August and early October, with only seven animals being killed beyond this period. The discrepancy between relatively high fatality numbers and low acoustic activity complicates any further statistical analysis. Particularly in summer (July), we could not detect a strong correlation between acoustic activity and the presence of carcasses at WT. Overall we observed a positive trend, yet not significant correlation between acoustic activity and number of carcasses. To consider further variables in our statistical approach, we calculated generalized additive models (GAM) for the acoustic activity and number of carcasses as observational variables. The results indicate a correlation between acoustic activity at WT and technical parameters of the WT, site characteristics and season. These correlations are weak; most likely because unknown factors may have confounded our analysis. The results of our GAM for the number of carcasses suggested that inclusion of further, yet so far unidentified variables may have improved the predictive value of our model. The weak association between the number of carcasses and the acoustic activity of bats is best explained by the low detection range of Nathusius' pipistrelles, which are most often killed at WT in our study region. As a result from our surveys, local authorities have started to request the installation of a second microphone at the tower close to the lower operation range of blades. The authors recommend performing fatality searches at coastal WT sites where a high activity of Nathusius' pipistrelles is expected to verify the results of acoustic monitoring.

4.1 Einleitung

Windenergie spielt in Deutschland im Rahmen der nationalen Strategien zur Förderung erneuerbarer Energieträger generell seit vielen Jahren eine große Rolle. Laut Bundesverband Windenergie (BWE 2018) existieren in Deutschland etwa 30.518 WEA, die 59.313 MW Energie produzieren. Infolge seiner Windhöffigkeit ist das Bundesland Niedersachsen mit 6305 WEA mit Abstand das Bundesland mit der höchsten Zahl an WEA (Stand 31.12.2018; BWE 2019; Deutsche WindGuard 2019). Infolge der zunehmenden Zahl an WEA treten vermehrt Konflikte mit dem Artenschutz, vor allem beim Schutz von größeren Vögeln sowie von Fledermäusen, auf (Bernadino et al. 2013; Voigt et al. 2015; Frick et al. 2017; Behr et al. 2018; Lindemann et al. 2018). Fledermäuse gehören laut Flora-Fauna-Habitatrichtlinie der EU und damit auch laut Bundesnaturschutzgesetz (BNatSchG) zu den streng zu schützenden Arten. Für sie gilt damit das Tötungsverbot nach §44 (1) Satz 1 BNatSchG. Um kollisionsgefährdete Fledermäuse an WEA zu schützen, müssen im Rahmen von Windparkplanungen wirksame Vermeidungsmaßnahmen erarbeitet werden. Dabei gilt, neben der Standortwahl, die Abschaltung von WEA zu bestimmten, nach der Aktivität der Fledermäuse festzulegenden Nachtzeiten als wichtigste und effizienteste Vermeidungsmaßnahme (Voigt et al. 2015; Rodrigues et al. 2015; Arnett und May 2016).

Seit etwa 20 Jahren ist bekannt, dass Fledermäuse in Deutschland an WEA zu Tode kommen (Dürr 2002; Dürr und Bach 2004). Seit 2005 werden im Rahmen von WEA-Genehmigungen erste Monitorings nach Errichtung der WEA durchgeführt. Diese bestanden aus einem akustischen Monitoring mit Ultraschallmikrofonen in Gondelhöhe (nachfolgend Gondelmonitoring genannt) kombiniert mit einer Schlagopfersuche an der jeweiligen WEA (Behr und von Helversen 2005; Brinkmann et al. 2006). Bei der Auswertung der ermittelten Daten sollte aus dem Gondelmonitoring unter Berücksichtigung von Umweltvariablen wie der Windgeschwindigkeit und der Umgebungstemperatur (gemessen auf Gondelhöhe) ein Abschaltmodus abgeleitet werden, der das Tötungsrisiko unter eine kritische Grenze senken sollte. Dies war das Ziel der Projekte, deren Daten die Grundlage dieses Beitrags bilden. Vor dem Hintergrund, dass der Niedersächsische Winderlass (NMU 2016) seit 2016 ein reines Gondelmonitoring an vorsorglich abgeschalteten WEA und damit ohne Schlagopfersuche einfordert, sollen in diesem Beitrag die Ergebnisse unserer kombinierten Untersuchungen von Gondelmonitoring und Schlagopfersuche in NW-Deutschland aus den Jahren 2011 bis 2016 zusammengefasst und ausgewertet werden. Dabei stehen folgende Fragestellungen im Vordergrund:

1. Existiert für WEA-Standorte im nordwestdeutschen Küstenraum eine Korrelation zwischen der akustischen Aktivität der Rauhautfledermaus in Gondelhöhe und den gefundenen Schlagopfern dieser Art?
2. Lassen sich Parameter, insbesondere in Bezug auf die technischen Daten der WEA identifizieren, die einen Einfluss auf die Ergebnisse (akustische Aktivität in Gondelhöhe und Schlagopfer der Rauhautfledermaus an der jeweiligen Anlage) haben könnten?

4.2 Material und Methoden

4.2.1 Studiengebiet und Untersuchungsaufbau

Die von uns untersuchten WEA standen in den Landkreisen Aurich, Wittmund, Friesland, Wesermarsch und Cuxhaven (von West nach Ost) in einem Abstand von 800 m bis etwa 35 km von der nordwestdeutschen Nordseeküste entfernt. Von den untersuchten Anlagen befanden sich 70 % in einem Abstand von 3–8 km von der Küste.

Zwischen 2011 und 2016 wurden in den nordwestdeutschen küstennahen Bereichen insgesamt elf Windparks untersucht; dies entspricht einem Datensatz von 90 WEA-Jahre. Ein WEA-Jahr bedeutet die Beprobung einer WEA pro Saison (die in den meisten Fällen vom 1. April bis 30. Oktober dauerte; wurde eine WEA zwei Jahre untersucht, so entspricht dies zwei WEA-Jahren). Die untersuchten WEA standen in der Mehrzahl in flächigen Windparks (56 % aller WEA) oder in einer Linie (42 %). Lediglich 2 % der untersuchten WEA waren Einzel-WEA. Es wurde eine Vielzahl unterschiedlicher WEA-Typen untersucht (Tab. 4.1).

Der häufigste von uns untersuchte WEA-Typ war der Anlagentyp E82 von Enercon mit insgesamt 37 WEA-Jahren. Die Untersuchungen bestanden aus zwei Elementen:

1. *Gondelmonitoring:* Hierzu wurden über die Jahre zwei verschiedene Detektorsysteme benutzt: das Anabat-System (Fa. Titley Scientific) und das Avisoft-System (Gerätetypus, Fa. Avisoft Bioacoustics). Das Anabat-System wurde nur in drei Windparks benutzt (27 WEA-Jahre = 20 × Enercon E82, 8 × Senvion 3.4M, 2 × AN Bonus). Die restlichen acht Windparks mit 63 WEA-Jahren waren mit dem Avisoft-System bestückt. Die Detektorsysteme waren bezüglich ihrer Empfindlichkeit und Erfassungsreichweite technisch bedingt unterschiedlich (Adams et al. 2013). Um eine Vergleichbarkeit zu gewährleisten, wurde eine Normierung der Daten vorgenommen (siehe unten).

Als Anabat-System wurde ein Anabat SD1 im hinteren Teil der Gondel eingebaut. Das Mikrofon wurde mit einem kurzen Kabel geschützt in einer Plastikröhre außen senkrecht nach unten ausgerichtet. Dabei schloss das Mikrofon nahezu plan (ungefähr 1 cm Unterstand) mit der unteren Kante der Röhre ab. Der Detektor selbst befand sich im Inneren der Gondel. Die Stromversorgung erfolgte über einen 12V/7Ah-Akku. Der Akkuwechsel und das Auslesen der Daten wurden alle 14 Tage von einem Serviceteam durchgeführt.

Bei dem Avisoft-System wurde ein Knowles-FG-Electret-Ultrasound-Mikrofon ebenfalls in einer Plastikröhre im hinteren Teil der Gondel außen senkrecht nach unten angebracht. Im Gegensatz zum Anabat-System verband ein langes Mikrofonkabel, das durch den Turm nach unten geführt wurde, das Mikrofon mit einem Computer-Audio-Interface-System im Turmfuß, das von uns einfach gewartet wurde. Die Einstellungen des Avisoft-Systems entsprachen den von Behr et al.

Tab. 4.1 Technische Daten der untersuchten WEA (fett hervorgehoben sind die Maximal- und Minimalwerte der Nabenhöhe und des Rotorradius)

Tab. 4.1 Technical data of the investigated WT (highlighted: maximum and minimum values of tower height and rotor radius)

WEA-Typ	Enercon					Senvion (REpower)			Vestas	Nordex	AN Bonus
	E70	E82	E90	E92	E101	MM92	3.2M 114	3.4M 104	V112	N-90	2000/76
Nabenhöhe (m)	113/**64**	108/85	**138**	**138**/104	135/99	79	93	98	94	90	60
Rotorradius (m)	**35**	41	45	46	50	46	**57**	52	56	45	38
WEA-Jahre	8	37	1	7	8	2	4	8	3	10	2

(2015) publizierten Einstellungen. Aber bereits in den Jahren zuvor wurden in Absprache die gleichen Einstellungen gewählt wie in der Erprobungsphase des RENEBAT-Forschungsvorhabens (Simon mündlich).

2. *Schlagopfersuche:* Während der Untersuchungsperiode wurde alle drei Tage eine Schlagopfersuche an den jeweiligen WEA durchgeführt. Hierzu wurde eine kreisförmige Fläche mit der Rotorlänge der WEA als Radius, i. d. R. nicht unter 50 m, bei längeren Rotoren bis 60 m (=7 WEA-Jahre) abgesucht. Zusätzlich wurden sowohl eine Prüfung der Sucheffizienz der eingesetzten Sucher (mit braunen Kunstfellknäulen als Fledermausersatz) sowie eine Bestimmung der Abtragsrate vorgenommen. Zur Ermittlung der Abtragsrate wurden naturfarbene Labormäuse ausgelegt und ihr Verbleib oder Verschwinden über 14 Tage protokolliert. Zusätzlich wurde bei jedem Suchtermin die Absuchbarkeit der Flächen protokolliert. Diese drei Faktoren gingen in einen Erhöhungsfaktor (1,x; x = Prozentzahl der jeweiligen Wahrscheinlichkeit) ein, der die Wahrscheinlichkeit abschätzen sollte, ob Schlagopfer übersehen, unauffindbar waren oder vor dem Suchtermin abgetragen wurden (Brinkmann et al. 2006).

Wird in diesem Beitrag von *Aktivitäten* gesprochen, so ist immer die akustische Aktivität an den Mikrofonen gemeint. Um einen direkten Vergleich beider Detektorsysteme zu gewährleisten, in denen möglicherweise andere Systeme zur Anwendung kommen, wurde die akustische Aktivität von Fledermäusen in 1-min-Intervallen berechnet (im Folgenden *Aktivitätsminuten* genannt). Dies bedeutet, dass je 1-min-Intervall nur jeweils eine Rufsequenz/Art zugeordnet wurde, unabhängig von der Gesamtzahl der Rufsequenzen der jeweiligen Art in der entsprechenden Minute. War auf einer Rufdatei mehr als ein Tier einer Art zu erkennen, wurde dies als zwei besetzte 1-min-Intervalle bzw. 2 Aktivitäten gewertet. Zwei Tiere in einer Rufsequenz ließen sich durch unterschiedlichen Schalldruck und/oder Messung der Rufabstände meist gut erkennen.

4.2.2 Statistik

Um die Abhängigkeit zwischen Schlagopferzahl und Aktivität zu testen, wurde zunächst eine einfache Korrelation berechnet. Da die Daten nicht normalverteilt sind (nach Shapiro-Wilk-Test), muss der Spearman-Korrelationskoeffizient rho genommen werden. Dieser wurde mit dem Programm BiAS 11.10 (Ackermann 2019) berechnet.

Das Ziel eines Modells ist, die beste Kombination von erklärenden Variablen für eine Beobachtung oder Messung herauszufinden. Voraussetzung für die Modellwahl ist eine Datenexploration. Im vorliegenden Fall der aus Zählungen stammenden Fledermausaktivitäten und -totfunden ergaben sich überwiegend nichtlineare und nichthomogene Beziehungen zwischen der Aktivität bzw. Fatalität und den Standortparametern, sodass ein GAM (Generalized Additive Model) mit einer Poisson-Verteilung und Log-Link-Funktion zur Modellbildung gewählt wurde. Als erklärende Variablen wurden nur diejenigen Standortfaktoren herangezogen, die in der GAM-Rechnung signifikant ($p < 0{,}05$) waren und die in Pairplots keine Kollinearität zeigten. Von den drei korrelierten Rotorparametern wurde derjenige mit dem höchsten Beitrag zur erklärten Devianz berücksichtigt. Diejenigen Faktoren mit einer großen Streuung wurden als Glättungsfaktoren eingebunden. Als Glättungsmethode wurde eine ***cubic regression spline*** **(bs = cr) gewählt. Es wurde am Ende jenes GAM ausgewählt, welches die beste Modellgüte** ***(goodness of fit)*** **besaß, ausgedrückt prioritär in der erklärten Devianz, die möglichst hoch sein sollte, und sekundär im AIC (Akaike-Informationskriterium)**, das möglichst klein sein sollte. Des Weiteren sollte keine Über- oder Unterverteilung *(over-/underdispersion)* der Daten vorliegen, d. h. keine zu großen Abweichungen des Modells von der angenommenen Poisson-Verteilung. Hierbei fand der Dispersionsfaktor (deviance/df.residuals) Berücksichtigung, der nicht zu sehr von 1 abweichen sollte. Als weiteres Kriterium wurde die möglichst musterfreie Reststreuung der Parameter berücksichtigt. Es blieben dann diejenigen Parameter und Faktoren übrig, wie sie im Ergebnis dargestellt werden. Bei den Faktoren Jahr, Detektor und WEA-Typ ist zu beachten, dass sie Nominalfaktoren sind, die für noch unbekannte Parameter stehen. Diese könnten z. B. beim Faktor „Untersuchungsjahr" bestimmte Wetterparameter sein.

Die Modellrechnung wurde mit dem Programm BRODGAR 2.7.5 (2017) von Highland Statistics Ltd. (Newburgh UK) in Verknüpfung mit R3.2.2 und dem *mgcv-package* Version 1.8-17 durchgeführt und folgt Zuur et al. (2007) und Wood (2017). Das *package* liefert auch die Modellwerte *(fitted values)* und die Reststreuung *(residuals)*.

4.3 Ergebnisse

Insgesamt wurden in 90 WEA-Jahren (n = 11.779 Nächte) 14.355 akustische Aktivitäten aufgenommen. Im Untersuchungszeitraum wurden 82 tote Fledermäuse gefunden. In Tab. 4.2 ist der Anteil der tatsächlichen Totfunde zu dem Anteil an der akustischen Aktivität dargestellt. Hier zeigt sich die besondere Situation bei der Rauhautfledermaus: Während sie nur ein Viertel der akustischen Aktivität ausmachte, lag ihr Anteil an den Totfunden bei ungefähr 80 %. Beim Großen Abendsegler kehrt sich die Situation um; während er etwa 60 % der akustischen Aktivität ausmacht, liegt sein Anteil bei den Totfunden nur bei ungefähr 20 %. Die übrigen als Totfunde aufgetretenen Arten sind in zu geringem Maße aufgetreten, um verlässliche Aussagen zu erlauben. Dies betrifft auch die Zwergfledermaus, die im nordwestdeutschen Küstenraum relativ zu anderen Regionen deutlich weniger vorkommt.

Nach Berücksichtigung der absuchbaren Flächen, der Abtragsrate und der Sucheffizienz ergab sich eine theoretische Schlagopferzahl von 185 Tieren für alle im Untersuchungszeitraum untersuchten WEA (Tab. 4.3). Die Rauhautfledermaus

Tab. 4.2 Vergleich zwischen Anteil von Totfunden und Anteil der akustischen Aktivität einer Art (an 100 % fehlen die unbestimmbaren Totfunde bzw. die unbestimmbaren Rufsequenzen sowie Rufsequenzen von Arten ohne Totfunde)

Tab. 4.2 Comparison between the proportion of fatalities and the proportion of the acoustic activity of species which were found dead below the WT (the difference to 100% is due to carcasses or sound files or calls which were not determinable and due to species with no found carcasses)

Art (in absteigender Reihenfolge der Häufigkeit bei den Totfunden)	Totfundeanteil in %	Anteil der Art an akustischer Aktivität in %
	(n = 82)	(n = 14.355)
Rauhautfledermaus *(Pipistrellus nathusii)*	81,7	25,1
Großer Abendsegler *(Nyctalus noctula)*	19,5	59,8
Zwergfledermaus *(Pipistrellus pipistrellus)*	9,8	3,8
Breitflügelfledermaus (*Eptesicus serotinus)*	6,1	2,7
Kleinabendsegler *(Nyctalus leisleri)*	3,7	0,8

Tab. 4.3 Zusammenstellung der Ergebnisse in Bezug auf die Rauhautfledermaus (90 WEA-Jahre = 11.779 Nächte)

Tab. 4.3 Summary of the basic results regarding Nathusius' pipistrelles (90 WT years = 11.779 nights)

	Summe Aktivitäten	Aktivitäten/ Nacht/ WEA	Anzahl tatsächlicher Totfunde	Tatsächliche Totfunde /WEA/ Jahr	Geschätzte Totfunde	Hochgerechnete Totfunde/ WEA/Jahr
Alle Arten	14.355	1,2	82	0,9	185	2,1
Rauhautfledermaus	3811	0,3	67	0,7	140	1,6

stellte dabei mit 67 Totfunden den weitaus größten Anteil (hochgerechnet mit Abtragsrate und Sucheffizienz: 140 Tiere). Dies entsprach 0,7 Totfunden/WEA/ Jahr (bzw. 1,6 geschätzten Totfunden/WEA/Jahr). Pro Nacht und WEA wurden im Durchschnitt lediglich 0,3 Aktivitätsminuten von Rauhautfledermäusen aufgenommen (Tab. 4.3).

4.3.1 Korrelation Aktivität und Schlagopfer der Rauhautfledermaus

Setzt man die Aktivitätsminuten des Gondelmonitorings aller betrachteten WEA und alle dort gefundenen Schlagopfer der Rauhautfledermaus in Beziehung, so konnten wir im Durchschnitt nach 57 akustischen Aktivitätsminuten eine tote Rauhautfledermaus nachweisen. Legt man die Zahl der hochgerechneten Totfunde der Rauhautfledermaus der Betrachtung zugrunde, so ergab sich, dass im Durchschnitt nach jeder 27. akustischen Aktivitätsminute ein Totfund vorhergesagt wurde. Betrachtet man nur den schlagintensiven Zeitraum von August bis September, so liegt das Verhältnis etwas niedriger: 52 akustische Aktivitätsminuten/tatsächlicher Totfund bzw. 25 akustische Aktivitätsminuten/hochgerechneter Totfund. Das Verhältnis schwankt zwischen den einzelnen WEA-Jahren allerdings sehr stark (Abb. 4.1).

Zur direkten Korrelation der Schlagopfer mit den jeweils aufgezeichneten akustischen Aktivitätsminuten ergab sich ein Korrelationskoeffizient von knapp 0,5, sowohl für die gesamte Saison als auch für die Daten aus dem Zeitraum August bis September. Das bedeutet, dass eine positive Korrelation zwar feststellbar war, jedoch nicht stark ausgeprägt ist (Spearman-Korrelationskoeffizient rho Aktivität: Schlagopfer = 0,448; Aktivität August/September: Schlagopfer August/September = 0,499; Signifikanz = 0,05 zweiseitiger exakter Test per Valz-Thompson).

In Abb. 4.1 ist das Verhältnis von akustischer Aktivität und tatsächlichen Schlagopfern pro WEA-Jahr aufgetragen. In insgesamt 71 WEA-Jahren wurden zwar akustische Aktivität, aber keine Totfunde der Rauhautfledermaus festgestellt. Die Zahl der akustischen Aktivitätsminuten mit Fledermausaktivität schwankte in diesen WEA-Jahren zwischen 0 und 167 Aktivitäten (Mittelwert ± Standardabweichung = 24,6 ± 33,2; Median = 16). In den WEA-Jahren, in denen Totfunde

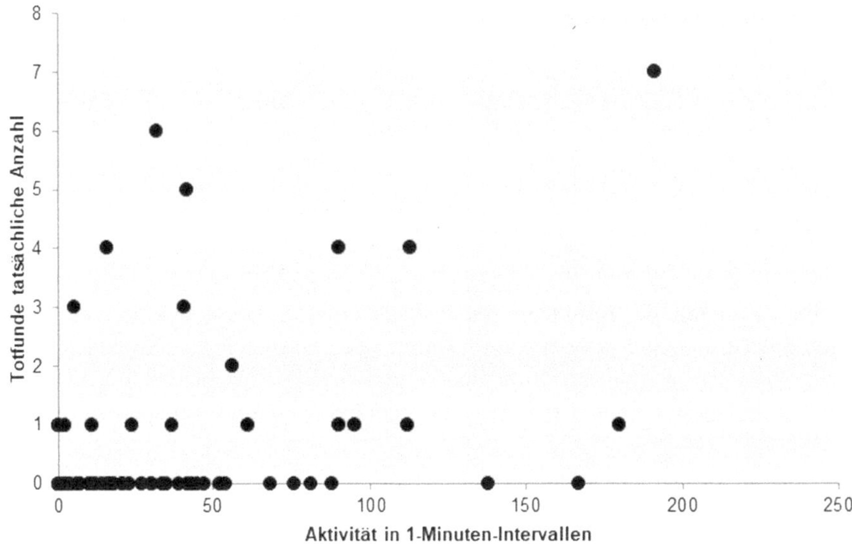

Abb. 4.1 Aktivität und tatsächlich aufgetretene Totfunde in den einzelnen WEA-Jahren (n = 90 WEA-Jahre)

Fig. 4.1 Activity and observed fatalities at the investigated WT years (n = 90)

auftraten, lag die Zahl der akustischen Aktivitätsminuten höher, zwischen 0 und 191 Aktivitäten (Mittelwert ± Standardabweichung: 54,5 ± 55,5; Median = 39). Schaut man sich die WEA-Jahre im Einzelnen an, so hatte das WEA-Jahr mit den höchsten akustischen Aktivitäten zwar die meisten Totfunde (191 akustische Aktivitäten und 7 tote Rauhautfledermäuse), aber es gab auch WEA-Jahre, in denen keine oder wenige akustische Aktivitäten aufgezeichnet wurden, jedoch dennoch tote Rauhautfledermäuse gefunden wurden. Die Streuung der Werte verdeutlicht, warum zwar ein positiver Trend der Korrelation zwischen Aktivitätsminuten und Schlagopferdaten festgestellt wurde, der allerdings nicht signifikant war.

4.3.2 Saisonalität von Aktivität und Schlagopferereignissen der Rauhautfledermaus

In Abb. 4.2 ist der Saisonverlauf der akustischen Aktivitätsminuten aller WEA-Jahre von 2011 bis 2016 aufsummiert. Es zeigte sich eine deutliche Zunahme der Aktivität zwischen Mitte Juli und Mitte Oktober im Vergleich zum

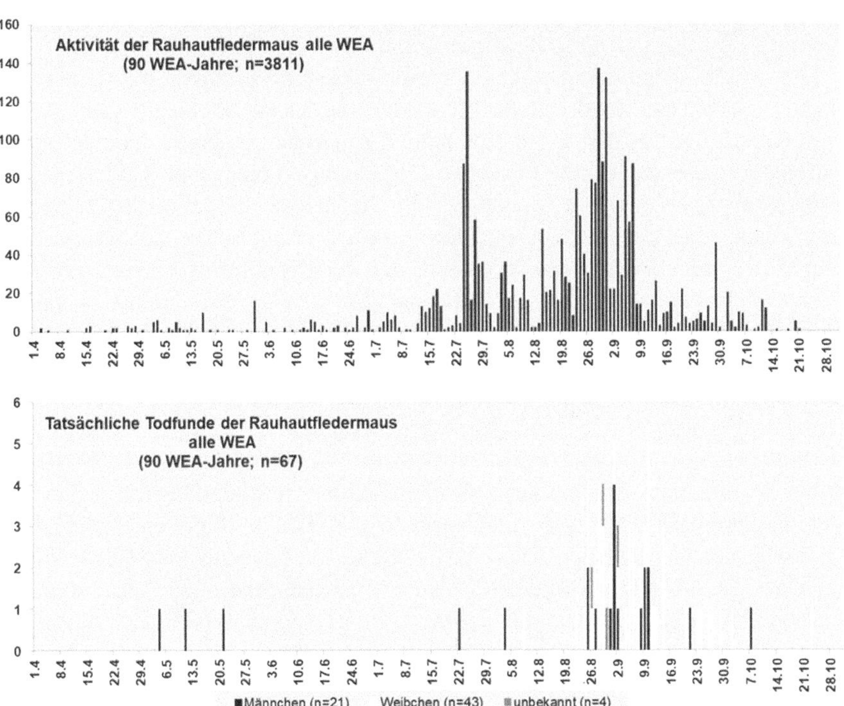

Abb. 4.2 Saisonalität der akustischen Aktivitätsminuten (oben) und Totfunde (unten) (pro Begehung). Schwarz = Männchen, Weiß = Weibchen, Grau = unbekanntes Geschlecht

Fig. 4.2 Seasonality of acoustic activity (above) and fatalities (below) (per monitoring). Black = males, white = females, gray = unknown sex

Frühjahr. Die jeweiligen Aktivitätsgipfel lagen in einem Zeitraum von Ende Juli bis Ende August bzw. Anfang September. Vergleicht man diese Phänologie mit derjenigen der Schlagopfer, so wird deutlich, dass sich der Gipfel der Aktivität im August und September und derjenige der Schlagopfer überlappten. Allerdings deckte sich der Zeitraum mit erhöhten akustischen Aktivitäten im Juli nicht mit dem Zeitraum vermehrter Schlagopfer. Umgekehrt wurde immer noch eine Reihe von Schlagopfern ab Mitte September gefunden, die in eine Zeit mit verminderter akustischer Aktivität fielen. Bei den Schlagopfern überwog der Anteil der Weibchen deutlich (43 Weibchen gegenüber 21 Männchen).

4.3.3 Gibt es andere Parameter, die die Aktivität und die Schlagopfer an den von uns untersuchten WEA bestimmen?

Um Parameter und Faktoren zu identifizieren, die Einfluss auf die akustische Aktivität bzw. auf die Anzahl an Schlagopfern haben könnten, wurden zwei unterschiedliche GAM berechnet (Tab. 4.4 und 4.5), die für die akustische Aktivität einen signifikanten hohen Erklärungswert (erklärte Devianz = 99,8 %) und für die Fatalität einen signifikanten mittleren Erklärungswert von 42,4 % lieferten.

Das GAM wurde mit zwei Glättungskurven *(smoothers)* mit unterschiedlichen Freiheitsgraden (k) gerechnet. Dafür wurden die Parameter „km-Abstand zur Küste" und „Höhe untere Rotorspitze ü. Grund" aufgrund ihrer zu starken Streuung ausgewählt. Alle Parameter, Glättungskurven und Faktoren tragen signifikant ($p < 0,05$) zum Modell bei mit Ausnahme des Jahres 2012, das aber nur knapp über dem 5 %-Niveau liegt und bei ökologischen Analysen mit einbezogen werden kann. Das niedrige AIC und der Dispersionsparameter (deviance/df.residuals) von 1,83 deuten auf eine nur gering überverteilte Anpassung *(overdispersion)* des GAM an eine Poisson-Verteilung (Dispersionsparameter = 1) hin. Die Berechnung des gleichen Modells mit der in einem solchen Fall empfohlenen negativen Binomialverteilung ergab eine Unterdispersion (Dispersionsparameter = 0,73) und Signifikanzverluste. Die in Tab. 4.4 aufgeführten Parameter, Smoother und Faktoren erklären 99,8 % des Modells und sind in Abb. 4.3 illustriert. Tab. 4.5 listet die Beiträge der einzelnen Parameter, Smoother und Faktoren zur Modellgüte und begründet die Wahl des hier vorgestellten GAM als Folge der höchsten signifikanten Modellgüte mit fehlender Overdispersion.

Das GAM-Modell mit einer Poisson-Verteilung und Log Link zeigt eine nahezu 100 %ige Übereinstimmung mit der in Gondelhöhe erfassten akustischen Aktivität der Rauhautfledermaus in den verschiedenen WEA-Jahren (Abb. 4.3). Damit tragen die Parameter „Rotorradius", „Anzahl der WEA im Windpark" und „Anzahl der Betriebstage" mit absteigender Stärke positiv zur Aktivität bei. Die beiden Smoother „km-Abstand zur Küste" und „Höhe der unteren Rotorspitze über Grund" beeinflussen die Aktivität entsprechend ihrer Smoothing-Kurven (Abb. 4.4): leicht abnehmende Aktivitäten bei den kurzen Entfernungen und starke Aktivitäten bei den weiter von der Küste entfernten Anlagen sowie abnehmende

Tab. 4.4 Zusammenstellung der Modellparameter für das GAM zur akustischen Aktivität der Rauhautfledermaus (Pnat = *Pipistrellus nathusii*)

Tab. 4.4 Parameter of the GAM for the acoustic activity of Nathusius' pipistrelles (Pnat = *Pipistrellus nathusii*)

GAM Poisson-Verteilung — logarithmische Skalierung			
Parameter Aktivität Pnat	Koeffizient	p	Signifikanz
Achsenabschnitt (intercept)	−242,2	< 0,001	***
Anzahl WEA im Windpark	0,833	< 0,001	***
Betriebstage	0,00872	< 0,001	***
Rotorradius	4,644	< 0,001	***
Smoother			
s (Abstand zur Küste, k = 5, Fx = T, bs = „cr")		< 0,001	***
s (Höhe Rotorspitze ü. Grund, k = 4, fX = T, bs = „cr")		< 0,001	***
Faktoren			
Untersuchungsjahr 2011	0		
Untersuchungsjahr 2012	0,2211	0,057	(*)
Untersuchungsjahr 2013	2,973	< 0,001	***
Untersuchungsjahr 2014	4,078	< 0,001	***
Untersuchungsjahr 2015	5,894	< 0,001	***
Untersuchungsjahr 2016	6,439	< 0,001	***
Windpark Typ 1 (Linear)	0		
Windpark Typ 2 (Single-Twin)	−179	< 0,001	***
Windpark Typ 3 (Polygon)	69,98	< 0,001	***
Detektortyp 1 (Avisoft)	0		
Detektortyp 2 (Anabat)	29,03	< 0,001	***
erklärte Devianz	99,8 %		
AIC| R^2 (adj)	159,64	0,998	
Devianz/df. residuals	1,83 geringe Overdispersion		

Aktivitäten bei zunehmender Höhe der Rotorspitze über Grund. Die Faktoren „Untersuchungsjahr", „Windparktyp" und „Detektortyp" tragen ebenfalls positiv zur Aktivität bei im Vergleich mit dem jeweils ersten Faktor.

Den größten Beitrag zur Aussagekraft des GAM lieferte der Faktor „Jahr", der alleine ungefähr 20% der Devianz erklärt (Tab. 4.5). Dabei ist zu beachten, dass nicht das Jahr als solches, sondern z. B. Wetterverhältnisse oder besondere Vorkommnisse in diesem Jahr dahinterstehen, die hier nicht aufgeschlüsselt werden können. Auch die Anordnung der WEA im Windpark hatte einen Einfluss auf die

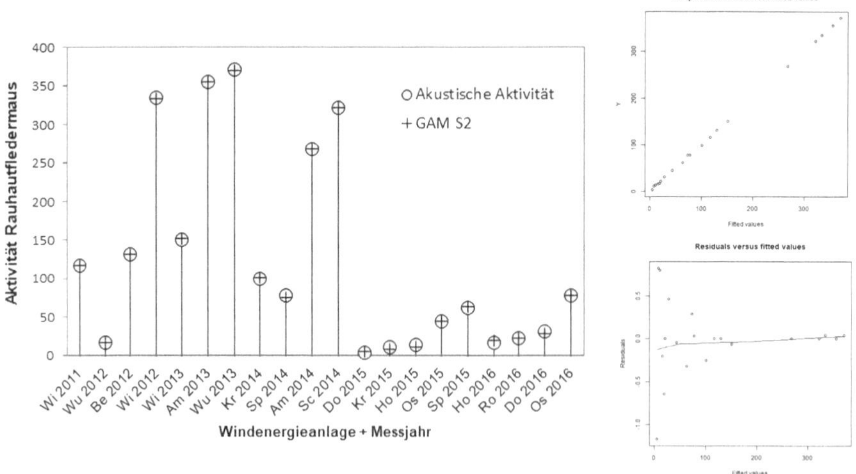

Abb. 4.3 Verteilung der akustischen Aktivität der Rauhautfledermaus an den WEA-Standorten im Vergleich zur Modellrechnung (GAM; Modellkennwerte s. Tab. 4.4) mit Darstellung der Modellgüte (*goodness of fit* = 99,8 %; reale Aktivität gegen Modellwerte (rechts oben) und Reststreuung (rechts unten))

Fig. 4.3 Distribution of the acoustic activity of Nathusius' pipistrelles at the investigated WEA in comparison with the model calculation (GAM; model coefficients see tab. 4.4) with goodness of fit = 99.8% (real activity versus fitted values (top right) and distribution of residuals (bottom right))

Tab. 4.5 Modellbeiträge der Parameter, Smoother und Faktoren des GAM zur Aktivität, berechnet durch einzelne Herausnahme aus der GAM-Berechnung

Tab. 4.5 Contributions oft he parameters, smoothers and factors to the GAM for activity, calculated by single removal from GAM computation

Herausgenommener Parameter	Erklärte Devianz (%)	Modellbeitrag (%)	Devianz/ df.residuals	Overdispersion	Signifikanzverluste	AIC
Gesamtmodell	99,8	–	1,83	-	-	159,64
– Anzahl WEA	99,5	−99,5	3,83	+	+	165,47
– Operationstage	81,8	−81,8	147,27	+++	+++	595,79
– Rotorradius	92,8	−92,8	57,86	++	-	327,56
– Smoother (Küstenabstand)	83,5	−83,5	66,63	++	-	547,73
– Smoother (Höhe untere Rotorspitze. ü. Grund)	84,2	−84,2	95,68	++	-	534,69
– Jahr	79,6	−79,6	70,81	++	-	641,66
– WEA-Typ	86,9	−86,9	79,41	++	-	469,59
– Detektortyp	94,8	−94,8	41,93	++	+	279,76

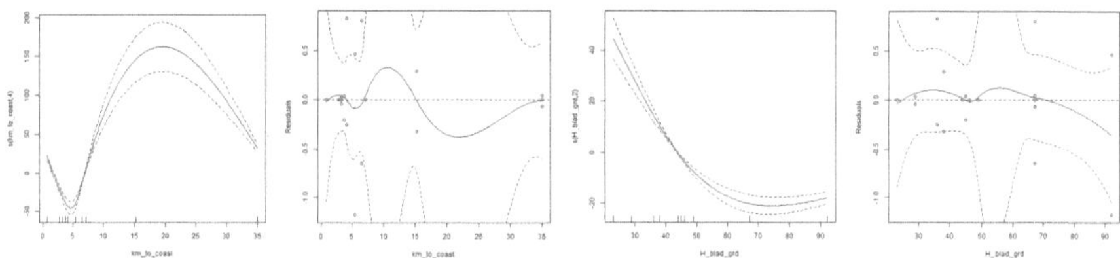

Abb. 4.4 GAM-Ergebnisse zur Aktivität: Glättungskurve und Reststreuung für „Abstand zur Küste" (die beiden linken) und für „Höhe der unteren Rotorspitze über Grund" (die beiden rechten Abb.)

Fig. 4.4 GAM results for activity: smoothing plot and dispersion of deviance residuals for 'distance to coast' (the two left) and for 'height of rotor tip above ground' (the two right fig.)

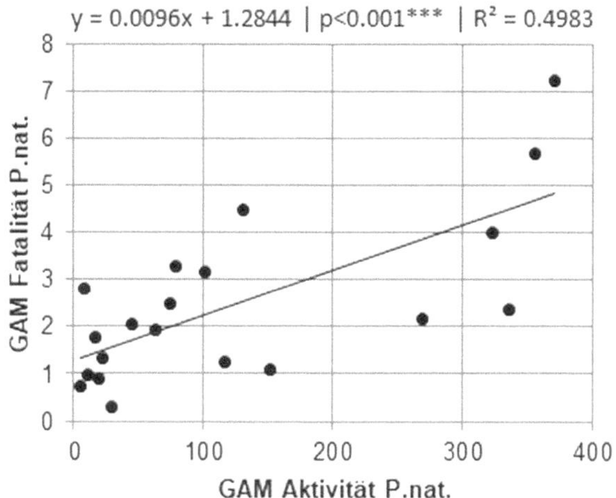

Abb. 4.5 GAM-Werte Fatalität versus GAM-Werte Aktivität und Abschätzung der Schlagopferrate

Fig. 4.5 Fitted values of GAM for fatality versus activity and estimation of the fatality rate

Tab. 4.6 Zusammenstellung der Modellparameter für das GAM zu den Schlagopfern der Rauhautfledermaus (Pnat = *Pipistrellus nathusii*)

Tab. 4.6 Parameter of the GAM for the fatalities of Nathusius' pipistrelle (Pnat = *Pipistrellus nathusii*)

GAM Negative Binomialverteilung – logarithmische Skalierung			
Parameter Fatalität Pnat	Koeffizient	p	Signifikanz
Achsenabschnitt (intercept)	2,19456	< 0,001	***
Höhe untere Rotorspitze über Grund	–0,02975	< 0,05	*
Smoother			
s (Aktivität Pnat, k = 5, fx = T, bs = „cr")		< 0,05	*
erklärte Devianz	42,4 %		
AIC| R^2 (adj)	83,63	0,33	
Devianz/df.residuals	1,66 geringe Overdispersion		

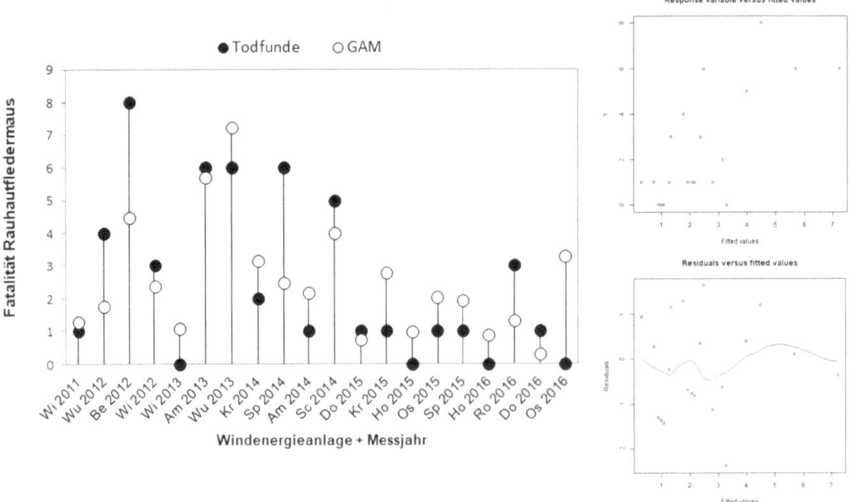

Abb. 4.6 Verteilung der Schlagopferfunde (Fatalität) der Rauhautfledermaus an den WEA-Standorten im Vergleich zur Modellrechnung (GAM; Modellwerte s. Tab. 4.5) mit Darstellung der Modellgüte (*goodness of fit*=42.4 %), reale Fatalität gegen Modellwerte (rechts oben) und Reststreuung (rechts unten)

Fig. 4.6 Distribution of fatalities of Nathusius' pipistrelles at the investigated WEA in comparison with the GAM-model (model values see tab. 4.5) with goodness of fit=42,4% (real fatality versus fitted values; top right) and distribution of residuals (down right)

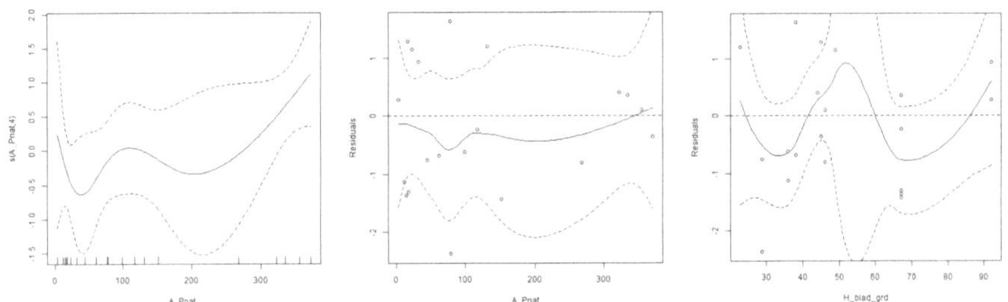

Abb. 4.7 GAM-Ergebnisse zur Fatalität. Smoothing-Kurve für die akustische Aktivität von *P. nathusii* (links), Devianz der Reststreuung für die akustische Aktivität von *P. nathusii* (Mitte) und für die Höhe der Rotorspitze ü. Grund (rechts)

Fig. 4.7 GAM results for fatality. Smoothing plot for the acoustic activity of *P. nathusii* (left), deviance of residuals for the acoustic activity of *P. nathusii* (middle) and for height of rotor tip above ground (right)

Aktivität: Vereinzelt stehende WEA zeigten eine geringere, flächig angeordnete WEA eine wesentlich höhere akustische Aktivität als linear angeordnete WEA.

Das zweite GAM für die Totfunde wurde in gleicher Weise durchgeführt wie das Modell für die Aktivität. Die Schlagopfer wurden als empirische Größe zugrunde gelegt und zunächst mit den gleichen Parametern wie beim GAM der

Tab. 4.7 Modellbeiträge des Parameters und des Smoothers des GAM zur Fatalität von Rauhautfledermäusen, berechnet durch einzelne Herausnahme aus der GAM-Berechnung

Tab. 4.7 Contributions of the parameter and the smoother to the GAM for fatality of Nathusius' pipistrelles, calculated by single removal from GAM computation

Fatalität Pnat herausgenommener Parameter	Erklärte Devianz (%)	Modell-beitrag	Devianz/df.residuals	Over-dispersion	Signifikanz-verluste	AIC
GAM Poisson-Verteilung – logarithmische Skalierung	43,4		1,99	+		84,16
GAM Negative Binomial-Verteilung – logarithmische Skalierung	42,4		1,66	-		83,63
Höhe untere Rotorspitze ü. Grund	25,3	17,1%	1,53	-	+++	86,94
Smoother (Aktivität Pnat)	17,5	24,9%	1,21	-	-	82,96

Aktivität verrechnet. Das Modell erreichte allerdings erst nach Herausnahme der meisten Parameter und aller Faktoren mit dem Parameter „Höhe untere Rotorspitze über Grund" und der „Aktivität von Pnat" als Smoother-Signifikanz. Das GAM mit Poisson-Verteilung zeigte allerdings eine Überdispersion, die mit einem GAM mit negativer Binomialverteilung abgeschwächt werden konnte. Die Modellparameter sind in Tab. 4.6 zusammengestellt und in Abb. 4.6 und 4.7 illustriert.

Das Modell für die Fatalität ist deutlich weniger robust als das Modell für die Aktivität, da der Erklärungswert lediglich bei 42,4 % liegt und große Unterschiede bestehen zwischen den realen Zählungen und den Modellwerten (Abb. 4.6). In diesem Modell tragen signifikant nur die Parameter „Abstand der unteren Rotorspitze vom Boden" negativ (je größer der Abstand, desto weniger Schlagopfer) und die „Gesamtaktivität von Pnat" positiv (je mehr Aktivität, desto mehr Schlagopfer) bei (Tab. 4.6). Beide liefern dabei einzeln einen etwa gleichen Anteil um die 21 ± 4 % zur Modellgüte bei (Tab. 4.7). Die Regression der GAM-Werte für die Fatalität gegen die für die Aktivität ergibt eine mittlere Schlagopferrate von ~1 % (Abb. 4.5). Das Modell ist zwar signifikant, aber nur zur Hälfte erklärt. Es gibt höchstwahrscheinlich weitere nicht erfasste Parameter und Faktoren, die die Verteilung der Schlagopfer an den WEA-Standorten mit höherer Modellgüte erklären würden. Da der Abstand der unteren Rotorspitze vom Boden für die Schlagopfer eine wichtige Rolle spielt, wäre eine zweite Aktivitätserfassung in dieser Höhe sinnvoll.

4.4 Diskussion

Windenergieanlagen (WEA) werden neben dem Weißnasen-Syndrom *(White-Nose-Syndrom)* in Nordamerika global als eine der wichtigsten anthropogen hervorgerufenen Todesursache bei Fledermäusen angesehen (O'Shea et al. 2016). Durch seine Windhöffigkeit ist Niedersachsen als Standort für Windparks prädestiniert und daher mit Abstand das Bundesland mit der höchsten Zahl an

Onshore-WEA (BWE 2019; Deutsche WindGuard 2019). Dies gilt insbesondere für die Küstenregion, wo der Ausbau der Windenergie eine bedeutende Rolle spielt. Eine von uns durchgeführte Befragung der Unteren Naturschutzbehörden sowie eine Internetrecherche im Jahr 2015 erbrachten die Zahl von 2200 WEA in einem Bereich von etwa 150 km Länge (Stadt Norden bis Elbmündung) und 35 km Breite (von der Küste ins Inland). Gleichzeitig besitzt der nordwestdeutsche Küstenbereich eine Konzentration an Rauhautfledermaus-Wochenstuben und liegt zudem in einem Verdichtungsraum des Fledermauszuges, insbesondere für die Rauhautfledermaus (Frey et al. 2012; Bach et. al 2005). Die Rauhautfledermaus gilt nach Dürr (2019) als eine der am stärksten durch Schlag an WEA betroffenen Art. Aus diesen Gründen liegt es nahe, für diesen Raum mit seiner relativ großen Dichte an WEA eine hohe Mortalität für die Rauhautfledermäuse zu erwarten. Um die Tiere vor Schlag zu schützen, sind Vermeidungsmaßnahmen zwingend notwendig, die i. d. R. auf eine Abschaltung von WEA zu bestimmten Zeiten und unter bestimmten Umweltbedingungen (vor allem Windgeschwindigkeit und Umgebungstemperatur) hinauslaufen. Zur Gestaltung von Abschaltmodi hat sich bundesweit das ProBat-Tool aus dem RENEBAT-Projekt etabliert (Brinkmann et al. 2011; Behr et al. 2015, 2018). ProBat errechnet über eine statistische Modellierung, basierend auf in Nabenhöhe erfassten Aktivitätsdaten und Wetterparametern, einen fledermausfreundlichen Abschaltalgorithmus für eine behördlich festzulegende akzeptierte Schlagrate pro WEA und Jahr. In der Praxis hat sich das ProBat-Tool im untersuchten Küstenraum bis zur Version 6.1 (Erscheinungsdatum April 2019) jedoch als nicht ausreichend erwiesen, weil es eine zu geringe Schlagrate prognostizierte. Dieser Umstand ist in der Version 6.1 nach ersten Auswertungen unsererseits nicht mehr gegeben. Dies lag an der Rauhautfledermaus, die in unseren Monitoringuntersuchungen schon bei relativ geringen, auf Nabenhöhe erfassten akustischen Aktivitäten relativ hohe Schlagraten aufwies. Zudem wurde im untersuchten Küstenraum auch eine Vielzahl von unterschiedlichen WEA-Typen mit unterschiedlichen Rotorlängen und Nabenhöhen aufgestellt.

Die Ergebnisse aus 90 WEA-Jahren zeigen, dass die akustische Aktivität auf Gondelhöhe und die Zahl der gefundenen Schlagopfer der Rauhautfledermaus zwar schwach, aber nicht signifikant korrelierte. Zudem konnte in unserem GAM in Bezug auf die Totfunde eine Bedeutung der Aktivität als Variable festgestellt werden, das Modell ist aber insgesamt sehr schwach. Daher ist ein direkter Rückschluss von der auf Nabenhöhe erfassten akustischen Aktivität auf die Zahl der Totfunde an unseren untersuchten WEA nicht möglich. Es lässt sich ebenso wenig konstatieren, dass eine geringe akustische Aktivität von Rauhautfledermäusen in Gondelhöhe keine Totfunde nach sich zieht, sondern vielmehr sind trotz der geringen Aktivität Totfunde zu beobachten. Eine gute Korrelation zwischen Schlagopfern und akustischer Aktivität auf Nabenhöhe scheint immer dann gegeben zu sein, wenn relativ viele akustische Aktivitäten gemessen wurden, wie z. B. in Portugal (Amorin et al. 2012) oder Nordost-, Süd- und Mitteldeutschland (Korner-Nievergelt 2011). Der Grund für die bei uns festgestellte schwache Korrelation liegt in der hohen Streuung der akustischen Aktivitäten der

Rauhautfledermaus an den WEA im Verhältnis zur Zahl der Schlagopfer: Neben wenigen WEA mit relativ hohen akustischen Aktivitäten der Rauhautfledermaus und einer hohen Anzahl von Schlagopfern dieser Art treten auch bei geringen akustischen Aktivitäten höhere Schlagopferzahlen auf. Zu einer vergleichbaren Aussage kommt auch eine Untersuchung in der Schweiz (NATURA und SWILD 2018); hier wurden ebenfalls bei geringer akustischen Aktivität von Fledermäusen der Gattung *Pipistrellus* auf Nabenhöhe relativ viele Totfunde festgestellt. Eine Forderung aus dieser nur schwachen Korrelation wäre es, eine die Akustik begleitende Schlagopfersuche beizubehalten, um die Ergebnisse der Akustik durch einen Methodenmix abzusichern.

Betrachtet man die Phänologie der Rauhautfledermausaktivität, so ist diese in unseren Untersuchungen typisch für eine migrierende Art (Bach et. al 2009, 2017; Rydell et al. 2010; Hurst et al. 2016), d. h., es existiert ein Gipfel der Aktivität und ebenso der Schlagopfer im Zeitraum von Ende August bis Anfang September. Niermann et al. (2011a) fand ebenfalls einen vergleichbaren Gipfel für die bundesweit erfassten Schlagopfer der Rauhautfledermaus. Die erhöhte Aktivität der Rauhautfledermaus gegen Ende Juli, wobei sich jedoch kaum Totfunde feststellen ließen, wird vermutlich von lokalen Tieren hervorgerufen, die im Umfeld regelmäßig Wochenstuben ausbilden. Andererseits fanden sich jedoch stetig tote Tiere in einem Zeitraum um Anfang Oktober, wo die Aktivität schon wieder auf ein geringes Niveau abgesunken war. Dies ist umso bemerkenswerter, als das bundesweite Schlagopfersuchen nur bis zum 30.9 durchgeführt wurde (Seiche et al. 2007; Niermann 2011a). Es gibt also eine Phase im Juli, in der viele Rauhautfledermäuse gehört werden, aber nicht verunfallen; im August und September sind sowohl die Aktivität als auch die Zahl der Totfunde hoch, Anfang Oktober dagegen ist die Zahl der Totfunde relativ hoch, während die Aktivitäten deutlich absinken. Dies könnte daran liegen, dass „gebietsfremde“ Zugtiere an den WEA verunfallen, während die lokalen Tiere sich gewissermaßen „auskennen“. Doch vorläufige Untersuchungen der Isotopen im Haar unserer Totfunde zeigen, dass der Anteil der lokalen und gebietsfremden Tiere sich etwa die Waage hält (Voigt mündlich). Man könnte auch die Hypothese aufstellen, dass sich durch einen möglichen Anstieg der Insektendichte im August/September in der offenen Landschaft vermehrt sowohl lokale Tiere als auch Zugtiere einfinden, um zu jagen. In kühlen Nächten im Herbst könnten WEA durch ihre Abwärme Insekten anziehen, die wiederum Fledermäuse anlocken und in die Gefahrenzone um die WEA bringen.

Ein Ergebnis, das im Gegensatz zu anderen Untersuchungen steht, ist, dass deutlich mehr Weibchen als Männchen als Schlagopfer gefunden wurden. In deutschlandweit erhobenen Zusammenstellungen bzw. Untersuchungen bildet sich eine nahezu Gleichverteilung der Geschlechter ab (Dürr 2007; Niermann et al. 2011a). Andererseits zeigte sich in einer Studie von Seiche et al. (2007), dass im Bundesland Sachsen doppelt so viele Rauhautfledermausmännchen wie -weibchen an WEA zu Tode kamen, wobei relativ viele Tiere (30 %) außerhalb der schlagträchtigen Zeit von August bis September auftraten. Sowohl Sachsen als auch der nordwestdeutsche Küstenraum liegen im Zugbereich der Rauhautfledermaus

(Rydell et al. 2010; Meschede et al. 2017). Die unterschiedliche Todesrate bei den Geschlechtern könnte an einem Weibchenüberschuss liegen (durch zusätzlich aus den nördlichen und östlichen Regionen eingewanderten Weibchen mit ihren Jungtieren, während die adulten Weibchen nicht zwingend migrieren), aber auch eine Folge unterschiedlichen Explorationsverhaltens sein. So fanden Roeleke et al. (2017) für den Abendsegler größere Flughöhen und deutlicheres Explorationsverhalten der Weibchen. Inwieweit das auch für die Rauhautfledermaus gilt, ist unklar, aber unsere Daten könnten dafür ein Indiz sein, dass auch die Rauhautfledermausweibchen ein anderes Explorationsverhalten an WEA haben, zumindest in Zuggebieten wie dem hier betrachteten Raum.

Die technischen Dimensionen einer WEA haben nach unserem Modell einen Einfluss sowohl auf die in Gondelhöhe erfasste akustische Aktivität von Fledermäusen als auch auf die Schlagopferzahl. In der Literatur wird insbesondere die Rotorlänge als Parameter ausschlaggebend für die Höhe der Aktivität angesehen (Barclay et al. 2007; Niermann et al. 2011b). Auch in unseren Untersuchungen spielt die Rotorlänge für die Aktivität eine relativ wichtige Rolle, aber nicht so sehr für das Auftreten der Totfunde. Für das Auftreten von Schlagopfern ist die Höhe der Rotorspitze wichtig, was sich durch die zum Boden hin zunehmende Aktivität erklären lässt (Niermann et al. 2011b; Roeleke et al. 2017). Es wird vermutet, dass bei zunehmender Rotorlänge und damit einhergehender Abnahme der Abdeckung des Rotorwirkkreises durch die akustische Erfassung auf Nabenhöhe eine Korrelation von akustischer Aktivität und Schlagopferzahl der Rauhautfledermaus erschwert werden könnte (Lindemann et al. 2018).

Welche weiteren Parameter sich in unseren Modellen besonders auf die auf Nabenhöhe akustisch erfasste Aktivität und Schlagopferzahl auswirken, ist nicht eindeutig festzustellen. Dazu sind die Parameter zu gleich gewichtet. Der Faktor „Jahr" hat noch den größten Erklärungswert, aber in diesem Faktor stecken unbekannte Einflüsse, im Generellen vermutlich die Windverhältnisse, die naturgegeben während der Untersuchungsjahre variieren, und der Standort an sich, da dieser nur jeweils zwei Jahre konstant war. Generell ist es für die Erklärung eines Modells von Vorteil, wenn sich wenige Parameter mit einem starken Erklärungswert und einer linearen Beziehung herauskristallisieren. Bei diesem Modell ist die Aktivität von einer Vielzahl verschiedener Parameter abhängig, die nicht linear zueinander in Beziehung stehen. Das wiederum führt zu dem Schluss, dass die akustische Aktivität in Gondelhöhe nicht einfach zu erklären ist, solange nicht die in den Nominalfaktoren (wie „Jahr" oder „Windparktyp" im Gegensatz zu Werten wie „Nabenhöhe") steckenden Parameter benannt werden können.

Die Daten aus unseren Untersuchungen legen nahe, dass im nordwestdeutschen Küstenraum andere Herangehensweisen erprobt werden müssen, um Vermeidungsmaßnahmen zu entwickeln, die einen wirksamen Schutz der Rauhautfledermäuse garantieren. Ein Weg wurde durch das RENEBAT-Projekt (Behr et al. 2015, 2018) beschritten, indem für WEA mit größeren Rotorradien ein Erhöhungsfaktor eingeführt wurde, der dem Problem statistisch Rechnung trägt. Ein zweiter Weg, der zunehmend Eingang in die Praxis findet, ist die Anbringung eines zweiten Mikrofons etwa auf Höhe der unteren Rotorspitze (Turmmikrofon).

Hintergrund dafür ist die Annahme, dass eine bessere akustische Abdeckung des Rotorradius als Gefährdungsbereich zu einer besseren Korrelation von akustischer Aktivität und Schlagopferzahl führt. Erste Untersuchungen hierzu ergaben, dass zumindest für die nordwestdeutsche Küste die akustischen Aktivitätszahlen am Turmmikrofon größer ausfallen (Kap. 5), was wiederum die Aussagekraft der Modelle erhöhen könnte. Auch der Umstand, dass die Zahl der Totfunde mit der Höhe der unteren Rotorspitze über Grund korreliert ist, legt nahe, dass ein zweites Mikrofon in dieser Höhe ein genaueres Bild zur Bewertung ergeben. Um die Akustikdaten aus dieser Höhe in das Berechnungssystem von ProBat einzupflegen, müsste dieses entsprechend angepasst werden, was weitere Forschung in diese Richtung erfordern würde.

Neben dem zweiten Mikrofon sollte ein Monitoring in dem nordwestdeutschen Küstenraum zudem unbedingt aus mindestens zwei Jahren bestehen, da die Variation zwischen den Jahren einen großen Einfluss auf die akustische Aktivität hat. Damit ist gewährleistet, dass unterschiedliche Einflüsse wie Wetter der einzelnen Jahre in den Ergebnissen des Monitorings abgebildet werden. Zudem sollte zumindest in einem Jahr eine Schlagopfersuche stattfinden. Zwar ist eine Schlagopfersuche mit Unsicherheiten wie dem Abtrag durch Tiere und Umwelteinflüsse vor dem Suchtermin und der Gefahr, dass die Sucher Schlagopfer übersehen könnten, verbunden (Niermann et al. 2011a), jedoch bietet ein Methodenmix im Zusammenhang mit einem akustischen Monitoring eine größere Sicherheit der Ergebnisse.

Danksagung An dieser Stelle sei insbesondere Ute Bradter für Diskussionen und die englische Zusammenfassung gedankt. Außerdem gilt unser Dank all jenen Betreibern, die uns die Veröffentlichung der Monitoringdaten erlaubt haben.

Die Veröffentlichung wurde durch den Open-Access-Publikationsfonds für Monografien der Leibniz-Gemeinschaft gefördert.

Literatur

Ackermann, H. (2019) BiAS. für Windows – Handbuch Version 11. epsilon-Verlag GbR Hochheim Darmstadt. 249 S

Adams AM, Jantzen MK, Hamilton RM, Fenton MB (2013) Do you hear what i hear? implication of detector selection for acoustic monitoring of bats. Methods Ecol Evol 3:992–998

Amorim F, Rebelo H, Rodrigues L (2012) Factors influencing bat activity and mortality at a wind farm in the mediterranean region. Acta Chiropterologica 14:439–457

Arnett EB, May RF (2016) Mitigation wind energy impacts on wildlife: approaches for multiple taxa. Hum-Wildl Interact 10:28–41

Bach L, Bach P, Ehnbom S, Karlsson M (2017) Flyttande fladdermös vid Måkläppen, Falsterbo – Fauna och Flora 112:37–45

Bach L, Meyer-Cords C, Boye P (2005) Wanderkorridore für Fledermäuse. Naturschutz & Biologische Vielfalt 17:59–69

Bach L, Bach P, Helge A, Maatz K, Schwarz V, Teuscher M, Zöller J (2009) Fledermauszug auf Wangerooge – erste Ergebnisse aus dem Jahr 2008. Nat- Umweltschutz (Zeitschrift Mellumrat) 8:10–12

Barclay RMR, Baerwald EF, Gruver JC (2007) Variation in bat and bird fatalities at wind energy facilities: assessing the effects of rotor size and tower height. Can J Zool 85:381–387

Behr O, von Helversen O (2005) Gutachten zur Beeinträchtigung im freien Luftraum jagender und ziehender Fledermäuse durch bestehende Windkraftanlagen. Wirkungskontrolle zum Windpark „Roßkopf" (Freiburg i. Br.). Unveröff. Gutachten: 37 Seiten + Karten

Behr O, Brinkmann R, Hochradel K, Mages J, Korner-Nievergelt F, Reinhard H, Simon R, Stiller F, Weber N, Nagy M (2018) Bestimmung des Kollisionsrisikos von Fledermäusen an Onshore Windenergieanlagen in der Planungspraxis – Endbericht des Forschungsvorhabens gefördert durch das Bundesministerium für Wirtschaft und Energie (Förderkennzeichen 0327638E). O. Behr et al, Erlangen

Behr O, Brinkmann R, Korner-Nievergelt F, Nagy M, Niermann I, Reich M, Simon R (2015) Reducing the collision risk for bats at onshore wind turbines (RENEBAT II). Summary. Leibniz Universität Hannover, Hannover

Bernardino J, Bispo R, Costa H, Mascarenhas M (2013) Estimating bird and bat fatality at wind farms: a practical overview of estimators, their assumptions and limitations. New Zealand J Zool 40:63–74

Brinkmann R, Schauer-Weisshahn H, Bontadina F (2006) Untersuchungen zu möglichen betriebsbedingten Auswirkungen von Windkraftanlagen auf Fledermäuse im Regierungsbezirk Freiburg. – Unveröff. Gutachten für das Regierungspräsidium, 66 S

Brinkmann R, Behr O, Niermann I, Reich M (2011) Entwicklung von Methoden zur Untersuchung und Reduktion des Kollisionsrisikos von Fledermäusen an Onshore-Windenergieanlagen. Göttingen (Cuvillier Verlag): 457 S.

BWE (Bundesverband Windenergie) (2019) Wind bewegt Niedersachsen. https://www.wind-energie.de/fileadmin/redaktion/dokumente/publikationen-oeffentlich/themen/01-mensch-und-umwelt/01-windkraft-vor-ort/flyer_wind_bewegt_niedersachsen_2016_.pdf. Zugegriffen: 12. Mai. 2019

Deutsche WindGuard (2019) Tabelle3_Kumulierte Leistung und Anlagenanzahl_Onshore_2018.pdf (1,9 MB). https://www.windguard.de/jahr-2018.html. Zugegriffen: 12. Mai. 2019

Dürr T (2007) Die bundesweite Kartei zur Dokumentation von Fledermausverlusten an Windenergieanlagen – ein Rückblick auf 5 Jahre Datenerfassung. Nyctalus 12:108–115

Dürr T (2019) Auswirkungen von Windenergieanlagen auf Vögel und Fledermäuse. https://lfu.brandenburg.de/cms/detail.php/bb1.c.312579.de. Zugegriffen: 9. Jan. 2019

Dürr T, Bach L (2004) Fledermäuse als Schlagopfer von Windenergieanlagen – Stand der Erfahrungen mit Einblick in die bundesweite Fundkartei. Bremer Beitr Naturkunde Naturschutz 7:253–264

Dürr T (2002) Fledermäuse als Opfer von Windkraftanlagen in Deutschland. Nyctalus (N.F.) 8:115–118

Frey K, Bach L, Bach P, Brunken H (2012) Fledermauszug entlang der südlichen Nordseeküste. – NaBiV 128:185–204

Frick WF, Baerwald EF, Pollock JF, Barclay RMR, Szymanski JA, Weller TJ, Russel AL, Loeb SC, Medellin RA, McGuire LMP (2017) Fatalities at wind turbines may threaten population viability of a migratory bat. Biol Conserv 209:172–177

Hurst J, Biedermann M, Dietz M, Krannich E, Karst I, Korner-Nievergelt F, Schauer-Weisshahn H, Schorcht W, Brinkmann R (2016) Fledermausaktivität in verschiedenen Höhen über dem Wald. In: Hurst J, Biedermann M, Dietz C, Dietz M, Karst I, Krannich E, Petermann R, Schorcht W, Brinkmann R (Hrsg) Fledermäuse und Windkraft im Wald. Bundesamt für Naturschutz, Bonn-Bad Godesberg, S 327–352

Korner-Nievergelt F, Behr O, Niermann I, Brinkmann R (2011) Schätzung der Zahl verunglückter Fledermäuse an Windenergieanlagen mittels akustischer Aktivitätsmessungen und modifizierter N-mixture Modelle. In: Brinkmann R, Behr O, Niermann I, Reich M (Hrsg) Entwicklung von Methoden zur Untersuchung und Reduktion des Kollisionsrisikos von Fledermäusen an Onshore-Windenergieanlagen. Cuvillier Verlag, Göttingen, S 323–353

Lindemann C, Runkel C, Kiefer A, Lukas A, Veith M (2018) Abschaltalgorithmen für Fledermäuse an Windenergieanlagen. Naturschutz und Landschaftsplanung 50:418–425

Meschede A, Schorcht W, Karstl Biedermann M, Fuchs D, Bontadina F (2017) Wanderrouten der Fledermäuse. – BfN-Skript 453:236

NATURA & SWILD (2018) Mortalité causée par le parc éolien du Peuchapatte sur les chauvessouris et évaluation de mesures de protection – Mortalität von Fledermäusen beim Windpark Le Peuchapatte und Evaluation von Schutzmassnahmen. Rapport de synthèse – Synthesebericht. NATURA, Les Reussilles & SWILD, Zürich, 126 S

NMU (Niedersächsisches Ministerium für Umwelt, Energie und Klimaschutz) (2016) Leitfaden Umsetzung des Artenschutzes bei der Planung und Genehmigung von Windenergieanlagen in Niedersachsen. – Nds. Ministerialblatt Nr. 7 vom 24.2.2016: 212-225. (http://www.umwelt.niedersachsen.de/windenergieerlass/windenergieerlass-133444.html)

Niermann I, Brinkmann R, Korner-Nievergelt F, Behr O (2011a) Systematische Schlagopfersuche – Methodische Rahmenbedingungen, statistische Analyseverfahren und Ergebnisse. In: Brinkmann R, Behr O, Niermann I, Reich M (Hrsg) Entwicklung von Methoden zur Untersuchung und Reduktion des Kollisionsrisikos von Fledermäusen an Onshore-Windenergieanlagen. Cuvillier Verlag, Göttingen

Niermann I, von Felten S, Korner-Nievergelt F, Brinkmann R, Behr O (2011b) Einfluss von Anlagen- und Landschaftsvariablen auf die Aktivität von Fledermäusen an Windenergieanlagen. In: Brinkmann R, Behr O, Niermann I, Reich M (Hrsg) Entwicklung von Methoden zur Untersuchung und Reduktion des Kollisionsrisikos von Fledermäusen an Onshore -Windenergieanlagen. Cuvillier Verlag, Göttingen, S 384–405

O'Shea TJ, Cryan PM, Hayman DTS, Plowright RK, Streicker DG (2016) Multiple mortality events in bats: a global review. Mamm Rev 46:1–16

Rodrigues L, Bach L, Dubourg-Savage M-J, Karapandža B, Kovač D, Kervyn T, Dekker J, Kepel A, Bach P, Collins J, Harbusch C, Park K,Micevski B, Mindermann J (2015) Guidelines for consideration of bats in wind farm projects, Revision 2014. – EUROBATS Publication Series No. 6. UNEP/EUROBATS Secretariat, Bonn, Germany: 133 S

Roeleke M, Blohm T, Kramer-Schadt S, Yovel Y, Voigt CC (2017) Habitat use of bats in relation to wind turbines revealed by GPS tracking. Sci Rep 6. https://doi.org/10.1038/srep28961

Rydell J, Bach L, Dubourg-Savage MJ, Green M, Rodrigues L, Hedenström A (2010) Bat mortality at wind turbines in northwestern Europe. Acta Chiropter 12:261–274

Seiche K, Endl P, Lein M (2007) Fledermäuse und Windenergieanlagen in Sachsen – Ergebnisse einer landesweiten Studie 2006. Nyctalus 12(2–3):170–181

Voigt CC, Lehnert LS, Petersons G, Adorf F, Bach L (2015) Wildlife and renewable energy: German politics cross migratory bats. Eur J Wildl 61:213–219

Wood SN (2017) Generalized additive models: an introduction with R, 2. Aufl. Chapman and Hall/CRC, Boca Raton, S 476

Zuur AF, Ieno EN, Smith GM (2007) Analysing ecological data. Springer, New York, S 672

cc
BY

5 Akustisches Monitoring von Rauhautfledermaus an Windenergieanlagen: Ist ein zweites Ultraschallmikrofon am Turm notwendig?

Acoustic monitoring of Nathusius' pipistrelles (*Pipistrellus nathusii*): Is a second ultrasonic microphone at the tower needed?

Lothar Bach, Petra Bach und Raimund Kesel

Zusammenfassung

Energie aus Windkraft spielt im Rahmen der Förderung erneuerbarer Energieträger eine immer größere Rolle, allerdings kollidieren Fledermäuse regelmäßig mit Windenergieanlagen (WEA). Um derartige Kollision zu verhindern, fordern Behörden im Rahmen von Genehmigungsverfahren die Einführung von Abschaltzeiten, zumeist unter Zuhilfenahme des Programms ProBat. Im küstennahen Umfeld bzw. in Bereichen mit hoher Aktivität an Rauhautfledermäusen *(Pipistrellus nathusii)* wird dieses Programm bislang nur begrenzt eingesetzt. In Nordwestdeutschland wurde von uns in den letzten Jahren an 20 WEA zusätzlich ein zweites Mikrofon am Turm etwa 10–15 m unterhalb des tiefsten Streifpunkts der Rotorblätter getestet (Turmmikrofon). Auf dieser Höhe lässt sich

L. Bach (✉) · P. Bach
Freilandforschung, zoologische Gutachten, Bremen, Deutschland
E-Mail: lotharbach@bach-freilandforschung.de

P. Bach
E-Mail: petrabach@bach-freilandforschung.de

R. Kesel
ecosurvey, Bremen, Deutschland
E-Mail: kesel@ecosurvey.de

C. C. Voigt (Hrsg.), *Evidenzbasierter Fledermausschutz in Windkraftvorhaben*,
https://doi.org/10.1007/978-3-662-61454-9_5

eine deutlich höhere akustische Aktivität der Rauhautfledermaus messen als auf Gondelhöhe (Gondelmikrofon). Der akustische Erfassungsbereich beider Mikrofone überlappte sich hinsichtlich der Rauhautfledermaus nicht. Am Turmmikrofon zeigte sich nicht nur eine höhere Gesamtaktivität von Fledermäusen bzw. eine höhere Aktivität der Rauhautfledermaus, sondern auch eine unterschiedliche saisonale und nächtliche Verteilung der Aktivitäten im Vergleich zum Gondelmikrofon. Auch wenn das Aktivitätsmaximum am Turmmikrofon bei niedrigeren Windgeschwindigkeiten lag als beim Gondelmikrofon, war am Turmmikrofon die Aktivität noch etwa siebenmal höher als auf Nabenhöhe. Dies lag an der insgesamt höheren Aktivität von Fledermäusen am Turmmikrofon im Vergleich zum Gondelmikrofon; selbst bei relativ hohen Windgeschwindigkeiten ($\geq$8,0 m/s). Die relativ hohe akustische Aktivität von Rauhautfledermäusen am Turmmikrofon könnte erklären, warum Schlagopfer (speziell von Rauhautfledermäusen) ohne entsprechende akustische Aktivitäten in Gondelhöhe anfallen. Die kombinierte Nutzung von Mikrofonen am Turm und im Gondelbereich könnte die Entwicklung von Abschaltalgorithmen aus Sicht des Fledermausschutzes verbessern.

Summary

Wind energy is a major contributor of renewable energy, yet bats collide regularly with wind turbines (WT). To prevent such collisions, authorities of many federal states in Germany require the implementation of curtailment measures, most often by applying the ProBat-tool. Thus far, this tool has not been widely applied in coastal areas and in areas with high activity of Nathusius' pipistrelles (*Pipistrellus nathusii*). In NW-Germany, we surveyed 20 wind turbines for one or two years (total 29 WT-years). In addition to a microphone at nacelle height (nacelle microphone), we installed a second microphone about 10–15 m below the lowest operating range of the rotor blades (tower microphone). We measured a higher acoustic activity of bats at the tower microphone than at the nacelle microphone. The acoustic detection range of both microphones did not overlap for Nathusius' pipistrelles. The results show that the overall activity of bats as well as the acoustic activity of Nathusius' pipistrelles was higher at the tower microphone compared to the nacelle microphone. Moreover, the seasonal and nocturnal phenology was different between the two microphones. Even though peak activity of bats at the tower microphone occurred at lower wind speeds than at the nacelle microphone, overall bat activity was still seven times higher at the tower microphone compared with the nacelle microphone; even at relatively high wind speeds of $\geq$8,0 m/s. The relatively high acoustic activity of bats at the tower microphone may explain why fatalities (especially those of Nathusius' pipistrelles) occur without acoustic activity at the nacelle microphone. The combined use of microphones at nacelle height and at the tower could improve the development of bat friendly curtailments.

5.1 Einleitung

Die Erzeugung von Energie aus Windkraft spielt im Rahmen der nationalen Strategien zur Förderung erneuerbarer Energieträger und zur Abkehr von fossilen Brennstoffen und Kernenergie eine immer größer werdende Rolle. Laut Bundesverband Windenergie (BWE 2018) existieren in Deutschland etwa 30.518 WEA, welche 59.313 MW Energie produzieren. Infolge der zunehmenden Zahl an WEA treten vermehrt Probleme mit dem Artenschutz, vor allem beim Schutz von größeren Vögeln, von Fledermäusen und möglicherweise auch von Insekten, auf (Corten und Veldkamp 2001; Bernardino et al. 2013; Voigt et al. 2015; O'Shea et al. 2016; Frick et al. 2017; Behr et al. 2018; Lindemann et al. 2018). Um kollisionsgefährdete Tierarten an WEA zu schützen, müssen im Rahmen von Windkraftvorhaben wirksame Vermeidungsmaßnahmen erarbeitet werden. Neben der eigentlichen Standortwahl spielt für den Schutz von Fledermäusen die Beauflagung von Abschaltzeiten als wirksamste Vermeidungsmaßnahme eine wichtige Rolle (Arnett und May 2016; Voigt et al. 2015; Rodrigues et al. 2015). Dem Ziel der Entwicklung wirksamer Abschaltalgorithmen hat sich seit Jahren das vom Bundesministerium für Umwelt, Naturschutz und Reaktorsicherheit und dem Bundesministerium für Wirtschaft und Energie geförderte Projekt RENEBAT verschrieben (Brinkmann et al. 2011; Behr et al. 2015, 2018). Im Rahmen dieses Projekts wurde methodisch und einheitlich bundesweit eine Anzahl an WEA intensiv auf die Beziehung von Fledermausaktivität, welche über automatisierte Ultraschalldetektorsysteme in Gondelhöhe ermittelt wurde, und der Anzahl von geschlagenen Fledermäusen untersucht. Neben einem großen Erkenntnisgewinn über die Interaktion von Fledermäusen mit WEA wurde eine Berechnungsmethode (nachfolgend als ProBat bezeichnet) entwickelt, welche es ermöglichen soll, aus der akustischen Erfassung von Fledermäusen in Gondelhöhe unter Berücksichtigung von Umweltvariablen wie der Windgeschwindigkeit einen Abschaltmodus abzuleiten, der die Schlagopferzahlen gemäß dem Tötungsverbot nach §44 (1) Satz 1 BNatSchG unter eine kritische Grenze senken soll.

Neben diversen methodischen Problemen hinsichtlich der zunehmenden Länge der Rotoren und der höheren Positionierung der Gondeln (Lindemann et al. 2018) tritt für die küstennahen Gebiete und möglicherweise auch für weitere Standorte ein zusätzliches Problem auf. Eine hohe Flugaktivität speziell von Rauhautfledermäusen *(Pipistrellus nathusii),* einer Art mit hohem Kollisionsrisiko, wurde in der Vergangenheit über die Berechnungsmethode von ProBat nur unzureichend abgebildet (Behr et al. 2015). Der Grund hierfür scheint zum einen darin zu liegen, dass bei den bundesweiten Untersuchungen im Rahmen des RENEBAT-Vorhabens vornehmlich küstenferne Standorte untersucht wurden, wo möglicherweise die Migration der Rauhautfledermäuse von geringerer Bedeutung ist als an küstennahen Standorten. Außerdem setzte die Berechnungsmethode von ProBat bis zur rezenten Version 6.1 (Erscheinungsjahr 2019) eine Mindestgesamtaktivität auf Nabenhöhe von 150 akustischen Aufnahmen voraus, die häufig in Gondelhöhe von WEA direkt an der Küste nicht erreicht wird. Trotzdem werden an solchen Standorten oftmals tote Rauhautfledermäuse gefunden (Kap. 4), d. h., eine ausschließlich akustische Erfassung der Rauhautfledermaus auf Gondelhöhe, wie sie der Niedersächsische Winderlass einfordert (NMU 2016), unterschätzt vermutlich die tatsächliche Zahl gefundener Schlagopfer an küstennahen Standorten. Aus diesem Grund wurde 2014 sowohl von EUROBATS (Rodrigues et al. 2015) als auch von Seiten verschiedener Gutachter und Behörden (z. B. Landkreis Aurich) überlegt, ob ein zweites Mikrofon, welches am Turm knapp unterhalb des tiefsten Streifradius der Rotorspitzen angebracht wird, möglicherweise eine bessere Grundlage zur Abschätzung des Schlagrisikos von Rauhautfledermäusen ermöglichen würde. Um dies zu überprüfen wurden bei Monitorings im Rahmen von Genehmigungsverfahren testweise Turmmikrofone eingesetzt. Das Ziel dieses Kapitels ist es, verschiedene Untersuchungen hierzu aus den letzten drei Jahren zusammenzutragen, auszuwerten und zu diskutieren.

5.2 Methode

5.2.1 Studiengebiet und Untersuchungsaufbau

Im Rahmen unserer Studie werteten wir Untersuchungen aus den Jahren 2016 bis 2018 aus dem nordwestdeutschen Küstenraum aus. Alle untersuchten Windparks (Tab. 5.1) lagen in den Landkreisen Aurich und Wittmund (Nordwest-Niedersachsen, Ostfriesland). Außer dem Windpark S standen alle WEA im Offenland mit großen Abständen zu Gehölzen. Im Windpark S standen drei der fünf WEA an Hecken, wobei die Rotorspitze sich den Baumwipfeln auf etwa 70–80 m annäherte. An allen untersuchten WEA wurde im Turmfuß ein Avisoft-System (Avisoft Bioacoustics, Berlin) mit zwei Mikrofonausgängen angebracht. Beide Mikrofone wurden über entsprechend lange Kabel mit dem Avisoft-Gerät verbunden. Das erste Mikrofon (nachfolgend Gondelmikrofon genannt) wurde entsprechend gängigen Empfehlungen im hinteren Bereich der Gondel vertikal nach unten zeigend ausgerichtet. Das zweite Mikrofon (nachfolgend Turmmikrofon genannt) bestand aus einem Stabmikrofon, welches durch eine Öffnung mit einem Durchmesser von 13 mm im Turm horizontal ausgerichtet eingebaut wurde. Dieses Mikrofon wurde etwa 10–15 m (Tab. 5.1)

Tab. 5.1 Untersuchte WEA-Typen in verschiedenen Windparks, Nabenhöhen und Rotorlängen sowie Positionshöhe des Turmmikrofons und die Anzahl der Untersuchungsjahre

Tab. 5.1 Studied types of wind turbines in different wind farms, nacelle heights, rotor blade length, position oft the tower microphone and number of study years

Windpark	Anzahl WEA	WEA-Typ	Nabenhöhe (m)	Rotorradius (m)	Höhe Turmmikrofon (m)	Untersuchte Jahre*
H	1	E-70/E4	113,5	35	64	2
T	5	E 115	135,4	58	65	1
S	5	E 115	135,4	58	65	2
G	4(3)	E 101	135,4	50	75	2
U	3	E 115	135,4	58	65	1
W	2	E 115	135,4	58	65	1

*=Anfang April bis Ende November

unter dem tiefsten Streifpunkt der Rotorblattspitzen installiert, um Membranschäden am Mikrofon durch Druckwellen der vorbeistreichenden Rotoren zu verhindern. Zudem wird damit dem über den direkten Rotorradius hinausreichenden Effekt des Barotraumas (Baerwald et al. 2008; Grodsky et al. 2011) Rechnung getragen, wenngleich hier ein genauer Wirkungsbereich in Metern nicht bekannt ist. Barotrauma können durch Unterdruckwirbel an der Spitze der Rotorblätter entstehen und zu Schäden an Lunge und Innenohr führen, was den Tod der Tiere nach sich zieht.

Alle Einstellungen des Avisoft-Recorders wurden nach den Vorgaben von RENEBAT vorgenommen und die Mikrofone auf 37 dB SPL kalibriert (Behr et al. 2015; Specht 2017). Die Empfindlichkeit der Gondelmikrofone wurde über einen eingebauten Signalgeber getestet und bei den Kontrollen überprüft. Die Turmmikrofone konnten technisch bedingt zwar kalibriert, aber nicht überprüft werden, wurden aber einmal im August bzw. bei erkennbaren Funktionsstörungen ausgetauscht. Die Erfassungsreichweite für Rauhautfledermäuse lag somit bei etwa 24 m, für den Abendsegler betrug sie etwa 59 m (Weber et al. 2018).

Insgesamt wurden 20 WEA jeweils von Anfang April bis Ende November untersucht, von denen je eine WEA aus dem Jahr 2017 (WEA G1) und aus dem Jahr 2018 (WEA T4) nicht berücksichtigt wurden, da es hier zu vermehrten Ausfällen wegen starker technischer Störungen kam (Tab. 5.1), sodass die Daten aus den beiden Erfassungsebenen nicht verglichen werden konnten. Von der WEA W1 wurde aus gleichen Gründen nur der Zeitraum ab dem 17.8.2018 berücksichtigt. Untersucht wurden verschiedene WEA-Typen der Firma Enercon mit Nabenhöhen von 113,5 und 135,4 m und Rotorradien von 35 und 58 m (Tab. 5.1). An keiner der untersuchten WEA überlagerte sich der geschätzte Erfassungsradius für Rauhautfledermäuse des Gondelmikrofons mit demjenigen des Turmmikrofons. Insgesamt wurden 29 „WEA-Jahre" untersucht.

Um einen direkten Vergleich mit anderen Untersuchungen zu gewährleisten, in welchen möglicherweise andere Systeme zur Anwendung kommen, wurde die akustische Aktivität von Fledermäusen in 1-min-Intervallen berechnet. Dies bedeutet, dass je 1-min-Intervall nur jeweils eine Rufsequenz/Art zugeordnet wird, unabhängig von der Gesamtzahl der Rufsequenzen der jeweiligen Art in der entsprechenden Minute. Sind auf einer Rufdatei mehr als ein Tier einer Art zu erkennen, wurde dies als zwei besetzte 1-min-Intervalle bzw. als zwei Aktivitäten gewertet.

Alle Rufsequenzen wurden manuell, d. h. ohne Verwendung eines automatischen Identifizierungsprogramms, bestimmt. Die Bestimmung der Fledermausarten nach Rufcharakteristika richtete sich dabei nach Skiba (2007) und Barataud (2012).

5.2.2 Statistik

Da die untersuchten Datensätze weder normalverteilt (Shapiro–Wilk-Test) noch varianzhomogen (Unifaktorielle Varianzanalyse und Levene-Test) sind, wurden für die Signifikanztests die entsprechenden parameterfreien Tests durchgeführt:

- *Kruskal–Wallis-Test* mit Berechnung der Effektstärke nach Rasch und multiplen Conover-Iman-Vergleichen mit Bonferroni-Holm-Korrektur für die als unabhängige Daten betrachteten Monats-, Jahreszeiten- und Windverteilungsaktivitäten,
- *Mann–Whitney-U-Test* mit Berechnung der Effektstärke nach Rosenthal für den Vergleich von Turmmikrofon und Gondelhöhe
- *Wilcoxon-Vorzeichen-Rang-Test* mit Rosenthal-Effektstärke für die abhängigen Daten des Vergleichs der besetzten Minutenintervalle

Die Aktivitätsverteilungen wurden mittels der Unifaktoriellen Varianzanalyse (ANOVA) auf Gleichheit ihrer Varianzen überprüft und dazu Cohens Effektstärke berechnet. Die Effektstärken stehen für die praktische Relevanz von statistisch signifikanten Ergebnissen. Sie werden testspezifisch in drei Klassen unterteilt: geringer (>), mittlerer (>>) und großer Effekt (>>>). Die statistische Auswertung wurde mit der Software BiAS für Windows in der Version 11.10-7/2019 (Ackermann 2019) durchgeführt. Die dargestellten Boxplots sind Quartilsverteilungen. Die Ermittlung der Verteilung der Nachtaktivitäten basiert auf einer Tabelle der Sonnenauf- und -untergänge für das Jahr 2017, berechnet mit dem SunEarth.Tools.com für einen Punkt im Landkreis Aurich und Wittmund (53.6336 N 7.5453 Ost). Die jährlichen sowie örtlichen Abweichungen betragen nur wenige Sekunden bis Minuten. Die Jahreszeitenauswertung bezieht sich auf die astronomischen Jahreszeiten (Tag + Uhrzeit MEZ).

5.3 Ergebnisse

Insgesamt konnten an allen WEA sieben Arten plus die Gattung *Plecotus* (höchstwahrscheinlich das Braune Langohr *[Plecotus auritus]*) und nicht näher bestimmbare Tiere der Gruppe Nyctaloid (Großer Abendsegler *[Nyctalus noctula]*, Kleinabendsegler *[Nyctalus leisleri]*, Zweifarbfledermaus *[Vespertilio murinus]*, Breitflügelfledermaus *[Eptesicus serotinus]*) sicher nachgewiesen werden (Tab. 5.2).

Tab. 5.2 Gesamtübersicht der Fledermausaktivität in Minutenintervallen auf Gondelhöhe und am Turmmikrofon (n = Anzahl „WEA-Jahre“)

Tab. 5.2 Overview of the bat activity in 1-min-intervalls at nacelle heigth and at the tower microphone (n = number of „wind turbine-years“)

Windpark *Gondelhöhe*	H	T	S	G	U	W
WEA-Jahre	**2**	**5**	**10**	**7**	**3**	**2**
Abendsegler *(Nyctalus noctula)*	195	230	532	64	124	261
Kleinabendsegler *(Nyctalus leisleri)*	3	15	7		3	
Breitflügelfledermaus *(Eptesicus serotinus)*		7	20	1		1
Zweifarbfledermaus *(Vespertilio murinus)*						
Nyctaloid	172	26	21	1		178
Rauhautfledermaus *(Pipistrellus nathusii)*	238	95	236	12	22	189
Zwergfledermaus *(Pipistrellus pipistrellus)*	7	1	2			2
Pipistrellus spec	2					
Langohr (*Plecotus* spec.)	6		2			1

Windpark *Turmmikrofon*	H	T	S	G	U	W
WEA-Jahre	**2**	**5**	**10**	**7**	**3**	**2**
Abendsegler *(Nyctalus noctula)*	160	355	1732	563	608	709
Kleinabendsegler *(Nyctalus leisleri)*	1	6	16		13	
Breitflügelfledermaus *(Eptesicus serotinus)*		21	124	20	61	11
Zweifarbfledermaus *(Vespertilio murinus)*	1	1				
Nyctaloid	229	49	40	9	49	921
Rauhautfledermaus *(Pipistrellus nathusii)*	375	330	789	178	246	604
Zwergfledermaus *(Pipistrellus pipistrellus)*	10	2	1	2	2	32
Pipistrellus spec	1					
Teichfledermaus *(Myotis dasycneme)*			2			
Langohr (*Plecotus* spec.)	11	2	2	2	8	7

5.3.1 Unterschiede der akustischen Aktivität aller Fledermausarten zwischen Gondel- und Turmmikrofon

An allen WEA, bis auf den Standort T3 im Windpark T im Jahr 2018, lag die Gesamtaktivität aller Fledermausarten (ohne Rauhautfledermäuse) an den Turmmikrofonen höher als an den Gondelmikrofonen. Der Median des faktoriellen Unterschieds lag bei 3,1. Die Zahl der Aktivitäten im Bereich der unteren Rotorspitze lag um das 1,1- bis 215-Fache und im Median 3,1-fach so hoch wie auf Nabenhöhe. Eine Ausnahme stellten WEA T3 und S3 aus dem Jahr 2018 dar, wo im Gegensatz zum generellen Muster die akustische Aktivität der Fledermäuse am Gondelmikrofon höher war als am Turmmikrofon.

Neben zum Teil deutlichen Schwankungen zwischen den Jahren (z. B. WEA H) zeigten sich auch Unterschiede zwischen den einzelnen WEA, und zwar in der allgemeinen akustischen Gesamtaktivität sowohl am Gondel- als auch am Turmmikrofon sowie im Verhältnis der Aktivität an den beiden Mikrofonstandorten zueinander (Abb. 5.1).

Zusätzlich zur allgemeinen höheren Gesamtaktivität von Fledermäusen am Turmmikrofon konnten an den meisten beprobten WEA auf Höhe des Turmmikrofons bei 20 von 29 WEA auch weitere Arten festgestellt werden, die mit dem Gondelmikrofon nicht erfasst wurden. Dies betraf vor allem Breitflügelfledermäuse *(Eptesicus*

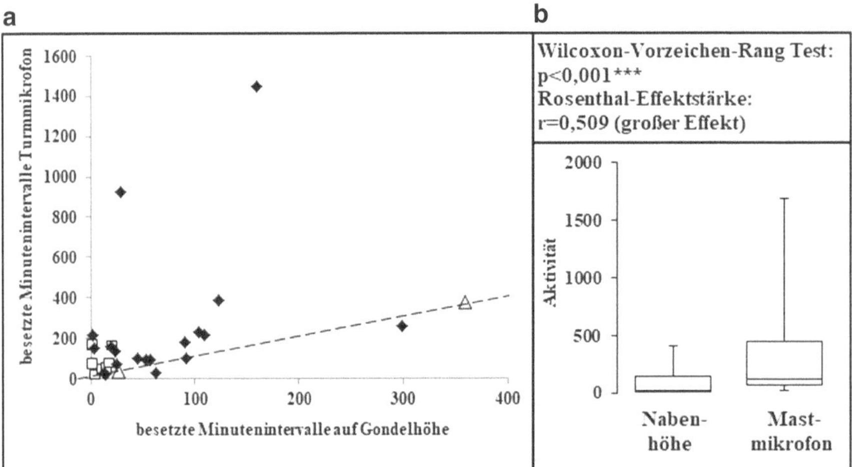

Abb. 5.1 Akustische Gesamtaktivität ohne Rauhautfledermaus in den 29 beprobten WEA-Jahren. Dreieck = Enercon E70, Quadrat = Enercon E101, Raute = Enercon E115; gestrichelte Linie = 1:1-Linie

Fig. 5.1 Acoustical total activity without Nathusius' pipistrelles at the studied wind turbines. Triangle = Enercon E70, quadrat = Enercon E101, rhomb = Enercon E115; dashed line = line of equivalence

serotinus), die Zwergfledermäuse *(Pipistrellus pipistrellus)* und Langohren (*Plecotus* spec.), die zwar am Turmmikrofon, nicht jedoch mit dem Gondelmikrofon dokumentiert wurden (Tab. 5.2).

5.3.2 Unterschiede der akustischen Aktivität von Rauhautfledermäusen zwischen Gondel- und Turmmikrofon

Betrachtet man nur die akustische Aktivität der Rauhautfledermäuse (Abb. 5.2), so zeigte sich ein ähnliches Bild wie bei der Gesamtaktivität. Auch hier ließen sich standortspezifische Unterschiede registrieren. Der Median des faktoriellen Unterschieds lag bei 4,2. Die Zahl der Aktivitäten im Bereich der unteren Rotorspitze lag um das 1,5- bis 77-Fache so hoch wie auf Nabenhöhe. Stark ausgeprägt waren die Unterschiede zwischen Gondel- und Turmmikrofon an den Standorten S5 im Jahr 2017, W2 und U1 im Jahr 2018 (Abb. 5.2).

Dabei ist nicht nur die generell höhere Aktivität der Rauhautfledermaus im Bereich der unteren Rotorspitze entscheidend, sondern auch die unterschiedliche saisonale und nächtliche Verteilung. So ist die akustische Aktivität am Turmmikrofon in der Regel nicht nur in den gleichen Nächten höher als am Gondelmikrofon, sondern sie verteilt sich auch saisonal unterschiedlich. Die Aktivität am Turmmikrofon ist im August und September bis in den Oktober hinein signifikant höher

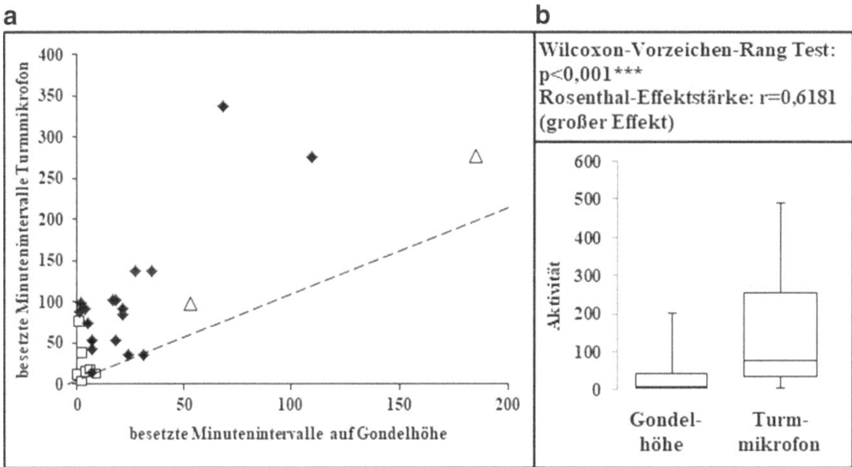

Abb. 5.2 Akustische Aktivität der Rauhautfledermaus an den 29 beprobten WEA. Dreieck = Enercon 70, Quadrat = Enercon 101, Raute = Enercon 115; gestrichelte Linie = 1:1-Linie

Fig. 5.2 Acoustic activity of Nathusius' pipistrelles at the studied wind turbines. Triangle = Enercon E70, quadrat = Enercon E101, rhomb = Enercon E115; dashed line = line of equivalence

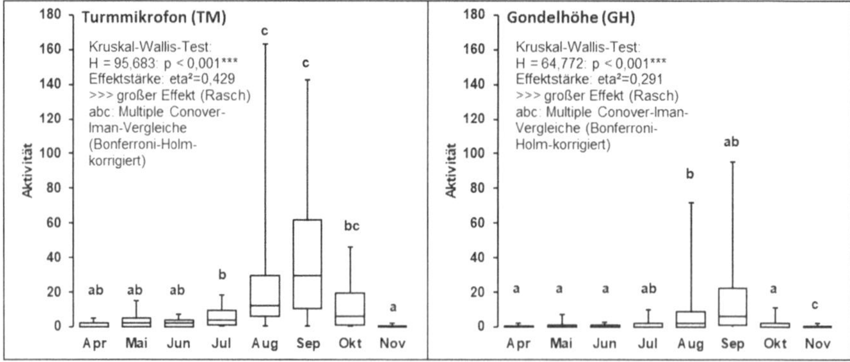

Abb. 5.3 Aktivitätsverteilung der Rauhautfledermaus an den 29 beprobten WEA in den Monaten April bis November am Turmmikrofon (links) und in Gondelhöhe (rechts)

Fig. 5.3 Distribution of Nathusius' pipistrelles activity at the tower microphone (left) and at nacelle height (right) shown at all wind turbines from April until November

als in den anderen Monaten, während sie auf Gondelhöhe im Juli bis September signifikant, jedoch mit schwächerem Effekt ausfällt (Abb. 5.3). Wichtig dabei ist neben der generell und signifikant höheren Gesamtaktivität am Turmmikrofon vor allem das sich über die Saison verändernde Verhältnis der Aktivität von Turmmikrofon und Gondelhöhe (Abb. 5.4). Die Aktivitäten am Turmmikrofon und in Gondelhöhe unterscheiden sich zudem bzgl. der Monatsverteilung signifikant (ANOVA p<0,001*** = nicht varianzhomogen; Cohens Effektstärke = 0,529 >> mittlerer Effekt).

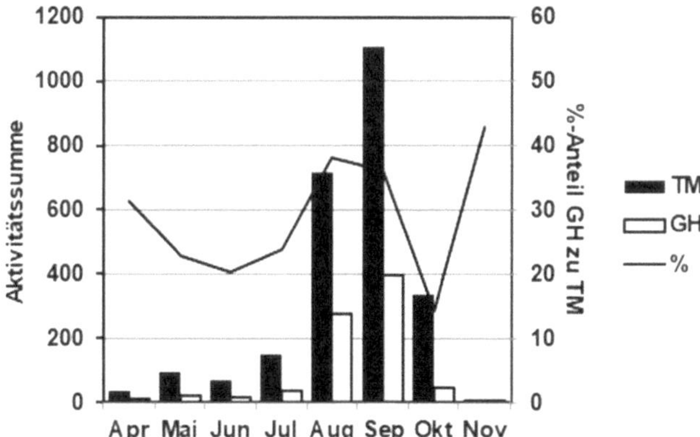

Abb. 5.4 Verteilung der Gesamtaktivität der Rauhautfledermaus als Summe der beprobten WEA in den Monaten April bis November. TM = Turmmikrofon, GH = Gondelhöhe

Fig. 5.4 Distribution of Nathusius' pipistrelles activity as sum of all wind turbines from April until November. TM = tower microphone, GH = nacelle height

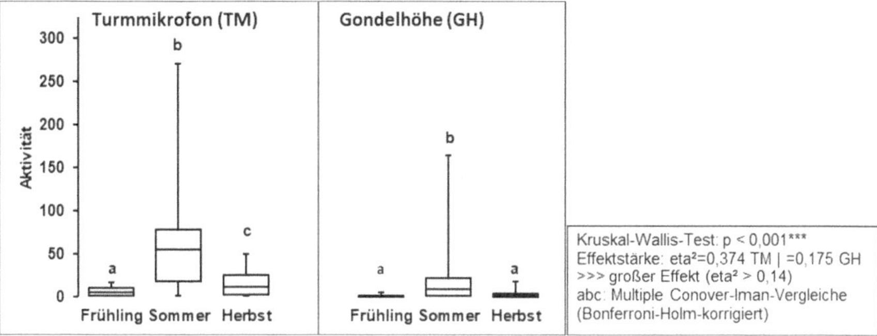

Abb. 5.5 Jahreszeitliche Aktivitätsverteilung der Rauhautfledermaus an den beprobten WEA.

Fig. 5.5 Seasonal distribution of Nathusius' pipistrelles activity at all sampled wind turbines

Eine ähnliche Aktivitätsverteilung zeigt sich auch in den Jahreszeiten (Abb. 5.5). Die Aktivität ist sowohl am Turmmikrofon als auch in Gondelhöhe im Sommer signifikant höher als im Frühjahr und Herbst, wobei am Turmmikrofon auch noch im Herbst signifikant höhere Aktivitäten als im Frühjahr erfasst wurden. Auch hier unterscheiden sich die Aktivitätsverteilungen signifikant (ANOVA $p<0{,}001^{***}$, Cohens Effektstärke = 1,467 >>> großer Effekt).

Ein ebenfalls ähnliches Ergebnis zeigt die nächtliche Verteilung der Aktivität, wobei die Nacht wegen der Vergleichbarkeit in Nacht-Zehntel aufgeteilt ist (Abb. 5.6). Zwar ist an beiden Mikrofonen die höchste Aktivität etwa im dritten und vierten Zehntel nach Sonnenuntergang zu verzeichnen und nimmt nachfolgend stetig ab, doch nimmt die Aktivität auf Gondelhöhe im Vergleich zum

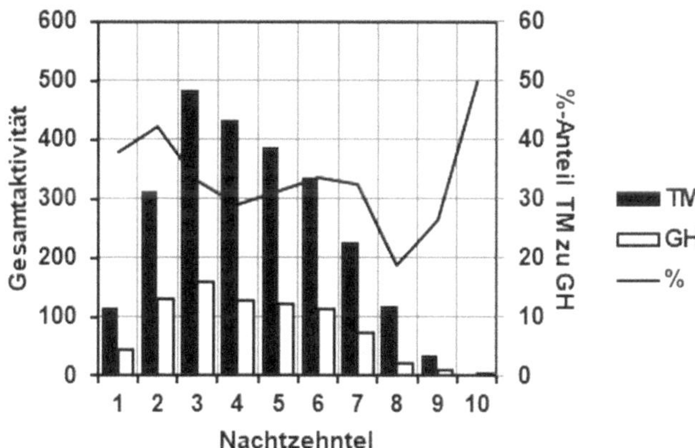

Abb. 5.6 Nächtliche Aktivitätsverteilung der Rauhautfledermaus als Summe aller beprobten WEA. TM = Turmmikrofon, GH = Gondelhöhe; Nacht aufgeteilt in Zehntelphasen

Fig. 5.6 Nocturnal distribution of Nathusius' pipistrelles activity shown as sum of all sampled wind turbines. TM = tower microphone, GH = nacelle height; the night divided in deciles

Turmmikrofon im Laufe der Nacht prozentual bis zum achten Zehntel hin deutlich stärker ab (von ca. 40 auf ca. 20 %). Die Aktivitätsverteilungen am Turmmikrofon und in Gondelhöhe unterscheiden sich auch bzgl. der Nachtverteilung signifikant (ANOVA p<0,01**, Cohens Effektstärke = 1,29 >>> großer Effekt).

Neben der unterschiedlichen monatlichen, saisonalen und nächtlichen Verteilung der Aktivität zeigt sich auch eine unterschiedliche witterungsbedingte Nutzung, vor allem für Wind (Abb. 5.7). Während sich die Aktivitätsverteilung bezüglich Temperatur nur gering unterscheidet (maximale Aktivität in beiden Fällen bei etwa 16 °C, gemessen oberhalb der Gondel!), ergibt sich für das Turmmikrofon eine statistisch signifikante Bevorzugung der Windklassen 6 und 7 (Maximum der Aktivität bei 5,5 m/s), während auf Nabenhöhe eine Bevorzugung der Windklassen 5 bis 8 mit Präferenz bei 7 vorliegt (Maximum der Aktivität bei 7 m/s). Wenngleich das Maximum am Turmmikrofon bei niedrigeren Windgeschwindigkeiten liegt, zeigt sich aber infolge der höheren Aktivität, dass trotzdem

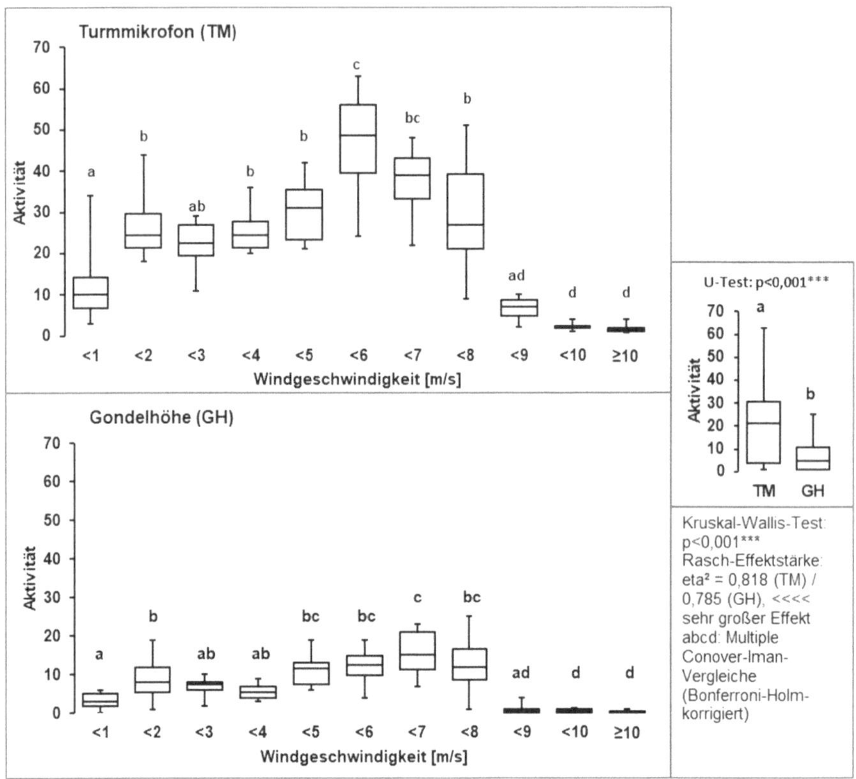

Abb. 5.7 Windabhängige Aktivitätsverteilung der Rauhautfledermaus an den 29 beprobten WEA. TM = Turmmikrofon, GH = Gondelhöhe

Fig. 5.7 Wind-dependent distribution of Nathusius' pipistrelles activity at all wind turbines. TM = tower microphone, GH = nacelle height

noch etwa 4,5 % der Rauhautfledermausaktivität (109 besetzte Minutenintervalle) am Turmmikrofon bei auf Nabenhöhe gemessenen Windgeschwindigkeiten ≥8,0 m/s auftraten, wogegen dies nur bei 2,1 % (16 besetzte Minutenintervalle) auf Nabenhöhe der Fall war. Die Aktivitätsverteilungen am Turmmikrofon und in Gondelhöhe unterscheiden sich auch bzgl. der Windverteilung signifikant (ANOVA $p<0{,}001$***, Cohens Effektstärke = 1,13 >>> großer Effekt).

5.4 Diskussion

Frühere Studien zeigten, dass prinzipiell die akustische Aktivität von Fledermäusen in Gondelhöhe und Schlagraten an den jeweiligen WEA korrelierten (Brinkmann et al. 2011; Roemer et al. 2017). Allerdings variierte die Qualität dieser Korrelation standortabhängig (Brinkmann et al. 2011; Rydell et al. 2010; Behr et al. 2015, 2018; NATURA & SWILD 2018). Die Nutzung der akustischen Aktivität in Gondelhöhe schien deshalb ausreichend gut zu sein, um das Kollisionsrisiko an der jeweiligen WEA abschätzen zu können. Neuere Veröffentlichungen nähren jedoch Zweifel, ob die Übertragbarkeit, speziell der Berechnungsmethode nach ProBat bei größeren Anlagen möglich ist (Lindemann et al. 2018). Monitoringuntersuchungen an 59 WEA (90 WEA-Jahre) zeigen vor allem an küstennahen Standorten, dass die akustische Aktivität der Rauhautfledermaus in Gondelhöhe und der Schlagopferzahl unter der jeweiligen WEA mitunter nicht signifikant korreliert (Kap. 4). Zu ähnlichen Ergebnissen betreffend die Gattung *Pipistrellus* kommen NATURA & SWILD (2018) in der küstenfernen Schweiz an einem Standort mit drei WEA mit vergleichsweise geringer Gesamtaktivität aber relativ hohem Anteil an Pipistrellen an der Aktivität. Für die Ermittlung eines fledermausfreundlichen Betriebs der WEA ist die behördliche Festlegung eines Grenzwertes für die Schlagopferzahl je WEA notwendig. Die Festlegung eines kritischen Grenzwertes wiederum bedeutet jedoch, dass die Ermittlung der Schlagrate entsprechend exakt erfolgen muss. Dies kann durch eine möglichst tägliche Schlagopfersuche oder durch die Korrelation von akustischer Aktivität in Gondelhöhe und geschätzter Schlagrate erfolgen. Hier bieten sich die Erfahrungen und die Berechnungsmethode nach ProBat aus den RENEBAT-Projekten an. Vor allem die neue ProBat-Version 6.1 geht z. B. speziell auf die Rauhautfledermaus und die Regionalisierung (z. B. Küstenstandorte) ein. ProBat besitzt den Vorteil, dass Abschaltalgorithmen objektiv ermittelt werden. Dies gilt allerdings nur, wenn die Erfassungen und die planerische Umsetzung über die Empfehlungen von RENEBAT bzw. ProBat (Ermittlung des Abschaltalgorithmus) in adäquater Weise erfolgen.

Hierbei bestehen momentan noch diverse Probleme, wie beispielsweise die bedingte Übertragbarkeit des ursprünglichen Datensatzes auf WEA mit größeren Rotorlängen, welche neben dem steigenden Wirkradius der Rotoren (durchstrichener Luftraum) auch ein relativ zum Wirkradius der Rotoren reduzierter

Erfassungsraum der einzelnen Fledermausarten bedeutet (Lindemann et al. 2018). Dies könnte erklären, dass mitunter trotz geringer akustischer Aktivität von Fledermäusen gemessen auf Nabenhöhe regelmäßig Schlagopfer auftreten – ein Problem, das bei relativ hochfrequent rufenden Arten mit daraus folgender geringerer Erfassungsreichweite durch Ultraschallmikrofone, wie zum Beispiel bei Rauhautfledermäusen, massiver auftritt.

Rauhautfledermäuse fallen als Schlagopfer an WEA schon bei relativ geringer akustischer Aktivität auf Nabenhöhe an. So wurde in küstennahen Windparks durchschnittlich bei 57 akustischen Aktivitätsereignissen eine tote Rauhautfledermaus gefunden (Kap. 4). Unter Berücksichtigung der Abtragsrate, der Sucheffizienz und der absuchbaren Fläche (Berechnung nach Brinkmann et al. 2006 bzw. Korner-Nievergelt et al. 2011) würde ein Schlagopfer pro 27 Aktivitätsereignisse auftreten. Betrachtet man nur den Zeitraum von August bis September, den Zeitraum mit der höchsten Schlagwahrscheinlichkeit (Arnett et al. 2008, Brinkmann et al. 2011, Rodrigues et al. 2015), sinkt das Verhältnis auf ein Schlagopfer pro 25 Aktivitätsereignisse für Rauhautfledermäuse (Kap. 4). Auch NATURA & SWILD (2018) fanden in der Schweiz, dass schon geringe, auf Nabenhöhe erfasste Aktivitäten der Gattung *Pipistrellus* zu Schlagopfern führten. In ihrem Falle betraf es aber nicht nur Rauhautfledermäuse, sondern auch Zwergfledermäuse.

Die mit zunehmender Höhe abnehmende Aktivität betrifft in der Regel alle Arten bzw. Artengruppen. Unsere Studie zeigt, dass beispielsweise im Bereich der unteren Rotorspitze vermehrt Zwerg- und Breitflügelfledermäuse detektiert werden konnten. Auch Langohren und Mausohrartige (z. B. Teichfledermaus) wurden dort immer wieder erfasst. Hier ist allerdings infolge der Seltenheit dieser Ereignisse, zumindest bei den hier untersuchten WEA, nicht mit einem erhöhten Schlagrisiko zu rechnen. Eine mit abnehmender Höhe über dem Boden zunehmende Aktivität von Fledermäusen sowie eine höhere Artenzahl wurden bereits mehrfach beschrieben (z. B. Arnett et al. 2008; Brinkmann et al. 2011; Hurst et al. 2016; Menzel et al. 2005). Auf der anderen Seite zeigte sich an WEA T3, dass es, zumindest die Gesamtaktivität betreffend, in Ausnahmefällen auch umgekehrt sein kann. Der Grund für die höhere Aktivität auf Nabenhöhe an dieser Anlage waren Individuen des Großen Abendseglers, die auf Nabenhöhe etwa doppelt so häufig aufgenommen wurden als im Bereich der unteren Rotorspitze. Ähnliche Ergebnisse liegen aus dem nördlichen Emsland bei Rhede vor, wo auf Nabenhöhe deutlich mehr Aktivität verzeichnet werden konnte als im Bereich der unteren Rotorspitze (Deiting mündlich). Im Gegensatz zu den hier dargestellten Daten (höhere Aktivität auf Nabenhöhe nur im Falle der Gesamtaktivität!) betrifft die höhere Aktivität auf Nabenhöhe dort aber sowohl die Gesamtaktivität als auch jene der Rauhautfledermaus. Eine Erklärung hierfür ist bislang nicht möglich; der Verdacht liegt nahe, dass es sich um einen (natur-)räumlichen Effekt handeln könnte. Hier müssen weitere Ergebnisse aus anderen Regionen abgewartet werden.

Ein Faktor, dem bislang wenig Beachtung geschenkt wurde, ist die unterschiedliche saisonale und nächtliche Verteilung der akustischen Aktivität an WEA. Dabei zeigt sich, dass sich zwar die saisonale Hauptaktivitätsphase (August, September) auf Nabenhöhe auch im Bereich der unteren Rotorspitze widerspiegelt, allerdings können auch höhere Aktivitäten an der unteren Rotorspitze auftreten, die sich nicht auf Nabenhöhe abzeichnen (z. B. Oktober). Zudem verändert sich das Verhältnis der Aktivität von Turmmikrofon zur Gondelhöhe über die Saison. Vergleichbares findet sich bei der zeitlichen Verteilung der akustischen Aktivitäten während der Nacht wieder, wo sich die Aktivitäten im Bereich der unteren Rotorspitze auf Gondelhöhe im Laufe der Nacht immer schlechter widerspiegeln. Gerade aber solche asynchronen Aktivitätsmuster im Wirkbereich der Rotoren könnten zu Fehlern beim Festlegen der Abschaltmodi führen, wenn diese alleine auf Basis der Aktivitätserfassungen auf Nabenhöhe erfolgen.

Neben der eigentlichen Aktivität spielt vor allem die Windabhängigkeit der Aktivität eine entscheidende Rolle bei der Festlegung und Beauflagung von Abschaltungen. Dies gilt sowohl für den Artenschutz (Bach & Bach 2009; Brinkmann et al. 2011) als auch für die Wirtschaftlichkeit der WEA (www.wind-turbine-models.com, Stand 2019). Wie die oben dargestellten Ergebnisse zeigen, fliegen die Rauhautfledermäuse im Bereich der unteren Rotorspitze augenscheinlich noch bei höheren Windgeschwindigkeiten als auf Nabenhöhe. Dies gilt auch für die meisten übrigen Arten. Hier muss bedacht werden, dass die Windgeschwindigkeit an allen WEA oberhalb der Gondel gemessen wurde, die akustische Aktivität aber am Turm unterhalb der unteren Rotorspitze ermittelt wird. Der Wind nimmt im Allgemeinen mit abnehmender Höhe über dem Boden ab (Lindemann et al. 2018), was zur Folge hat, dass die tatsächlichen Windgeschwindigkeiten im Erfassungsbereich der Mikrofone (ca. 20–40 m Distanz zum Mikrofon) nicht jenen auf dem Dach der Gondel gemessenen Werten entsprechen. Rauhautfledermäuse fliegen also im Bereich der unteren Rotorspitze i. d. R. bei geringerer Windgeschwindigkeit als jener, die gleichzeitig auf Nabenhöhe gemessen wird. Demzufolge darf aus den Aktivitätsdaten im Bereich der unteren Rotorspitze bei scheinbar hohen Windgeschwindigkeiten nicht auf eine höhere Windtoleranz der Tiere geschlossen werden. Für die Ermittlung des Abschaltmodus ist dies allerdings irrelevant, da er anschließend aus den Werten der auf Nabenhöhe gemessenen Werte gesteuert wird.

Die Ergebnisse unserer Studie zeigen, dass der Betrieb eines zweiten Mikrofons etwa im Bereich der unteren Rotorspitze ein anderes saisonales und nächtliches Aktivitätsmuster zeigt als bei akustischen Aufnahmen auf Nabenhöhe. Damit ergänzen die Daten eines Turmmikrofons die Ergebnisse der akustischen Erfassung auf Nabenhöhe. Diese Daten sollten ein besseres Bild über die Aktivitäten im Wirkbereich des Rotors ermöglichen und speziell das Auftreten von Schlagopfern der Rauhautfledermaus bei keinen oder extrem wenigen auf Nabenhöhe erfassten Aktivitäten erklären helfen. Dabei stellen sich allerdings drei Probleme. Zum einen werden mit einem waagerecht ausgerichteten Mikrofon im Bereich der unteren Rotorspitze Aktivitäten der Rauhautfledermaus (und aller anderen Arten) aufgenommen, welche ggf. nicht im Wirkradius des Rotors fliegen. Das zweite, bislang nicht gelöste Problem ist, dass keine Untersuchungen existieren, welche eine Korrelation der Schlagrate zu der oben dargestellten Kombination der Aktivitätserfassung erlauben. Das dritte Problem bezieht sich auf die Anbringung des Turmmikrofons. Im Gegensatz zum Gondelmikrofon, welches sich mit der Gondel windabhängig dreht, ist das Turmmikrofon fixiert – üblicherweise an der Stelle, an der im Turm die Leiter befestigt ist, was zwar je Anlagentyp festgelegt ist, sich am jeweiligen Standort aber durchaus in der Himmelsrichtung unterscheiden kann. Hier wäre dauerhaft eine festzulegende Himmelsrichtung anzustreben. Auch betreffend die wettergeschützte Anbringung des Mikrofons sind noch Verbesserungen möglich. Ein weiteres Problem der Anbringung des zweiten Mikrofons ist die Anbringung unterhalb der unteren Rotorspitze. Hier wurde immer wieder die Kritik geäußert, dass Tiere aufgenommen werden, die nicht im Rotorwirkbereich fliegen und damit gar nicht schlaggefährdet sind. Es sollte daher dringend geprüft werden, ob eine Anbringung des zweiten Mikrofons wenige Meter oberhalb der unteren Rotorspitze machbar ist.

5.5 Fazit

Die Daten des Turmmikrofons auf Höhe des unteren Streifpunkts der Rotorspitzen können die akustischen Aufnahmen auf Nabenhöhe einer WEA ergänzen und stellen zumindest für Küstenstandorte und eventuell auch für Waldstandorte ein realistischeres Bild der Aktivitäten im Wirkbereich des Rotors dar. Aus diesem Grund ist die zusätzliche Installation eines zweiten Mikrofons im Bereich der unteren Rotorspitze sinnvoll und sollte in Landschaften mit verstärktem Auftreten von Rauhautfledermäusen (z. B. Nordwestdeutschland) und bei Rotorlängen, welche die Erfassungsreichweite von Rauhautfledermäusen übertreffen, vorangetrieben werden. Die fehlende Synchronität der erfassten Aktivitäten und die Erfassungsreichweite der Mikrofone belegen auch, dass es nicht sinnvoll ist, die Erfassung auf Nabenhöhe ersatzlos durch ein Turmmikrofon zu ersetzen. Im Gegenteil: Die bisherigen Erfahrungen und statistischen Berechnungen (Brinkmann et al. 2011; Behr et al. 2015, 2018) sollten genutzt und mit Daten eines zweiten Mikrofons ergänzt und in die Errechnung des Abschaltalgorithmus integriert werden. Um die Akustikdaten in das Berechnungssystem von ProBat einzupflegen, müsste dieses entsprechend angepasst werden, was weitere Forschung in diese Richtung erfordern würde. Eine realistische und fundierte Berechnung ist umso wichtiger, wenn Abschaltungen an WEA vorgenommen werden sollen, wo keine Überprüfungen von auftretenden Schlagopfern möglich sind, z. B. offshore (Mollis et al. 2019).

Danksagung An dieser Stelle sei all jenen Personen gedankt, welche die obigen Untersuchungen ermöglicht haben. Hier sind besonders Herr Poppen (Landkreis Aurich) und Frau Kuklok-Grimm und Herr Frerichs (Landkreis Wittmund) zu nennen. Außerdem wurden die Ergebnisse intensiv mit folgenden Personen diskutiert: Oliver Behr, Carsten Dense, Johannes Deiting, Kerstin Frey, Anna Lotter, Gerd Mäscher, Sarah Middeljans, Theodor Poppen und Christian Voigt. Nicht zuletzt gilt unser Dank all jenen Betreibern, die uns die Veröffentlichung der Monitoringdaten erlaubt haben.

Die Veröffentlichung wurde durch den Open-Access-Publikationsfonds für Monografien der Leibniz-Gemeinschaft gefördert.

Literatur

Ackermann H (2019) BiAS. für Windows. Biometrische Analyse von Stichproben. Handbuch Version 11. EPSiLON Verlag, Hochheim, S 247

Arnett EB, May RF (2016) Mitigation wind energy impacts on wildlife: approaches for multiple taxa. Human-Wildlife Interactions 10:28–41

Arnett E, Brown WK, Erickson WP, Fiedler JK, Hamilton BL, Henry TH, Jain A, Johnson GD, Kerns J, Koford RR, Nicholson CP, O'Connel TJ, Piorkowski MS, Tankersley RD (2008) Patterns of bat fatalities at wind energy facilities in North America. J Wildl Manag 72:61–78

Bach L, Bach P (2009) Einfluss der Windgeschwindigkeit auf die Aktivität von Fledermäusen. Nyctalus 14:3–13

Baerwald EF, D'Amours GH, Klug BJ, Barclay RMR (2008) Barotrauma is a significant cause of bat fatalities at wind turbines. Current Biol 18:695–696

Barataud M (2012) Acoustic Ecology of European Bats. Biotope Édition Publications scientifique du Muséum, Paris, S 348

Behr O, Brinkmann R, Korner-Nievergelt F, Nagy M, Niermann I, Reich M, Simon R (2015) Reducing the collision risk for bats at onshore wind turbines (RENEBAT II) – Summary. Leibniz Universität Hannover, Hannover

Behr O, Brinkmann R, Hochradel K, Mages J, Korner-Nievergelt F, Reinhard H, Simon R, Stiller F, Weber N, Nagy M (2018). Bestimmung des Kollisionsrisikos von Fledermäusen an Onshore-Windenergieanlagen in der Planungspraxis – Endbericht des Forschungsvorhabens gefördert durch das Bundesministerium für Wirtschaft und Energie (Förderkennzeichen 0327638E). In: Behr O. et al., Erlangen, Freiburg, Ettiswil

Bernardino J, Bispo H, Mascarenhas M (2013) Estimating bird and bat mortalities at wind farms: a practical overview of estimators, their assumptions and limitations. N Z J Zool 40:63–74

Brinkmann R, Schauer-Weisshahn H, Bontadina F (2006) Untersuchungen zu möglichen betriebsbedingten Auswirkungen von Windkraftanlagen auf Fledermäuse im Regierungsbezirk Freiburg. Unveröff. Gutachten für das Regierungspräsidium, S 66

Brinkmann R, Behr O, Niermann I, Reich M (2011) Entwicklung von Methoden zur Untersuchung und Reduktion des Kollisionsrisikos von Fledermäusen an Onshore-Windenergieanlagen. Umwelt und Raum Bd. 4, Cuvillier Verlag, Göttingen BWE (2018). https://www.wind-energie.de/fileadmin/_processed_/4/8/csm_Factsheet_-_Wind-energie_in_Deutschland_2018_d3ab9e66ea.jpg

BWE (Bundesverband Windenergie) (Juni 2018) https://www.wind-energie.de/

Corten GP, Veldkamp HF (2001) Insects can halve wind-turbine power. Nature 412:42–43

Frick WF, Baerwald EF, Pollock JF, Barclay RMR, Szymanski JA, Weller TJ, Russel AL, Loeb SC, Medellin RA, McGuire LMP (2017) Fatalities at wind turbines may threaten population viability of a migratory bat. Biol Conserv 209:172–177

Grodsky SM, Behr MJ, Gendler A, Drake D, Dieterle BD, Rudd RJ, Walrath NL (2011) Investigating the causes of death for wind turbine-associated bat fatalities. J Mammal 92:917–925

Hurst J, Biedermann M, Dietz M, Krannich E, Karst I, Korner-Nievergelt F, Schauer-Weisshahn H, Schorcht W, Brinkmann R (2016) Fledermausaktivität in verschiedenen Höhen über dem Wald. In: Hurst J, Biedermann M, Dietz C, Dietz M, Karst I, Krannich E, Petermann R, Schorcht W, Brinkmann R (Hrsg) Fledermäuse und Windkraft im Wald. Bundesamt für Naturschutz, Bonn-Bad Godesberg, S 327–352

Korner-Nievergelt F, Behr O, Niermann I, Brinkmann R (2011) Schätzung der Zahl verunglückter Fledermäuse an Windenergieanlagen mittels akustischer Aktivitätsmessungen und modifizierter N-mixture Modelle. In: Brinkmann R, Behr O, Niermann I, Reich M (Hrsg) Entwicklung von Methoden zur Untersuchung und Reduktion des Kollisionsrisikos von Fledermäusen an Onshore-Windenergieanlagen. Umwelt und Raum Bd 4. Cuvillier Verlag, Göttingen, S 323–353

Lindemann C, Runkel C, Kiefer A, Lukas A, Veith M (2018) Abschaltalgorithmen für Fledermäuse an Windenergieanlagen. Naturschutz und Landschaftsplanung 50:418–425

Menzel JM, Menzel MA, Kilgo JC, Ford WM, Edwards JW, McCracken GF (2005) Effect of habitat and foraging height on bat activity in the coastal plain of South Carolina. J Wildl Manag 69:235–245

Mollis M, Hill R, Hüppop O, Bach L, Coppack T, Pelletier S, Dittmann T, Schulz A (2019) Chapter 6: Measuring and monitoring bird collision and avoidance. In: Perrow MR (Hrsg) Wildlife and wind farms, conflicts and solutions Vol. 4 Offshore: monitoring and mitigation. Pelagic Publishing, Exeter, UK, S 167–206

NATURA & SWILD (2018) Mortalité causée par le parc éolien du Peuchapatte sur les chauvessouris et évaluation de mesures de protection – Mortalität von Fledermäusen beim Windpark Le Peuchapatte und Evaluation von Schutzmassnahmen. Synthesebericht, NATURA, Les Reussilles & SWILD, Zürich, S 126

NMU (Niedersächsisches Ministerium für Umwelt, Energie und Klimaschutz) (2016) Leitfaden Umsetzung des Artenschutzes bei der Planung und Genehmigung von Windenergieanlagen in Niedersachsen. Nds. Ministerialblatt Nr. 7 vom 24.2.2016:212–225. https://www.umwelt.niedersachsen.de/windenergieerlass/windenergieerlass-133444.html

O'Shea TJ, Cryan PM, Hayman DTS, Plowright RK, Streicker DG (2016) Multiple mortality events in bats: a global review. Mammal Rev 46:1–16

Rodrigues L, Bach L, Dubourg-Savage M-J, Karapandža B, Kovač D, Kervyn T, Dekker J, Kepel A, Bach P, Collins J, Harbusch C, Park K, Micevski B, Mindermann J (2015) Guidelines for consideration of bats in wind farm projects, Revision 2014. – EUROBATS Publication Series No. 6. UNEP/EUROBATS Secretariat, Bonn, S 133

Roemer C, Disca T, Coulon A, Bas Y (2017) Bat flight height monitored from wind masts predicts mortality risk from wind farms. Biol Conserv 215:116–122

Rydell J, Bach L, Dubourg-Savage M-J, Green M, Rodrigues L, Hedenström A (2010) Bat mortality at wind turbines in northwestern Europe. Acta Chiropterol 12:261–274

Specht R (2017) Anleitung zur Inbetriebnahme und Kalibrierung des WEA-Fledermausmonitoring-Systems (Version 1.3.2017): 1 Seite. www.avisoft.com/Inbetriebnahme und Kalibrierung des WEA-Fledermausmonitoring-Systems.pdf

Skiba R (2007) Europäische Fledermäuse. Neue Brehm Bücherei, S 220

Voigt CC, Lehnert LS, Petersons G, Adorf F, Bach L (2015) Wildlife and renewable energy: German politics cross migratory bats. Eur J Wildl 61:213–219

Weber N, Nagy M, Hochradel K, Mages J, Naucke A, Schneider A, Stiller F, Behr O, Simon R (2018) Akustische Erfassung der Fledermausaktivität an Windenergieanlagen. In: Behr O et al. (Hrsg) Bestimmung des Kollisionsrisikos von Fledermäusen an Onshore-Windenergieanlagen in der Planungspraxis – Endbericht des Forschungsvorhabens gefördert durch das Bundesministerium für Wirtschaft und Energie (Förderkennzeichen 0327638E). Erlangen, S 31–58

BY

6 Fledermausaktivität in Gondelhöhe in Bergwaldgebieten der Steiermark, Österreich

Acoustic activity of bats at nacelle height in wind parks of Styrian montane forests, Austria

Senta Huemer und Brigitte Komposch

Zusammenfassung

Die österreichische Klima- und Energiestrategie sieht einen massiven Ausbau der Windkraftproduktion vor. Die geplanten Standorte für den Ausbau in der Steiermark befinden sich hauptsächlich in Bergwaldgebieten. Bisherige Studien zum Thema Fledermausaktivität und Windkraft wurden vor allem im Tiefland oder in Mittelgebirgslagen durchgeführt. Aktuelle Untersuchungen aus dem Alpenraum zeigten teils beträchtliche Fledermausaktivitäten. Aus den Bergwäldern Österreichs liegen bis jetzt jedoch noch keine publizierten Daten zur Fledermausaktivität in Gondelhöhe vor. Ziel des vorliegenden Kapitels ist es, den Wissensstand darüber zu verbessern.

An fünf verschiedenen Standorten in Bergwäldern der Steiermark, Österreich, wurde die Fledermausaktivität in 1200 bis 1700 m über NN in Gondelhöhe mittels Batcordern (ecoObs) gemessen. Zusätzlich zur Fledermausaktivität wurden an vier Standorten die Windgeschwindigkeit und an zwei Standorten die Temperatur in Gondelhöhe erhoben. Die Standortauswahl erfolgte im Rahmen von Planungen für Windkraftprojekte. Der Erfassungszeitraum lag an allen Standorten zumindest zwischen Mai und Mitte September. An allen Standorten betrug der Rotor-Boden-Abstand maximal 50 m.

S. Huemer (✉) · B. Komposch
Institut für Tierökologie und Naturraumplanung OG, ÖKOTEAM, Graz, Deutschland
E-Mail: huemer@oekoteam.at

B. Komposch
E-Mail: komposch@oekoteam.at

C. C. Voigt (Hrsg.), *Evidenzbasierter Fledermausschutz in Windkraftvorhaben*,
https://doi.org/10.1007/978-3-662-61454-9_6

An den fünf Windparkstandorten wurden insgesamt mindestens acht Fledermausarten nachgewiesen. Das Artenspektrum umfasste sowohl ortstreue Arten wie Zwergfledermaus und Nordfledermaus als auch typische Langstreckenzieher wie Abendsegler, Zweifarbfledermaus und Rauhautfledermaus. An einem Standort wurde die Gattung *Myotis* aufgezeichnet. Es stammten 85,2–97,4 % der Aufnahmen von Vertretern der Gruppe Nyctaloid und 2,5–14,7 % von Vertretern der Gruppe Pipistrelloid.

Es wurde eine hohe Variabilität der Aufnahmenzahlen verzeichnet, sowohl zwischen den Standorten als auch am selben Standort zwischen den Jahren sowie innerhalb eines Windparks. Die dokumentierte Fledermausaktivität schwankte nicht nur stark zwischen den einzelnen Monaten, sondern auch an einzelnen Tagen. Die höchsten Aktivitäten wurden in den Monaten Juni bis September gemessen. Im April und Mai wurden generell geringe Aktivitäten dokumentiert. Im Oktober wurden noch an zwei Standorten höhere Aktivitäten registriert. Die hohen Variabilitäten unterstreichen die Wichtigkeit mehrjähriger Erhebungen mittels Gondelmonitoring sowie mehrerer Gondelmonitoring-Standorte innerhalb eines Windparks.

Die höchsten Windgeschwindigkeiten, bei denen Fledermäuse noch aktiv waren, reichten von 6,5–15 m/s. Erwartungsgemäß nahm die Aktivität mit zunehmender Windgeschwindigkeit ab. Dieser Rückgang variierte jedoch stark standortabhängig und auch innerhalb eines Standortes von Jahr zu Jahr. Fledermausaktivität begann teilweise bereits um den Gefrierpunkt.

Diese Ergebnisse zeigen, dass Fledermäuse in Bergwäldern bei höheren Windgeschwindigkeiten sowie kälteren Temperaturen als in tieferen Lagen aktiv sind. Auch in der Jahresphänologie zeigen sich leichte Unterschiede: Hohe Aktivitäten treten bereits ab Juni, also außerhalb des herbstlichen Zuggeschehens, auf. Dies ist bei der Planung von Windparkprojekten in Bergwäldern zu berücksichtigen. Abschaltalgorithmen können nicht ohne weitere Anpassungen uneingeschränkt aus Tieflandstudien übernommen werden. Vorläufig ist aufgrund teilweise abweichender Aktivitätsmuster die Anwendung des ProBat-Tools an Bergwaldstandorten kritisch zu sehen. Da in den Bergwaldgebieten der Steiermark zu einem Großteil Windenergieanlagen mit niedrigen Rotor-Boden-Abständen zum Einsatz kommen, sollten zur Kontrolle der Wirksamkeit der Abschaltalgorithmen fallweise Schlagopfersuchen ab zumindest Juni durchgeführt werden. Zusätzliche Untersuchungen wären wünschenswert, um die Evidenzbasis zu systematischen Unterschieden zwischen Bergwald-, Tiefland- und anderen Gebieten zu erweitern.

Summary

The Austrian climate and energy strategy plans a massive expansion of wind energy production. In Styria, most of the planned sites for wind farms are in montane forests. Studies on the intersections of bat activity and wind energy production have been conducted mostly at lowland sites. Recent studies in the Alps show surprisingly high bat activity at high elevations. As data on bat activity at nacelle height is virtually absent for Austrian montane forests, the present study aims to close this gap.

Bat activity was studied at five wind farms situated in Styrian montane spruce forests (1,200–1,700 m a.s.l.) by using batcorders (ecoObs) in nacelles from at least May to mid-September. We recorded bat calls at all sites. In addition, wind speed was measured at four study sites and air temperature at two study sites at nacelle height. All data were collected in the context of planned wind energy projects. All study sites have a low rotor-ground distance of up to 50 m.

Eight species were detected in the monitored wind park sites. The recorded species included bats from local populations like *Pipistrellus pipistrellus* and *Eptesicus nilssonii* as well as long-distance migratory species like *Nyctalus noctula*, *Vespertilio murinus* and *P. nathusii*. We recorded calls from the genus *Myotis* at a single study site. 85.2 to 97.4 % of recordings were assigned to Nyctaloids and 2.5 to 14.7 % to Pipistrelloids.

Variability in the number of recordings was very high between study sites, between years within study sites, and between wind turbines within the same wind park. Bat activity varied substantially not just between months, but also between days. We measured the highest activities of bats from June to September. In general, April and May featured a low acoustic activity of bats; at two sites relatively high activities were recorded still in October. The high variability underscores both the importance of multi-annual nacelle monitoring studies and of several sampled nacelles within a wind farm.

Bat activity was recorded at wind speeds of up to 6.5 to 15 m/s. As expected, bat activity decreased with increasing wind speeds, but this decrease varied strongly between sites and within sites between years. At some sites, bats were still active at freezing point temperatures.

These results indicate that bats in montane forests may be encountered at higher wind speeds and lower temperatures than in the lowlands. Further differences appear in the annual phenology; high activity occurs as early as June, i.e. preceding bat autumn migration periods. These differences should be taken into consideration when planning wind farms in montane forests. Curtailment algorithms require critical assessment if inferred from studies conducted at lowland sites. Due to differing activity patterns the application of the ProBat-tool is not recommended for the time being. As a result of the low rotor-ground distance of most of the wind energy plants in montane forests in Styria there should be case-to-case evaluations of the effectiveness of curtailment algorithms by means of fatality searches beginning at least in June. Further studies are needed to increase the evidence of systematic differences between montane forests, lowlands and other study sites.

6.1 Einleitung

Aus vielen europäischen Ländern sowie aus den USA sind Kollisionen von Fledermäusen mit Windenergieanlagen in teilweise erheblichem Umfang bekannt (Arnett et al. 2008; Brinkmann et al. 2011; Rydell et al. 2012; Santos et al. 2013; Voigt et al. 2015; Dürr 2019). Da Fledermäuse eine geringe Reproduktionsrate aufweisen, können größere Individuenverluste, die über die normale Sterblichkeit hinausgehen, nur schwer ausgeglichen werden (Kugelschafter 2013; Zahn et al. 2014; Pfalzer 2017; Lindemann et al. 2018). Aufgrund der Einstufung aller heimischen Fledermäuse in Anhang IV der Fauna-Flora-Habitat-Richtlinie (FFH-RL) sind die Belange des strengen Artenschutzes (insbesondere das Tötungsverbot) bei der Planung und beim Betrieb von Windenergieanlagen zu berücksichtigen.

In Österreich hat sich die Bundesregierung zum Ziel gesetzt, bis zum Jahr 2030 100 % des Gesamtstromverbrauchs aus erneuerbarer Energie zu erzeugen. Um dieses Ziel zu erreichen, ist ein Ausbau aller erneuerbaren Energieträger notwendig. Die Windkraft stellt dabei einen wesentlichen Aspekt dar (BMNT und BMVIT 2018). Ende 2018 waren in Österreich 1313 Windenergieanlagen (WEA) in Betrieb. Rund 66 weitere Anlagen sind alleine für das Jahr 2019 in Planung (www.igwindkraft.at, Stand Januar 2019). Die Klima- und Energiestrategie des österreichischen Bundeslandes Steiermark (Amt der Steiermärkischen Landesregierung 2017) sieht einen Anteil von 40 % an erneuerbarer Energie bis 2030 vor. Das bedeutet einen Ausbau der Windkraft in der Steiermark von 0,8 PJ (Stand 2015) auf 4,5 PJ, also um mehr als das Fünffache. Abgesehen von Repowering und der Errichtung bereits genehmigter bzw. in Genehmigung stehender Projekte ist dafür auch die Nutzung des vorhandenen Restpotenzials an Fläche nötig. Die geplanten Standorte für den Ausbau befinden sich hauptsächlich in Bergwaldgebieten. Darunter sind Wälder von der submontanen Stufe bis zur Baumgrenze, beginnend ab einer Höhe von 600 m bis zu 2000 m über NN zu verstehen. Die dominierende Baumart in den steirischen Bergwäldern ist die Fichte. Als weitere Baumarten sind Tanne, Kiefer, Lärche, Buche und Berg-Ahorn vertreten.

Bisherige Studien zum Thema Fledermausaktivität und Windkraft wurden vor allem im Tiefland oder in Mittelgebirgslagen durchgeführt (Brinkmann et al. 2011; Behr et al. 2015, 2018; Reichenbach et al. 2015; Hurst et al. 2016). Es gibt noch wenige Studien zur Fledermausaktivität aus höheren Lagen. So haben Zingg und Bontadina (2016) am Jungfrau Joch in den Schweizer Alpen auf einer Höhe von mehr als 3000 m über NN acht Fledermausarten nachgewiesen.

Studien zum Thema Fledermauszug in den Alpen Österreichs; (Widerin und Reiter 2017, 2018) konnten teils beträchtliche Fledermausaktivität zur Zugzeit in Höhen bis zu 2500 m und auch über 3000 m über NN nachweisen. In einem Dauermonitoring am Hohen Sonnblick auf 3106 m über NN wurde festgestellt, dass Fledermäuse von Mitte April bis Mitte September aktiv waren, zum Teil auch bei Windgeschwindigkeiten von bis zu 12,2 m/s und Temperaturen von bis zu –2,1 °C (Widerin und Reiter 2018). Auch Bontadina et al. (2014) konnten eine regelmäßige Nutzung der Alpen durch Fledermäuse zeigen. Über Zugrouten von Fledermäusen im Alpenraum ist jedoch sowohl auf regionaler als auch auf überregionaler Ebene noch sehr wenig bekannt. Gerade für wandernde Fledermäuse wird das Kollisionsrisiko an Windenergieanlagen als ein kritischer Gefährdungsfaktor eingestuft (Voigt et al. 2012; Lehnert et al. 2014).

Diese Ergebnisse deuten darauf hin, dass die Fledermausaktivität in höheren Lagen bislang noch nicht ausreichend genug untersucht wurde. Insbesondere aus den Bergwäldern Österreichs liegen bis jetzt noch keine publizierten Daten zur Fledermausaktivität in Gondelhöhe vor. Ziel des vorliegenden Kapitels ist es, den Wissensstand darüber zu verbessern und Konsequenzen für die Bewertung von Windenergieanlagen in Bergwaldgebieten abzuleiten. Folgende Fragen sollen beantwortet werden: Welche Arten treten in Gondelhöhe in Bergwäldern der Steiermark in Höhen von 1200–1700 m über NN auf? Wie sieht die Phänologie über den Jahresverlauf aus, d. h., in welchen Monaten sind höhere Aktivitäten zu verzeichnen? Wie beeinflussen Windgeschwindigkeit und Temperatur die Fledermausaktivität in Bergwäldern?

6.2 Material und Methoden

6.2.1 Standorte

Es wurde an fünf verschiedenen Standorten in Bergwäldern der Steiermark, Österreich, an bestehenden Windenergieanlagen in Gondelhöhe die Fledermausaktivität gemessen. Die Standorte wurden nicht repräsentativ nach Zufallsprinzip ausgewählt, da es sich um Projekte im Rahmen von Windkraftplanungen handelte. Aus Gründen der Vertraulichkeit werden die Standorte anonymisiert aufgeführt. Dauer und Anzahl der beprobten Anlagen unterscheiden sich aufgrund von Vorgaben der jeweiligen Projektgenehmigungen. In den kleineren Windparks (Standorte 1, 2, 3 und 5) wurde je eine Gondel beprobt, an Standort 4 hingegen im Zuge der Erweiterung dieses Windparks drei von elf neu errichteten Anlagen (Tab. 6.1). Zwei der Windparks befanden sich im Wald, drei lagen direkt am Waldrand. Vorherrschende Baumart an allen Standorten war die Fichte, in geringen Anteilen war auch Lärche beigemischt (Tab. 6.1). Laubbäume wie zum Beispiel Rotbuche und Bergahorn kamen vereinzelt vor und nicht in direkter Nähe der beprobten

Tab. 6.1 Windparkstandorte nach Lage Wald/Waldrand, Höhe über NN, Anzahl beprobter Anlagen, Anzahl WEA im gesamten Windpark sowie Nabenhöhe und Rotordurchmesser der beprobten Anlagen

Tab. 6.1 Wind energy sites by position forest/forest edge, elevation above sea level, number of sampled wind turbines, size of wind farm, hub height and hub diameter

Standort	Lage	Höhe über NN [m]	Anzahl beprobte Anlagen	Anzahl WEA im Windpark	Nabenhöhe [m]	Rotordurchmesser [m]
1	Waldrand	1600	1	5	64	70
2	Wald	1200	1	4	85	70
3	Waldrand	1700	1	2	65	80
4	Waldrand	1450	3	21	85	71
5	Wald	1400	1	6	90	112

Anlagen. An allen Standorten beträgt der Rotor-Boden-Abstand maximal 50 m, bei dreien (Standorte 1, 3 und 5) beträgt er rund 30 m.

6.2.2 Erfassungszeitraum

Die Untersuchungen wurden im Zeitraum von 2013 (Standort 1) bis 2018 (Standort 5) durchgeführt (Tab. 6.2). Die Standorte 1 und 2 wurden für je eine Saison beprobt (Windparkerweiterung sowie Gondelmonitoring nach Neuerrichtung eines Windparks für ein Jahr), Standort 3 für 1,5 Jahre (Repowering-Projekt) und die Standorte 4 und 5 für je zwei Saisonen (Gondelmonitoring nach Erweiterung eines Windparks bzw. Neuerrichtung), wobei bei Standort 5 die zweite Saison erst 2019 durchgeführt wird und daher hier nicht berücksichtigt werden kann. Bei den Standorten 1 bis 3 wurde nach Absprache mit der Behörde das Monitoring über zwei Kalenderjahre aufgeteilt: Es wurde im Spätsommer bzw. Herbst mit dem Monitoring begonnen, über den Winter ausgesetzt und dann im Folgejahr die Datenerfassung für Frühjahr und Sommer nachgeholt. Der Erfassungszeitraum lag an allen Standorten zumindest zwischen Mai und Mitte September. An den Standorten 2, 3 und teilweise 4 (nur im Jahr 2015 an zwei der drei beprobten Anlagen) wurden ab Spätsommer die Aufnahmezeiten in die Nachmittagsstunden ausgeweitet, um eventuellen Abendsegler-Tagzug erfassen zu können. Teilweise kam es zu Geräteausfällen aufgrund von technischen Problemen. Besonders davon betroffen war eine Anlage an Standort 4; hier musste aufgrund eines beschädigten Steuermoduls im Jahr 2015 das Gerät repariert werden, und es kam insgesamt zu einem zweimonatigen Datenausfall, der sich im darauffolgenden Jahr wiederholte.

Es wurden Batcorder 2 und 3 (ecoObs) für das Monitoring verwendet mit den Standardeinstellungen nach RENEBAT I: Quality 20, Threshold −36 dB, Posttrigger 200 ms und Critical Frequency 16 kHz. Vereinzelt wurde die Empfindlichkeit aufgrund übermäßiger Störgeräusche auf −30 dB herabgesetzt; dies bedeutet

Tab. 6.2 Windparkstandorte nach Erfassungszeitraum, Zahl der Aufnahmenächte, Ausfallszeiten ab fünf Nächten und Threshold

Tab. 6.2 Wind energy sites by recording period, recording nights, periods of missing recordings>5 nights and recording threshold

Standort	Erfassungszeitraum	Aufnahmenächte	Ausfall (ab 5 Nächte)	Threshold [dB]
1	01.10.–31.10.2013 01.04.–30.09.2014	31 + 183 = 214	keine	−36
2	05.08.–20.10.2014 14.04.–18.08.2015	77 + 83 = 160	17.–29.04., 13.05.–02.06., 19.–23.07.2015	−36 (2014) −30 (2015)
3	24.07.–15.11.2015 01.04.–30.10.2016	107 + 149 = 256	13.–30.07., 21.08.– 01.09., 18.–25.09, 02.–22.10.2016	−36
4_A	13.04.–7.11.2015 31.03.–16.11.2016	183 + 221 = 404	25.–29.4., 18.–29.05., 01.–09.06.2015; 21.–29.08.2016	−30
4_B	30.03.–7.11.2015 13.04.–16.11.2016	156 + 143 = 299	19.05.–24.07.2015; 11.–18.05., 21.07.–29.09., 11.09.–05.10.2016	−36/−30
4_C	30.03.–7.11.2015 31.03.–16.11.2016	218 + 208 = 426	22.05.–26.05.2015; 15.05–25.05., 4.06.–14.06.2016	−36 (2015/2016)/−30 (2015)
5	01.05.–15.09.2018	112	17.–22.05., 04.–13.07.2018	-36

nach Tests von ecoObs, dass ca. 30–40 % weniger Aufnahmen im Vergleich zu −36 dB registriert werden. An Standort 1 wurde im Herbst 2013 mit einer Posttrigger-Einstellung von 400 ms beprobt, die Daten dieses Monats wurden später mithilfe der bcAdmin-Funktion „virtual splitting" auf 200 ms umgerechnet. Die Mikrofone wurden in den Gondeln jeweils mit Ausrichtung nach unten angebracht. Eine Ausnahme stellte Standort 3 dar; hier erfolgte die Messung aufgrund von Platzproblemen mittels Waldbox an der Außenwand der Gondel. Alle Mikrofone wurden vor dem ersten Einsatz sowie jährlich in den Wintermonaten zwischen Untersuchungsjahren kalibriert.

6.2.3 Auswertung

Als Auswertungsprogramme kamen bcAdmin und die automatische Rufbestimmungssoftware batIdent (beide ecoObs) zum Einsatz. Die automatisierten Bestimmungen wurden in allen Fällen manuell überprüft und bei Bedarf mittels bcAnalyze 3 Light (ecoObs) nachbestimmt. Ebenso wurden alle Aufnahmen geprüft, in denen auf automatisiertem Weg keine Fledermausrufe identifiziert wurden. Bei der Zuordnung der Aufnahmen der akustischen Dauererfassung wurden Aufnahmen ähnlich rufender Arten, die sich schwer oder nicht auf Artniveau bestimmen lassen, zu Rufgruppen zusammengefasst. So wurden alle Aufnahmen von Weißrand- und Rauhautfledermaus ohne Vorliegen von Sozialrufen dem Artenpaar zugeordnet. Die verwendeten Kurzbezeichnungen der Arten und Gruppen sind Tab. 6.3 zu entnehmen.

Es ist zu berücksichtigen, dass akustische Erfassungen nicht in allen Arten(gruppen) den gleichen Erfassungsgrad erreichen. Leise rufende Arten wie z. B. jene der Gattung *Plecotus* sind in akustischen Erfassungen generell unterrepräsentiert (Ahlen und Baggøe 1999). Die akustische Aktivität kann daher nicht als artübergreifendes absolutes Aktivitätsmaß gesehen werden, sondern als relatives Maß innerhalb einer Art bzw. Artengruppe mit ähnlichen Rufcharakteristika (Runkel et al. 2018).

Tab. 6.3 Bezeichnungen für die Zuordnung der Aufnahmen zu bestimmten Arten bzw. Artengruppen mit ähnlichen Rufcharakteristika. (Nach Hurst et al. 2016)

Tab. 6.3 Labeling for call classification to specific species and/or call groups with similar call characteristics. (Following Hurst et al. 2016)

Bezeichnung	Kürzel	(Mögliche) Arten
Pipistrellus pipistrellus	Ppip	Zwergfledermaus
Pipistrellus pygmaeus	Ppyg	Mückenfledermaus
Nyctalus noctula	Nnoc	Abendsegler
Vespertilio murinus	Vmur	Zweifarbfledermaus
Eptesicus nilssonii	Enil	Nordfledermaus
Eptesicus serotinus	Eser	Breitflügelfledermaus
Pipistrellus nathusii	Pnat	Rauhautfledermaus
Pipistrellus nathusii/kuhlii	Pmid	Rauhautfledermaus *(P. nathusii)*, Weißrandfledermaus *(P. kuhlii)*
Phoch	Phoch	Zwergfledermaus *(P. pipistrellus)*, Mückenfledermaus *(P. pygmaeus)*
Nyctaloid	Nyctaloid	Abendsegler *(Nyctalus noctula)*, Kleinabendsegler *(N. leisleri)*, Zweifarbfledermaus *(Vespertilio murinus)*, Nordfledermaus *(Eptesicus nilssonii)*, Breitflügelfledermaus *(E. serotinus)*, Bulldoggfledermaus *(Tadarida teniotis)*
Nyctaloid „mittel“	Nycmi	Breitflügelfledermaus *(E. serotinus)*, Zweifarbfledermaus *(V. murinus)*, Kleinabendsegler *(N. leisleri)*
Myotis sp.	Msp	Arten aus der Gattung *Myotis*
Spec	Spec	Aufnahmen von Fledermäusen, die keiner Art zugeordnet werden können

Als Maß für die Fledermausaktivität wurde die Zahl der Aufnahmen verwendet. Für die Korrelationen der Fledermausaktivität mit den Witterungsparametern Windgeschwindigkeit und Temperatur wurden 10-min-Intervalle mit Aktivität verwendet, die Korrelation erfolgte mit bcAdmin (ecoObs).

6.2.4 Witterungsdaten

Die Witterungsdaten (Windgeschwindigkeit und Temperatur) wurden von den Anlagenbetreibern bereitgestellt. Die Windgeschwindigkeitsdaten wurden in Gondelhöhe mit einem Anemometer in 10-min-Intervallen aufgenommen. Die Temperaturdaten – falls vorhanden – wurden ebenfalls in 10-min-Intervallen in Gondelhöhe erhoben. Es lagen nur für die Standorte 4 und 5 Temperaturdaten vor. Für Standort 3 wurde vom Anlagenbetreiber keine Erlaubnis für die Verwendung der Witterungsdaten erteilt, daher beschränken sich die Auswertungen zu diesem Standort auf die Fledermausdaten.

6.3 Ergebnisse

6.3.1 Artenspektrum

An den fünf Windparkstandorten wurden insgesamt mindestens acht Fledermausarten nachgewiesen, wobei nicht alle Arten an jedem Standort vorkamen (Tab. 6.4 und Tab. 6.5). Das Artenspektrum umfasste sowohl ortstreue Arten, z. B. Zwergfledermaus und Nordfledermaus, als auch typische Langstreckenzieher, z. B. Abendsegler, Zweifarbfledermaus und Rauhautfledermaus. An allen Standorten wurden zahlreiche, nicht näher bestimmbare Rufe der Gruppen Nyctaloid bzw. Nycmi registriert. Es gab außerdem einige wenige Rufe, die aufgrund ihrer schlechten Qualität bzw. uneindeutigen Rufcharakteristik nur als nicht weiter bestimmte Fledermaus („Spec“) klassifiziert werden konnten (n = 202, 0,7 %, Tab. 6.5). Nur an Standort 5 wurden zwei Aufnahmen aus der Gattung *Myotis* dokumentiert.

Innerhalb der Pipistrelloid-Gruppe konnten Zwergfledermaus, Mückenfledermaus und das Artenpaar Rauhaut/Weißrandfledermaus bestimmt werden. An Standort 5 wurden zudem Sozialrufe der Rauhautfledermaus aufgenommen. An den restlichen vier Standorten wurde der überwiegende Teil der Aufnahmen des Artenpaares Rauhaut/Weißrandfledermaus zur Zugzeit verzeichnet, es ist daher ebenfalls von einem Vorkommen der Rauhautfledermaus auszugehen. Rufaufnahmen der Mückenfledermaus waren überall selten (n = 33, 0,1 %), an Standort 5 fehlten sie gänzlich. Die Zwergfledermaus (n = 948, 3,3 %) konnte an allen Standorten mit Ausnahme von Standort 3 nachgewiesen werden. Generell trat die Zwergfledermaus an allen Windparkstandorten gehäuft von Juni bis Mitte August

Tab. 6.4 Artenspektrum pro Untersuchungsstandort

Tab. 6.4 Recorded species/call groups for each study site park

Arten	Standort				
	1	**2**	**3**	**4**	**5**
Pipistrelloid					
Pipistrellus pipistrellus	x	x		x	x
Pipistrellus pygmaeus	x	x	x	x	
Pipistrellus nathusii					x
Pipistrellus nathusii/kuhlii	x	x	x	x	x
Nyctaloid					
Nyctalus noctula	x	x	x	x	x
Vespertilio murinus	x	x	x	x	x
Eptesicus nilssonii	x	x	x	x	x
Eptesicus serotinus		x	x	x	x
Nycmi	x	x	x	x	x
Myotis					
Myotis sp.					x

auf, Aufnahmen wurden jedoch auch im September und teilweise Oktober verzeichnet. Die wenigen Aufnahmen der Mückenfledermaus wurden alle im Mai und August getätigt.

Der Großteil der Aufnahmen der Gruppe Nyctaloid (n = 26.467, 92,1 %) wurde nicht auf Artniveau bestimmt, es können daher keine Vergleiche zu den Häufigkeiten der nachgewiesenen Arten getroffen werden. In allen Windparks wurden Abendsegler, Zweifarbfledermaus und Nordfledermaus nachgewiesen; die Breitflügelfledermaus fehlte an Standort 1. An Standort 3 wurden Sozialrufe der Zweifarbfledermaus aufgezeichnet. An Standort 5 konnten sehr viele Rufe der Nyctaloid-Gruppe dem Abendsegler zugeordnet werden, diese traten dort gehäuft von Ende Juli bis Mitte September auf. Ein ähnliches Bild der Phänologie des Abendseglers zeigte sich auch an den anderen untersuchten Standorten: An den drei Standorten in Windpark 4 traten Aufnahmen des Abendseglers von Juni bis September auf, an Standort 2 mit einer deutlichen Häufung im September und Oktober. In keinem der drei Windparks, in denen die Aufnahmezeiten ab Spätsommer ausgeweitet wurden, konnten Hinweise auf einen Abendsegler-Tagzug festgestellt werden. Wie beim Abendsegler wurden auch bei der Zweifarbfledermaus vor allem Aufnahmen zur Zugzeit registriert, jedoch auch in den Sommermonaten ab Juni. Die Nordfledermaus wurde meist außerhalb der Zugzeit festgestellt, z. B. an Standort 4 im Juni und Juli, mit vereinzelten Aufnahmen noch im August. Die drei beprobten Anlagen in Windpark 4 zeigten Standortunterschiede der Nordfledermaus in der Raumnutzung: An 4_A und 4_C wurden Nordfledermäuse im Jahr 2015 und 2016 von Juni bis August nachgewiesen, an 4_B jedoch nur Juni und Juli. Generell wurden die meisten Aufzeichnungen der Nordfledermaus von Juni bis August registriert. Aufnahmen der Breitflügelfledermaus

Tab. 6.5 Ergebnisse des Dauermonitorings. Es sind für jede Arten(gruppe) die Gesamtzahl der Aufnahmen und, hellgrau unterlegt, die Dauer in Sekunden sowie das Prozentverhältnis der beiden Rufgruppen Nyctaloid und Pipistrelloid pro Standort angegeben. Standort 3 wird für die eineinhalb Jahre als Gesamtes dargestellt. Kürzel wie in Tab. 6.3

Tab. 6.5 Monitoring results. Listed for each species/call group are the number of recordings and the duration in seconds (light grey) as well as the Nyctaloid/Pipistrelloid ratio in percent per site. For site 3 the data for the 1.5 seasons are grouped together. Abbreviations as in Tab. 6.3

Arten(-gruppe)	Einheit	1	2	3	4_A_2015	4_A_2016	4_B_2015	4_B_2016	4_C_2015	4_C_2016	5	Anzahl gesamt [%}
Nyctaloid	Anz	1493	7465	4694	1413	1052	314	1395	866	2567	5208	26.467 (92,1)
	Sek	834	2329,5	1563,9	476,2	359,5	91,2	476,8	298,1	915,5	1819	9163,7 (89,75)
Ppip	Anz	64	433	0	118	50	25	33	90	88	47	948 (3,3)
	Sek	20,3	194,6	0	43,7	28,1	9,8	13,75	45,5	36,1	21,4	413,25 (4,0)
Pmid	Anz	178	181	142	66	64	58	55	56	190	88	1078 (3,75)
	Sek	79,9	80,25	67,7	24,3	32,7	19,5	30,4	26,0	93,0	39,9	493,65 (4,8)
Ppyg	Anz	8	7	2	0	1	4	3	0	8	0	33 (0,1)
	Sek	3,5	3	1,7	0	0,25	1,2	2,5	0	3,2	0	15,35 (0,15)
Phoch	Anz	5	0	0	0	1	0	4	0	0	0	10 (0,03)
	Sek	2,75	0	0	0	0,25	0	1,2	0	0	0	4,2 (0,04)

(Fortsetzung)

Tab. 6.5 (Fortsetzung)

Arten(-gruppe)	Einheit	1	2	3	4_A_2015	4_A_2016	4_B_2015	4_B_2016	4_C_2015	4_C_2016	5	Anzahl gesamt [%}
Msp	Anz	0	0	0	0	0	0	0	0	0	2	2 (0,007)
	Sek	0	0	0	0	0	0	0	0	0	3,2	3,2 (0,03)
Spec	Anz	5	25	67	29	1	0	4	2	67	2	202 (0,7)
	Sek	4,5	11,1	33,7	13,2	0,25	0	1,0	0,5	51,4	0,6	116,25 (1,1)
Nyctaloid	%	85,2	92,0	95,7	86,9	90,0	78,3	93,3	85,4	87,9	97,4	
Pipistrelloid	%	14,7	7,8	2,9	11,3	9,9	23,7	6,4	14,4	9,8	2,5	

wurden ebenfalls von Juni bis Anfang August, an Standort 3 auch im September nachgewiesen.

Es stammten je nach Standort rund 85 bis 97 % der Aufnahmen von Vertretern der Gruppe Nyctaloid. Nur an Standort 4_B_2015 betrug dieser Wert rund 78 %. Dieser Standort ist jedoch aufgrund des zweimonatigen Datenausfalls im Frühsommer als nicht repräsentativ zu betrachten. Die höchsten Werte mit 95,7 % bzw. 97,4 % traten an den Standorten 2 und 5 auf. Dementsprechend betrug der Anteil an Aufnahmen der Gruppe Pipistrelloid je nach Standort zwischen 2,5 und 14,7 %. Vernachlässigbar war der Anteil der Aufnahmen der Gattung *Myotis*.

6.3.2 Aktivitätslevel an den untersuchten Standorten

Es wurde eine hohe Variabilität der Aufnahmenzahlen verzeichnet, nicht nur zwischen den fünf Standorten, sondern auch zwischen den Jahren der über zwei Saisonen untersuchten Standorte (Abb. 6.1). An den fünf untersuchten Standorten ragte Standort 2 mit 8096 Aufnahmen heraus, gefolgt von Standort 5 mit 5340 Aufnahmen; diese beiden Standorte stellen hinsichtlich der Höhenlage die tiefstgelegenen Untersuchungsflächen dar (Standort 2: rund 1200 m; Standort 4: rund 1400 m über NN). Weiterhin liegen nur diese beiden Standorte zur Gänze innerhalb eines Bergwaldes. Aber auch an Standort 3, der am Waldrand auf etwas über 1700 m liegt, wurden im Jahr 2016 an 149 Nächten 3680 Aufnahmen verzeichnet.

Die hohe Variabilität zwischen den Jahren ist an Standort 4, an dem drei Anlagen beprobt wurden, gut zu erkennen: So zeigte Standort 4_C im Jahr 2016 eine mehr als doppelt so hohe Fledermausaktivität als 2015, obwohl im Jahr 2016 weniger Aufnahmenächte vorlagen als 2015. An Standort 4_A hingegen wurde im Jahr 2016 weniger Aktivität als 2015 verzeichnet, trotz einer höheren Anzahl an Aufnahmenächten. Während bei 4_C der niedrigere Schwellenwert von −30 dB ab Mitte August 2015 für die Differenz mitverantwortlich sein könnte, wurde 4_A immer mit den gleichen Parametern (−30 dB) beprobt. Nicht repräsentativ ist Standort 4_B: Die ungewöhnlich niedrige Zahl an Aufnahmen im Jahr 2015 ist auf einen zweimonatigen Geräteausfall von Ende Mai bis Ende Juli zurückzuführen. Im Jahr 2016 wurde gerade im Juni an dieser Anlage mehr als die Hälfte der Gesamtaktivität des Jahres erreicht.

6.3.3 Jahreszeitliche Phänologie der Aktivität

An allen Standorten war ein deutlicher Anstieg der Fledermausaktivität ab Juni zu verzeichnen (Abb. 6.2). Die höchsten Aktivitäten wurden generell in den Monaten Juni bis September gemessen. An zwei Standorten, 1 und 4_B_2016, war der Juni der Monat mit der höchsten Aktivität. Im Oktober wurden mit Ausnahme von Standort 1 und vor allem Standort 2 meist geringere Aktivitäten registriert. An Standort 3 waren die Geräte im ersten Untersuchungsjahr bis Mitte November 2015 im Einsatz. In diesen 15 Novembertagen wurden auf rund 1700 m Höhe

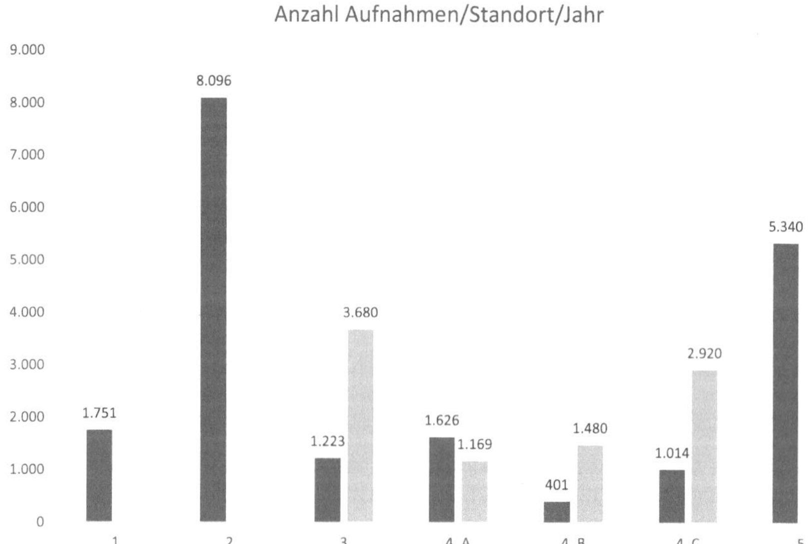

Abb. 6.1 Anzahl der Aufnahmen pro Standort pro Jahr. Standorte, an denen das Monitoring auf zwei Kalenderjahre aufgeteilt wurde, insgesamt jedoch nicht länger als eine Saison lief, werden gemeinsam dargestellt (Standort 1 und 2). Dunkelgrauer Balken = Jahr 1, hellgrauer Balken = Jahr 2. Anmerkung: Jahr 1/2 und Anzahl der Aufnahmenächte pro Standort variieren zwischen den Standorten (siehe Tab. 6.2). * = Standorte mit über die Gesamtzeit (4_A) bzw. teilweise (2, 4_B, 4_C) reduzierter Empfindlichkeit (Threshold –30 dB) (siehe auch Tab. 6.2)

Fig. 6.1 Number of recordings per site per year. Sites which were monitored for one season but over two calendar years are shown together (site 1 and 2). Dark grey bar = year 1, light grey bar = year 2. Note: Year 1/2 and the number of recording nights per site differ between the sites (see tab. 2). * = sites with reduced sensitivity (threshold −30 dB) over the entire (4_A) or some part of the monitored time (2, 4_B, 4_C) (see Tab. 6.2)

über NN noch 56 Aufnahmen aufgezeichnet. An Standort 4 auf 1450 m Höhe über NN wurden die Geräte 2015 und 2016 ebenfalls erst im Laufe des Novembers abgebaut, es wurde jedoch in keinem der beiden Jahre Aktivität im November registriert. Im April und Mai wurden generell niedrige Aktivitäten dokumentiert. Bei den Standorten mit zweijährigen Monitorings ergab sich eine große Variabilität in der Aktivität zwischen den Jahren: So hatten die Standorte 4_A und 4_C nur sehr wenige Aufnahmen im September 2015, im darauffolgenden Jahr war dies aber der Monat mit der höchsten bzw. zweithöchsten Aktivität. Die Anzahl der beprobten Nächte war für beide Jahre gleich. An Standort 4_C wurde im Jahr 2015 mit unempfindlicheren Einstellungen (−30 dB) gemessen als 2016, was einen Einfluss haben könnte, da bei geringerem Schwellenwert weniger Aufnahmen registriert werden. An Standort 4_A waren die Einstellungen jedoch über beide Jahre identisch. Möglicherweise waren klimatische Faktoren ausschlaggebend, der September 2016 war sehr warm und trocken. Auch an Standort 3

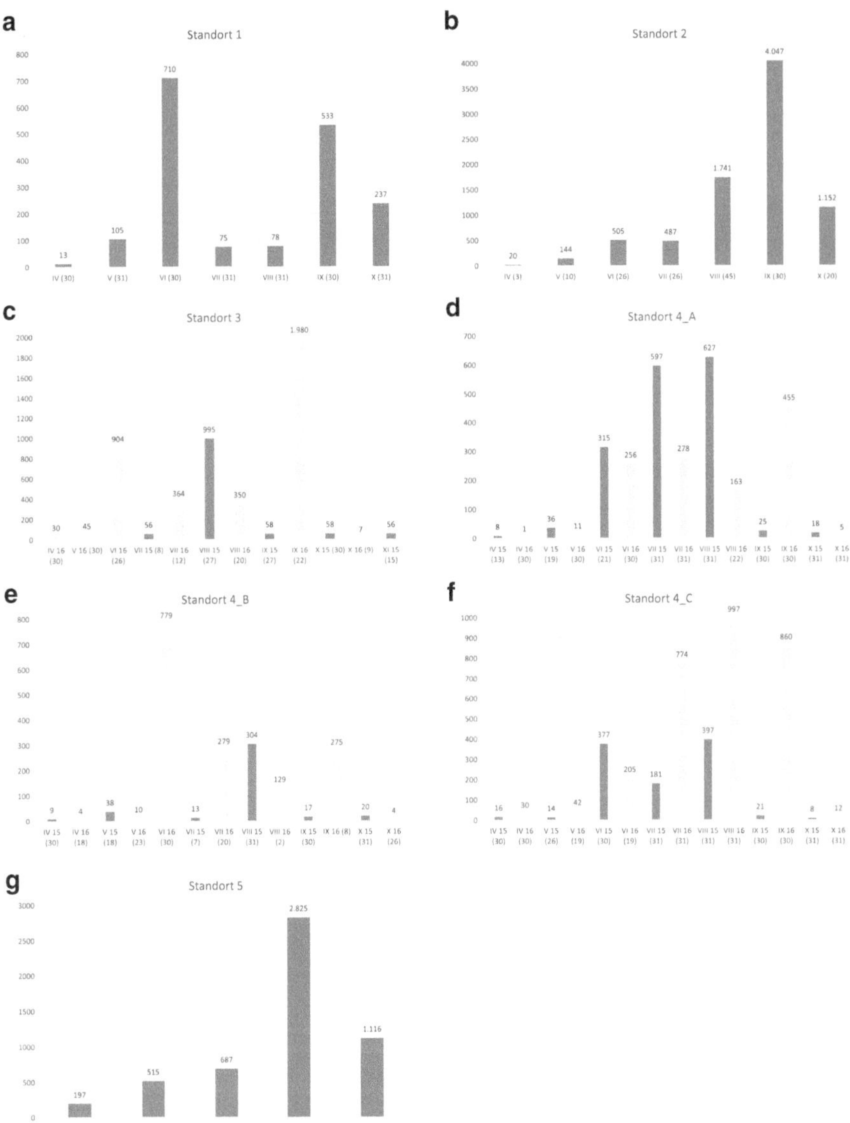

Abb. 6.2a–g Anzahl der Aufnahmen pro Monat pro Standort. Standorte, in denen das Monitoring auf zwei Kalenderjahre aufgeteilt wurde, insgesamt jedoch nicht länger als eine Saison lief, werden gemeinsam dargestellt (1 und 2). Monate in römischen Ziffern. In Klammer die Anzahl der Aufnahmenächte. Dunkelgraue Balken = Jahr 1, hellgraue Balken = Jahr 2. Zur besseren Darstellbarkeit sind die Grafiken unterschiedlich skaliert

Fig. 6.2a–g Number of recordings per month per site. Sites which were monitored for one season but over two calendar years are shown together (1 and 2). Months in Roman numerals. In parentheses the number of recording nights is shown. Dark grey bar = year 1, light grey bar = year 2. For better visualisation the graphs are scaled differently

wurde im September 2016 ein Vielfaches der Aufnahmenzahl von September 2015 (1980 versus 58) aufgenommen, bei gleichen Einstellungen und trotz weniger Aufnahmenächte im Jahr 2016. Standort 4_A und 4_C zeigten auch eine jeweils umgekehrte Variabilität von Aufnahmen im Juli bei jeweils gleicher Anzahl von Aufnahmenächten: Während an Standort 4_A im Juli 2015 mehr als die doppelte Menge an Aufnahmen im Vergleich zu 2016 registriert wurde, war die Aufnahmenzahl an Standort 4_C im Juli 2015 nur ein Viertel der Aufnahmenzahl von 2016. Die dokumentierte Fledermausaktivität schwankte nicht nur zwischen den einzelnen Monaten stark, sondern auch an einzelnen Tagen. So wurden an Standort 1 mehr als 80 % der Fledermausaktivität im Juni an nur fünf Nächten aufgenommen, an Standort 2 wurden in einer Nacht im September 3037 Aufnahmen und damit der Großteil der Aktivität in diesem Monat aufgezeichnet.

6.3.4 Aktivität in Abhängigkeit zu Windgeschwindigkeit und Temperatur

Die höchsten Windgeschwindigkeiten, bei denen Fledermäuse noch aktiv waren, reichten an den unterschiedlichen Standorten von 6,5 bis 15 m/s (Spalte „Max.", Tab. 6.6). Erwartungsgemäß nahm die Fledermausaktivität mit zunehmender Windgeschwindigkeit ab. Dieser Rückgang variierte jedoch von Standort zu Standort und auch innerhalb eines Standortes von Jahr zu Jahr. An Standort 1 wurden 95 % der Fledermausaktivität bis 8 m/s verzeichnet. An den Stand-

Tab. 6.6 Windgeschwindigkeiten und Minimumtemperaturen pro Standort. Max. = maximale Windgeschwindigkeit, bei der noch Fledermausaktivität gemessen wurde. 85 % bzw. 95 % = Windgeschwindigkeiten der 85- und 95-Perzentile der 10-min-Intervalle mit Fledermausaktivität, nA = keine Angaben

Tab. 6.6 Wind speed and minimum temperature per site. Max. = maximum wind speed when bat activity was recorded and wind speeds of 85 and 95 percentiles of 10-min-intervals with recorded bat activity, nA = not available

Standort	85 % [m/s]	95 % [m/s]	Max [m/s]	Minimumtemperatur [°C]
1	6,0	8,0	15,0	nA
2	5,0	6,5	12,0	nA
4_A 2015	5,5	6,5	11,5	0
4_B 2015	5,0	6,0	6,5	3
4_C 2015	5,5	7,0	14,0	−1,0
4_A 2016	5,0	6,0	9,5	7
4_B 2016	5,5	6,5	10,5	1
4_C 2016	5,5	7,0	9,5	0
5	5,0	6,5	14,0	11

orten 4_A_2016 sowie 4_B_2015 wurden 95 % der Aktivität hingegen bis 6 m/s verzeichnet, in den beiden anderen Untersuchungsjahren an diesen Standorten (4_A_2015 und 4_B_2016) bei etwas höheren Windgeschwindigkeiten bis 6,5 m/s. Nur an Standort 4_C blieben diese Werte in beiden Jahren gleich; jeweils 85 % der Fledermausaktivität fanden bis 5,5 m/s statt und 95 % bis 7,0 m/s. Bei den maximalen Windgeschwindigkeiten, bis zu denen Fledermäuse aktiv waren, gab es jedoch auch bei diesem Standort Unterschiede; im Jahr 2015 waren dies 14,0 m/s versus 9,5 m/s im Jahr 2016.

Von zwei Standorten liegen Temperaturdaten in Gondelhöhe vor. Sie zeigen, dass Fledermausaktivität teilweise bereits bei Temperaturen um den Gefrierpunkt verzeichnet wurde (Standort 4_A_2015 sowie 4_C_2015 und 2016). An Standort 4 wurden Fledermausrufe jedoch auch erst ab 7 °C registriert (4_A_2016). Standort 5 wich mit einem Beginn der Fledermausaktivität erst ab 11 °C deutlich ab. Der Sommer 2018 war ein Hitzesommer, trotzdem sind diese Temperaturen für Nächte in dieser Höhenlage ungewöhnlich hoch; eventuell handelt es sich um einen systematischen Messfehler im SCADA-System der Windenergieanlage.

6.4 Diskussion

6.4.1 Schlussfolgerungen zum Artenspektrum

In Höhen zwischen 1200 m und 1700 m über NN wurden in Gondelhöhe mindestens acht Fledermausarten nachgewiesen. Im Artenspektrum waren die drei Langstreckenzieher Abendsegler, Zweifarbfledermaus und Rauhautfledermaus vertreten. Nordfledermaus, Zwergfledermaus und Breitflügelfledermaus sind lokalen Populationen zuzuordnen. Breitflügelfledermäuse wurden nicht häufig aufgenommen. Es liegen vorwiegend aus den Monaten Juni bis August, aber auch noch September Aufnahmen vor. Wahrscheinlich handelt es sich um Einzeltiere, die zum Jagen in höhere Lagen fliegen. Den Verfasserinnen ist zumindest ein (Männchen-)Quartier dieser Art auf fast 600 m Höhe über NN in der Steiermark bekannt. Von der Mückenfledermaus gab es vereinzelt Aufnahmen im Mai und August. Hier ist unklar, ob es sich um lokale oder ziehende Tiere handelt. Nach Dietz et al. (2016) sind von dieser Art kaum Langstreckenflüge in Mitteleuropa bekannt. Die Ergebnisse im Artenspektrum decken sich mit den Befunden von Widerin und Reiter (2018) sowie Zingg und Bontadina (2016), die in noch größeren Höhen von mehr als 3000 m über NN sechs bzw. acht Arten sowie ein fast identisches Artenspektrum nachweisen konnten. Jene beiden Studien stellten den ebenfalls zu den Langstreckenziehern gehörenden Kleinabendsegler fest. Dieser konnte in der vorliegenden Studie nicht nachgewiesen werden. Es könnte sich jedoch unter den Aufnahmen der Gruppen Nyctaloid und Nycmi auch diese schwer bestimmbare Art befinden.

Sieben von den acht nachgewiesenen Arten gelten als kollisionsgefährdet (Hurst et al. 2015, 2016). Für wandernde Fledermäuse wird das Kollisionsrisiko an WEA als ein relevanter Gefährdungsfaktor eingestuft (z. B. Brinkmann et al. 2011; Voigt et al. 2012; Lehnert et al. 2014). Es sind jedoch auch lokal reproduzierende Arten von Kollisionen betroffen, wenn sie im freien Luftraum jagen oder durch WEA angelockt werden (Behr et al. 2015; Pfalzer 2017; Zahn et al. 2014). So sind Nordfledermäuse eher ortstreu (Dietz et al. 2016), mit Schlagopfern ist hier nach vor allem in den Mittelgebirgslagen im Spätsommer zu rechnen. Bei Zwergfledermäusen (sowie bei anderen Arten der Gattung *Pipistrellus*) wird angenommen, dass sie überwiegend an WEA in und bei Wäldern einem erhöhten Risiko ausgesetzt sind (Zahn et al. 2014). So wurden in einer Studie im Schwarzwald viele verunglückte Zwergfledermäuse speziell in der Schwärm- und Quartiererkundungsphase im August gefunden. Als Ursache hierfür wird das Erkundungsverhalten angenommen (Zahn et al. 2014). Bemerkenswert waren in der vorliegenden Untersuchung zwei Aufnahmen der Gattung *Myotis* an einem Standort in 1400 m Höhe über NN. In den Studien von Reichenbach et al. (2015) sowie Hurst et al. (2016) wurde die Gattung *Myotis* nur in Ausnahmefällen in dieser Höhe aufgenommen. Damit erwarten die Autoren dieser Studien auch keine erhöhte Schlaggefährdung für diese Gruppe. Eine Ausnahme könnten nach Hurst et al. (2016) jedoch Standorte darstellen, in denen die Rotorblätter nahe an die Waldoberkante reichen. Dies trifft in diesem Fall zu, da an Standort 5 der Rotor-Boden-Abstand nur 34 m betrug und die Rotoren damit bis knapp an die Baumkronen reichten.

In der vorliegenden Studie wurden Alpenfledermaus *(Hypsugo savii)*, Langflügelfledermaus *(Miniopterus schreibersii)* und Bulldoggfledermaus *(Tadarida teniotis)* nicht nachgewiesen. Letztere könnte übersehen worden sein, da die CF-Einstellung für eine Erfassung dieser Art nicht ausreichend war. In Österreich wurde die Bulldogfledermaus bislang nur vereinzelt in Tirol festgestellt. Die nächstgelegenen Nachweise südlich von Österreich stammen aus Slowenien (Presetnik und Šalamun 2019). Wandernde Tiere können jedoch nicht komplett ausgeschlossen werden. Es wurden an allen Standorten Aufnahmen des Artenpaares Rauhaut-/Weißrandfledermaus getätigt, vereinzelt auch in den Sommermonaten außerhalb der Zugzeit, d. h., ein Vorkommen der Weißrandfledermaus kann ebenfalls nicht ausgeschlossen werden.

Die Zusammensetzung des Artenspektrums ist in der vorliegenden Untersuchung stark von der Gruppe Nyctaloid dominiert, mit 85–97,5 % gegenüber 2,5–15 % der Gruppe Pipistrelloid. Damit liegt der Anteil an Nyctaloiden höher als bei den RENEBAT-Studien mit rund 42–76 % Anteil an Nyctaloiden (Behr et al. 2018).

6.4.2 Schlussfolgerungen zu Fledermausaktivität und Phänologie

In der vorliegenden Untersuchung konnten an einzelnen Standorten hohe Fledermausaktivitäten festgestellt werden. Es wurde zudem gezeigt, dass die Fledermausaktivität sowohl zwischen den Standorten als auch am selben Standort zwischen den Jahren im selben Kalendermonat stark variierte. Dies deckt sich mit den Befunden von Hurst et al. (2016) sowie Widerin und Reiter (2018). Verglichen mit anderen Studien wie z. B. Brinkmann et al. (2011) unterscheiden sich jedoch zum Teil die Aktivitätsmaxima. Während zum Beispiel Standort 1 in der vorliegenden Untersuchung im Juli und August eine auffallend geringe Aktivität aufwies, konnten Brinkmann et al. (2011) ein Aktivitätsmaximum von der zweiten Julihälfte bis zur ersten Septemberhälfte aufzeigen. Es ist zu vermuten, dass der kühle und regnerische Sommer im Jahr 2014 an Standort 1 Auswirkungen auf die Fledermausaktivität in diesen Monaten hatte. Im Gegensatz dazu steht an diesem Standort die sehr hohe Aktivität im Juni, also zu einer Zeit außerhalb des Zuggeschehens. Generell stieg die Fledermausaktivität an allen Standorten dieser Untersuchung ab Juni markant an, also früher als in tieferen Lagen (Brinkmann et al. 2011; Behr et al. 2015; Reichenbach et al. 2015; Hurst et al. 2016). Bei den Langstreckenziehern waren ein deutlicher Anstieg der Aktivität ab Spätsommer und eine vergleichsweise geringe Frühjahrsaktivität zu verzeichnen. Dieses Ergebnis findet sich auch in anderen Studien in tieferen und höheren Lagen wieder (Behr et al. 2018; Widerin und Reiter 2018).

An Standort 2 zeigt sich exemplarisch die hohe Schwankungsbreite an Aufnahmen pro Nacht. Der September sticht an diesem Standort als der Monat mit der höchsten Fledermausaktivität heraus (4047 Aufnahmen). Dies ist vor allem durch die Nacht vom 30. September 2014 bedingt, in der 3037 Aufnahmen verzeichnet wurden. Auch an anderen Tagen wurde vereinzelt eine sehr hohe Aktivität registriert: fast 800 Aufnahmen am 2. August 2015 sowie 559 Aufnahmen am 11. Oktober 2014. Eine ähnliche Häufung von Fledermausaktivität in einzelnen Nächten trat auch an Standort 1 auf, wo 80 % der Aktivität im Juni an fünf Nächten aufgezeichnet wurden. Die Beobachtung, dass sich die Fledermausaktivität stark auf einzelne Tage konzentriert, unterstreicht die Notwendigkeit des Dauermonitorings bei Windkraftprojekten. Dies deckt sich auch mit dem aktuellen Kenntnisstand (Hurst et al. 2016; Behr et al. 2018). Eine weitere Konsequenz sollte aus der auch in dieser Fallstudie nachgewiesenen starken Variabilität der Fledermausaktivität zwischen den Jahren gezogen werden. Alleine aufgrund klimatischer Bedingungen kann die Aktivität in einem Monat von Jahr zu Jahr stark schwanken. Einjährige Gondelmonitorings können diese Variabilität nicht abbilden. Für Windenergieprojekte im Bergwaldlebensraum sollte deshalb ein Dauermonitoring mindestens zwei Jahre umfassen. Es stellt sich zusätzlich die Frage, ob in gewissen Zeiträumen (z. B. alle drei Jahre; Hurst et al. 2016) nicht eine Wiederholung der Messungen durchgeführt werden sollte, um über die Lebensdauer der Anlagen die Ergebnisse zu evaluieren. Die großen Unterschiede zwischen der Fledermausaktivität an den Standorten von Windpark 4 unterstreichen außerdem die Notwendigkeit von mehreren Gondelmonitoring-Standorten innerhalb eines Windparks. Die Fledermausaktivität kann kleinräumig stark variieren. Auch das Forschungsvorhaben RENEBAT III (Behr et al. 2018) stellte eine hohe Variabilität in der Aktivität innerhalb eines Windparks sowie in verschiedenen Jahren im selben Windpark fest.

6.4.3 Schlussfolgerungen zu Aktivität in Abhängigkeit von Windgeschwindigkeit und Temperatur

Wie erwartet war an allen Standorten die Fledermausaktivität stark abhängig von Windgeschwindigkeiten und Temperaturen. Die Aktivität ging mit zunehmenden Windgeschwindigkeiten sowie mit niedrigeren Temperaturen zurück. Die maximalen Windgeschwindigkeiten, bis zu denen Fledermausaktivität beobachtet wurde, schwankten pro Standort von 6,5–15 m/s. Großteils wurden noch 5 % der Fledermausaktivität bei Windgeschwindigkeiten über 6,5 m/s verzeichnet, an drei Standorten auch über 7 bzw. 8 m/s. An den drei beprobten Anlagen an Standort 4 zeigte sich eine Variabilität zwischen den Jahren, wobei zwei Standorte (4_A und 4_B) jeweils gegenläufige Tendenzen aufwiesen. Temperaturdaten waren nur von zwei Standorten vorhanden. Hier unterscheiden sich die Ergebnisse deutlich: Fledermäuse waren ab Temperaturen von −1 °C bzw. +11 °C aktiv. Ab einer Temperatur von rund 10 °C stieg die Fledermausaktivität stark an. Jedoch wurden mit Ausnahme von einem Standort noch 5 % Fledermausaktivität bereits unter 10 °C verzeichnet.

Vergleicht man diese ersten Ergebnisse mit Studien aus tieferen Lagen, so wurde bei Behr et al. (2011) im Forschungsvorhaben RENEBAT I gezeigt, dass 6 % der Fledermausaktivität im Bereich von WEA Gondeln bei Windgeschwindigkeiten über 6 m/s stattfanden, bei RENEBAT II (Behr et al. 2015) wurden 4 % der Fledermausaktivität im Bereich von WEA Gondeln über 5 m/s festgestellt (beide etwa 95-Perzentil). Hingegen wurden bei Hurst et al. (2016) noch 20 % der 10-min-Intervalle mit Fledermausaktivität bei Windgeschwindigkeiten über 6 m/s registriert; diese Untersuchung fand an Windmasten statt, nicht in bereits bestehenden Windparks. Hinsichtlich Temperatur wurde in tieferen Lagen häufig nur noch geringe Aktivität bei Temperaturen unter 10 °C festgestellt (Brinkmann et al. 2011; Behr et al. 2015; Hurst et al. 2016). Betrachtet man die Studien aus dem Alpenraum, so konnten Widerin und Reiter (2017, 2018) Fledermausaktivität noch bei Windgeschwindigkeiten von 12,2 bzw. 13 m/s und Temperaturen bis zu −5,8 °C zeigen. Auch Widerin und Jerabek (2014) wiesen Fledermausaktivität bei geringen Temperaturen in Höhenlagen nach.

Zusammen mit anderen Befunden aus den Alpen zeigen die vorliegenden Ergebnisse aus den Bergwäldern der Steiermark, dass Fledermäuse in höheren Lagen bei höheren Windgeschwindigkeiten und niederen Temperaturen aktiver sein können als in tieferen Lagen. Dies muss bei der Planung von Windparkprojekten in Bergwäldern berücksichtigt werden. Abschaltalgorithmen können nicht ohne entsprechende Anpassungen aus Tieflandstudien übernommen werden. Derzeit kommen für das erste Betriebsjahr von Windenergieanlagen im Bergwald meist die von RENEBAT empfohlenen Abschaltalgorithmen von <6 m/s und >10 °C zur Anwendung, bevor diese durch ein Gondelmonitoring adaptiert werden. In Abhängigkeit von den Ergebnissen der Voruntersuchungen sind diese Werte zu modifizieren. So fordert z. B. die Koordinationsstelle für Fledermausschutz- und -forschung in Österreich (KFFÖ) in ihrem Positionspapier (AG Fledermäuse und Windenergie 2014) als Temperaturwert für das Bergland >8 °C.

6.4.4 Methodische Einschränkungen

Diese Studie beruht auf Befunden, die im Rahmen von Windkraftplanungen an fünf Standorten in Bergwäldern der Steiermark erhoben wurden. Um einen größeren Datensatz statistisch auswerten zu können, wäre eine Erhebung längerer Zeitreihen an mehr Standorten vonnöten, idealerweise gekoppelt mit einem akustischen Dauermonitoring in Bodenhöhe. Eine weitere methodische Einschränkung betrifft die teilweise geänderten Schwellenwerteinstellungen von −36 auf −30 dB. Nach ecoObs haben empirische Tests mit Gondeldaten ergeben, dass dadurch ca. 30–40 % weniger Aufnahmen registriert werden. Es ist daher keine direkte Vergleichbarkeit der Standorte gegeben. Unsicherheit besteht zudem darin, wie die für diese Höhenlage hohen Nachttemperaturen an Standort 5 einzuordnen sind. Der Sommer 2018 war ein Hitzesommer. Trotzdem sind die Werte für Bergwälder ungewöhnlich hoch. Eventuell handelt es sich um einen systematischen Messfehler (z. B. infolge der Nahlage des Sensors an der Gondelabwärme) innerhalb des SCADA-Systems der WEA.

6.4.5 Konsequenzen für den Windkraftausbau in Bergwäldern

Die Ergebnisse der vorliegenden Untersuchung zeigen, dass sich die Fledermausaktivität und damit das Kollisionsrisiko an WEA in Bergwaldgebieten von WEA im Tiefland unterscheiden kann. Die Einteilung des Kollisionsrisikos für die Arten bei Hurst et al. (2015, 2016) bezieht sich auf Anlagen mit einem Rotorabstand von mehr als 50 m von der Waldoberkante. Bei geringeren Abständen zur Waldoberkante können auch sonst ungefährdete Arten kollidieren (Hurst et al. 2016; Runkel 2017; Runkel et al. 2018). In den Bergwaldgebieten der Steiermark kommen zu einem Großteil WEA mit niedrigen Rotor-Boden-Abständen zum Einsatz. Zur Überprüfung des festgelegten Abschaltalgorithmus wären daher zusätzlich fallweise Schlagopfersuchen durchzuführen. Aufgrund des schwierigen Geländes ist dafür der Einsatz von Suchhunden zu empfehlen. Die Schlagopfersuchen müssen jedenfalls bereits den Monat Juni abdecken, um abzuklären, ob die teils erhöhte Aktivität in diesem Monat auch mit höheren Kollisionsraten korreliert.

Vorläufig sehen wir eine Anwendung der RENEBAT-Daten und damit des ProBat-Tools an Bergwaldstandorten kritisch. Die Ergebnisse dieser Untersuchung zeigen, dass die Aktivitätsmuster in Bergwäldern teilweise von dem Forschungsvorhaben RENEBAT abweichen. So bestehen Unterschiede in der Artenzusammensetzung; der Anteil der Gruppe Nyctaloid liegt um einiges höher als in den RENEBAT-Studien. Ein weiterer Unterschied betrifft die Aktivität im Jahresverlauf. Erhöhte Aktivitäten treten an Bergwaldstandorten ab Juni auf, während die Algorithmen von RENEBAT hohe Abschaltzeiten vor allem für die Spätsommer- und Herbstmonate Juli bis September vorsehen (Behr et al. 2011). Es wäre daher notwendig, ein eigenes Modell zur Aktivitätsvorhersage an Bergwaldstandorten zu entwickeln.

Gängige Richtwerte für Abschaltalgorithmen sollten jedenfalls nicht uneingeschränkt vom Tiefland auf Bergwaldgebiete übertragen werden. Die hohe Variabilität der Fledermausaktivität spricht gegen einheitliche Faustregeln und für eine spezifische Bewertung jedes einzelnen Standorts. Zusätzliche Untersuchungen wären – wie oben angeregt – daher wünschenswert, um die Evidenzbasis zu systematischen Unterschieden zwischen Bergwald-, Tiefland- und anderen Gebieten zu erweitern.

Danksagung Für wertvolle Hinweise und die Hilfe bei der Manuskripterstellung danken wir Sebastian Seebauer sowie den beiden Gutachtern, für die Unterstützung bei den Bestimmungsarbeiten Daniela Wieser, für die Korrektur der englischen Zusammenfassung Dominik Heinrici. Besonderer Dank gilt den Anlagenbetreibern von vier Standorten für die Zustimmung zur Verwendung der Witterungsdaten für diesen Beitrag. Aus Gründen der Vertraulichkeit werden hier weder die Anlagenbetreiber noch die Anlagenstandorte genannt.

Die Veröffentlichung wurde durch den Open-Access-Publikationsfonds für Monografien der Leibniz-Gemeinschaft gefördert.

Literatur

AG Fledermäuse und Windenergie (2014) Positionspapier Fledermäuse und Windenergie, Koordinationsstelle für Fledermausschutz und -forschung in Österreich (KFFÖ)

Ahlen I, Baggøe HJ (1999) Use of ultrasound detectors for bat studies in Europe: experiences from field identification, surveys, and monitoring. Acta Chiropterol 1:137–150

Amt der Steiermärkischen Landesregierung (2017) Klima- und Energiestrategie Steiermark 2030, Graz

Arnett EB, Brown WK, Erickson WP, Fiedler JK, Hamilton BL, Henry TH, Jain A, Johnson GD, Kerns J, Koford RR, Nicholson CP, O'Connell TJ, Piorkowski MD, Tankersley RD Jr, (2008) Patterns of Bat Fatalities at Wind Energy Facilities in North America. J Wildl Manag 72:61–78

Behr O, Brinkmann R, Niermann I, Korner-Nievergelt F (2011) Akustische Erfassung der Fledermausaktivität an Windenergieanlagen. In: Brinkmann R, Behr O, Niermann I, Reich M (Hrsg) Entwicklung von Methoden zur Untersuchung und Reduktion des Kollisionsrisikos von Fledermäusen an Onshore-Windenergieanlagen. Umwelt und Raum, Bd 4. Cuvillier, Göttingen

Behr O, Brinkmann R, Korner-Nievergelt F, Nagy M, Niermann I, Reich M, Simon R (Hrsg) (2015) Reduktion des Kollisionsrisikos von Fledermäusen an Onshore-Windenergieanlagen (RENEBAT II). Umwelt und Raum, Bd 7. Institut für Umweltplanung, Hannover

Behr O, Brinkmann R, Hochradel K, Mages J, Korner-Nievergelt F, Reinhard H, Simon R, Stiller F, Weber N, Nagy M (2018) Bestimmung des Kollisionsrisikos von Fledermäusen an Onshore-Windenergieanlagen in der Planungspraxis (RENEBAT III). Universität Erlangen-Nürnberg, Endbericht

BMNT, BMVIT (2018) #mission2030 Die österreichische Klima- und Energiestrategie. Bundesministerium Nachhaltigkeit und Tourismus und Bundesministerium Verkehr, Innovation und Technologie, Wien

Bontadina F, Beck A, Dietrich A, Dobner M, Eicher C, Frey-Ehrenbold A, Krainer K, Loercher F, Maerki K, Mattei-Roesli M, Mixanig H, Plank M, Vorauer A, Wegleitner S, Widerin K, Wieser D, Wimmer B, Reiter G (2014) Massive bat migration across the alps: implications for wind energy development. In: Abstracts of the 13th European Bat Research Symposium, Sibenik, 1–5 September 2014: 41

Brinkmann R, Behr O, Niermann I, Reich M (Hrsg) (2011) Entwicklung von Methoden zur Untersuchung und Reduktion des Kollisionsrisikos von Fledermäusen an Onshore-Windenergieanlagen. Umwelt und Raum, Bd 4. Cuvillier, Göttingen

Dietz C, Nill D, Helversen O v. (2016) Handbuch der Fledermäuse Europa und Nordwestafrika. Kosmos, Stuttgart

Dürr T (2019) Fledermausverluste an Windenergieanlagen/bat fatalities at wind turbines in Europe. Daten aus der zentralen Fundkartei der Staatlichen Vogelschutzwarte im Landesamt für Umwelt Brandenburg, Stand 07. Januar 2019. https://lfu.brandenburg.de/cms/detail.php/bb1.c.312579.de

Hurst J, Balzer S, Biedermann M, Dietz C, Dietz M, Höhne E, Karst I, Petermann R, Schorcht W, Steck C, Brinkmann R (2015) Erfassungsstandards für Fledermäuse bei Windkraftprojekten in Wäldern. Diskussion aktueller Empfehlungen der Bundesländer. Natur und Landschaft 90:157–168

Hurst J, Biedermann M, Dietz C, Dietz M, Karst I, Krannich E, Petermann R, Schorcht W, Brinkmann R (Hrsg) (2016) Fledermäuse und Windkraft im Wald: Ergebnisse des F+E Vorhabens (FKZ 3512 84 0201) „Untersuchungen zur Minderung der Auswirkungen von WKA auf Fledermäuse, insbesondere im Wald“. Naturschutz Biologische Vielfalt 153: 1–396

Kugelschafter K (2013) Windenergie: „Schlagende Argumente“ für den Artenschutz. Positionspapier von Fledermaus-Experten. Naturschutz Landschaftsplanung 45:62–63

Lehnert LS, Kramer-Schadt S, Schönborn S, Lindecke O, Niermann I, Voigt CC (2014) Wind farm facilities in Germany kill Noctule Bats from Near and Far. PLoSONE 9:e103106. https://doi.org/10.1371/journal.phone.0103106

Lindemann C, Runkel V, Kiefer A, Lukas A, Veith M (2018) Abschaltalgorithmen für Fledermäuse an Windenergieanlagen. Eine naturschutzfachliche Bewertung. Naturschutz Landschaftsplanung 50:418–425

Pfalzer G (2017) Der Kleine Abendsegler (*Nyctalus leisleri* KUHL, 1817) in der Pfalz – ein Opfer der Energiewende? (Mammalia: Chiroptera). Fauna Flora in Rheinland-Pfalz 13:761–777

Presetnik P, Šalamun A (2019) First records of the European free-tailed bat *Tadarida teniotis* (Rafinesque, 1814) in Slovenia. Natura Sloveniae 21:47–53

Reichenbach M, Brinkmann R, Kohnen A, Köppel A, Menke J, Ohlenburg H, Reers H, Steinborn H, Warnke M (2015) Bau- und Betriebsmonitoring von Windenergieanlagen im Wald. Abschlussbericht, Bundesministeriums für Wirtschaft und Energie, Berlin

Runkel V (2017) Minderungsmassnahmen an WEA: Ausreichender Schutz der Fledertiere? https://www.volkerrunkel.de/Poster-Tagung-Echolot-2017.pdf

Runkel V, Gerding G, Marckmann U (2018) Handbuch: Praxis der akustischen Fledermauserfassung. tredition, Hamburg

Rydell J, Engström H, Hedenström A, Larsen JK, Pettersson J, Green M (2012) The effect of wind power on birds and bats. A synthesis. Report 6511, Swedish Environmental Protection Agency, Stockholm

Santos H, Rodrigues L, Jones G, Rebelo H (2013) Using species distribution modelling to predict bat fatality risk at wind farms. Biol Cons 157:178–186

Voigt CC, Popa-Lisseanu AG, Niermann I, Kramer-Schadt S (2012) The catchment area of wind farms for European bats: a plea for international regulations. Biol Cons 153:80–86

Voigt CC, Lehnert LS, Petersons G, Adorf F, Bach L (2015) Wildlife and renewable energy: German politics cross migratory bats. Eur J Wildl Res. https://doi.org/10.1007/s10344-015-0903-y

Widerin K, Jerabek M (2014) Fledermausnachweise am Kalser Törl (2.518 m, Hohe Tauern, Salzburg). Berichte der Naturwissenschaftlich-Medizinischen Vereinigung Salzburg 17:33–42

Widerin K, Reiter G (2017) Bat activity at high altitudes in the Central Alps, Europe. Acta Chiropterol 19:379–387

Widerin K, Reiter G (2018) Bat activity and bat migration at the elevation above 3,000 m at Hoher Sonnblick massive in the Central Alps, Austria (Chiroptera). Lynx 49:223–242

Zahn A, Lustig A, Hammer M (2014) Potenzielle Auswirkungen von Windenergieanlagen auf Fledermauspopulationen. ANLiegen Natur 36:21–35

Zingg PE, Bontadina F (2016) Migrating bats cross top of Europe. PeerJ Preprints 4:e2557v1. https://doi.org/10.7287/peerj.preprints.2557v1

Teil III
Konzeptartikel

Best-Available-Science/ Information-Mandat – evidenzbasierter Artenschutz in den USA

7

Jessica Weber, Johann Köppel und Gesa Geißler

Zusammenfassung

Um die Qualität von komplexen Entscheidungen zu erhöhen, findet sich ein Best-Available-Science/Information-(BAS/I-)Wissenschaftsmandat unmittelbar im US-amerikanischen Umweltrecht adressiert, prominent auch im Artenschutzrecht. BAS/I wird zugesprochen, die Schnittstelle zwischen (wissenschaftlichen) Informationen *(science push)* und dem handlungsorientierten *(policy pull)* Arten- und Naturschutz und seiner Planungs- und Genehmigungspraxis transparent zu machen. Wir haben in einem exemplarischen Überblick untersucht, welchen Fokus das BAS/I-Mandat in den USA hat und wie es in der Rechtssetzung, der öffentlichen Verwaltung sowie in Leitfäden ausgefüllt wird. Dazu zählen z. B. das stete Aufzeigen von verbleibenden Unsicherheiten und eine ausgeprägte Peer-Review-Praxis wichtiger Dokumente und Entscheidungen. Zwar können mit diesem Überblick noch keine Aussagen zur Breite, Tiefe und Effektivität der Umsetzung des BAS/I-Mandats in der US-amerikanischen Praxis getroffen werden, wir beschreiben diesen Ansatz jedoch als Good-Practice-Beispiel, um das evidenzbasierte Wissenschaftsmandat zukünftig auch in Deutschland expliziter diskutieren zu können und Eingang in einschlägige Routinen finden zu lassen. Gewinnen könnte dabei in jedem Fall die Transparenz unserer Planungs- und Genehmigungsverfahren.

J. Weber (✉) · J. Köppel · G. Geißler
Fachgebiet Umweltprüfung und Umweltplanung, Technische Universität Berlin, Berlin, Deutschland
E-Mail: j.weber@campus.tu-berlin.de

J. Köppel
E-Mail: johann.koeppel@tu-berlin.de

G. Geißler
E-Mail: gesa.geissler@tu-berlin.de

C. C. Voigt (Hrsg.), *Evidenzbasierter Fledermausschutz in Windkraftvorhaben*,
https://doi.org/10.1007/978-3-662-61454-9_7

Summary

In order to increase the quality of complex decisions, a 'Best Available Science/Information' (short 'BAS/I') mandate has directly been addressed in U.S. environmental law, prominently also in species protection legislation. BAS/I is awarded the task of making the interface between (scientific) information ('science push') and action-oriented ('policy pull') species and nature conservation and its planning and approval practice transparent. In an exemplary overview, we studied the focus of the BAS/I mandate in the USA and how it is integrated into legislation, public administration, and guidelines. These include, for example, the constant identification of remaining uncertainties and a pronounced peer-review practice of important documents and decisions. This overview provides no indication of the breadth, depth or effectiveness of the implementation of the BAS/I mandate in US practice. However, we describe a basic example of relevant 'good practice' in order to discuss the science mandate more explicitly for the German planning and approval practice in the future and to include BAS/I in relevant guidelines and routines. In any case, the transparency of our planning and approval procedures could benefit.

7.1 Einleitung[1]

Spätestens vor Gericht stellt sich häufig die Frage, ob auch die „besten wissenschaftlichen Erkenntnisse" herangezogen wurden[2]. Dabei sollte auch im Handlungsfeld Windenergie und Artenschutz möglichst präzise angegeben werden, inwieweit im Einzelfall evidenzbasiert argumentiert werden konnte und an welchen Stellen ergänzend mit Experteneinschätzungen gearbeitet wurde (Murphy und Weiland 2016; Ryder et al. 2010). Diesen Umgang mit Informationen in Entscheidungsprozessen behandeln wir in der deutschen Planungs- und Genehmigungspraxis womöglich noch nicht transparent genug. Die Frage, wie unterschiedlich wissenschaftliche Informationen in der Planungspraxis wahrgenommen werden, zeigt sich etwa in geführten Diskursen um die Ergebnisse der PROGRESS-Studie (Grünkorn et al. 2016) für artenschutzrechtliche Fragen in Genehmigungsverfahren für Windenergieanlagen (WEA) (Weber et al. 2019).

Um die Qualität von komplexen Entscheidungen zu erhöhen, ist in den USA immer wieder gefordert worden, sogenannte Best Available Science (BAS) und Best Available Scientific Information (BASI), also die besten verfügbaren wissenschaftlichen Informationen und Methoden, bei Entscheidungsfindungen

[1]Das vorliegende Kapitel basiert in weiten Teilen auf der unveröffentlichten Bachelorthesis der Erstautorin, die an der Technischen Universität Berlin als Leistung im Bachelorstudiengang Ökologie und Umweltplanung erstellt und von den Ko-Autoren betreut wurde.

[2]BVerfG, Urt. v. 23.10.2018, 1 BvR 2523/13, 1 BvR 595/14.

in der Umweltpolitik und im Naturschutz zu erörtern, anzuwenden und zu dokumentieren (Wolters et al. 2016). Es geht um das sogenannte Wissenschaftsmandat, das unter anderem über das U.S.-amerikanische Umweltrecht transportiert wird, z. B. im Artenschutz, in der Fischerei und der Waldwirtschaft. Meistens wird BAS/I von Bundesbehörden wahrgenommen und daher als Zielfestlegung der öffentlichen Verwaltung, d. h. der Exekutive, verstanden (Doremus 1997; Glicksman 2008; Green und Garmestani 2012; Corn et al. 2013; zit. nach Weber 2018). Mit diesen U.S.-amerikanischen Regelungen geht es letztlich um mehrere miteinander verbundene Grundsätze:

- Orientierung am Wissenschaftsprozess[3], auch im Verwaltungshandeln, zumindest im Zuständigkeitsbereich von Bundesbehörden (NOAA 2014; Sullivan et al. 2006a, b)
- Kritischer Umgang mit und Dokumentation der verwendeten Informationen (Glicksman 2008; USFS 2013), aber auch verbleibender Unsicherheiten (Glicksman 2008, Ryder et al. 2010; USFS 2013) bis hin zu den jeweiligen Schlussfolgerungen (Glicksman 2008; USFS 2013)
- Einsatz von Peer-Review-Verfahren, wann immer grundlegende Regelungen mit entsprechenden Implikationen erarbeitet werden (wie behördliche Handlungsanleitungen, aber auch Pläne) (Glicksman 2008, Ryder et al. 2010; Sullivan et al. 2006a, b; USFS 2013)
- Öffentlichkeitsbeteiligung und das Recht, die Vollständigkeit und Richtigkeit von Bundesbehörden verwendeten Informationen überprüfen lassen zu können (USFWS 2012)

Bei der Umsetzung der BAS/I-Vorgaben können sich in unterschiedlichen Behörden spezifische Anwendungsmuster herausbilden (Lowell und Kelly 2016, zit. nach Weber 2018). Durch die iterative Entwicklung des BAS/I-Mandats durch verschiedene Bundesgesetze und Regelungen erfolgte jedoch eine Konkretisierung (Murphy und Weiland 2011), die im Folgenden exemplarisch aufgezeigt wird. Das Ziel ist es abzubilden, wie BAS/I in den Bereichen Artenschutz- und Forstrecht verstanden wird, als Good-Practice-Beispiel für die Schnittstelle zwischen möglichst evidenzbasierten Informationen, dem transparenten Umgang auch mit Unsicherheiten und der Planungs- und Genehmigungspraxis.

[3]Unter einem Wissenschaftsprozess werden bestimmte Arbeitsweisen verstanden, mithilfe derer Informationen als „valide" oder „stichhaltig" eingestuft werden sollen (Sullivan et al. 2006a, b; Atteslander 2008). Sechs Arbeitsschritte des Wissenschaftsprozesses sind hierbei zu erfüllen, damit Informationen als BAS gelten und um qualitative Informationen in öffentlichen Beteiligungsprozessen zu identifizieren (vgl. z. B. „U.S. Forest Service Handbook", USFS 2013, zit. nach Weber 2018): Peer-Review, Methodenverwendung, logische Schlussfolgerungen und akzeptable Unsicherheiten/Beeinträchtigungen, quantitative Analysen, Kontext und Anwendungsbezug. Ein Peer-Review ist ein Verfahren, bei dem eine Publikation vor der Veröffentlichung von einer Gruppe von Experten auf dem entsprechenden Gebiet bewertet wird.

7.2 Methoden

In einem schlaglichtartigen Überblick haben wir basierend auf Weber (2018) untersucht, welchen Fokus das BAS/I-Mandat in den USA hat und wie es grundsätzlich ausgefüllt wird. Dazu erfolgte eine systematische Literaturanalyse gemäß einer Stichwortsuche in entsprechenden Literaturdatenbanken. Die identifizierten Dokumente, US-amerikanische Gesetze, Leitfäden von Umweltbehörden sowie wissenschaftliche Literatur wurden rein qualitativ analysiert.

Exemplarisch beziehen wir uns im Folgenden auf die Verankerung von BAS/I im Artenschutzrecht (Endangered Species Act, ESA) sowie bei der Erstellung von Managementplänen für die Bundesforste (U.S. National Forest Management Act, NFMA). Dabei nehmen wir Bezug auf die Rahmenvorgaben des Office of Management and Budget (OMB). Diese Bundesbehörde nimmt eine koordinierende Funktion für die Arbeit der Bundesbehörden ein und ist verantwortlich für die Implementierung des Information Quality Act[4] (2001), der u. a. als Treiber der Reformen für eine „gute Wissenschaft" in den USA verstanden wird (Wagner 2003).

7.3 BAS/I im amerikanischen Artenschutz- und Forstrecht

7.3.1 Verankerung des BAS/I-Mandats beim Vollzug des Endangered Species Act

Der Endangered Species Act (ESA, 1973) gilt als eine der ersten Regelungen, welche mit einem Wissenschaftsmandat eine prominente Verbindung zwischen Wissenschaft und Praxis herstellte (Doremus 1997; Green und Garmestani 2012; Lowell und Kelly 2016, zit. Nach Weber 2018). Er legt unter anderem fest, dass Entscheidungen über die Einstufung von Arten als gefährdet bzw. Bedroht ausschließlich auf Grundlage der besten verfügbaren wissenschaftlichen (und kommerziellen) Daten zu tätigen sind (BAS) (Corn et al. 2013; Sullivan et al. 2006a, b, zit. Nach Weber 2018).

Das BAS-Mandat des ESA gilt weiterhin auch für die Ausweisung „kritischer Lebensräume" für gelistete Arten[5] sowie die Erstellung betreffender Managementpläne (*recovery plans*). Andere Bundesbehörden, die durch ihre Aktivitäten den Fortbestand der gelisteten Arten gefährden können, haben den U.S. Fish and Wildlife Service (USFWS) zu konsultieren. Die Konsultationsbestimmungen verlangen

---

[4]In manchen Behörden auch als Data Quality Act bezeichnet.

[5]Aktuell (Stand Mai 2019) sind 2.349 Arten als *„endangered"* oder *„threatened"* eingestuft (USFWS 2019).

von allen Bundesbehörden, in Absprache mit dem USFWS sicherzustellen, dass jede von der Behörde genehmigte, finanzierte oder durchgeführte Maßnahme den Fortbestand einer gelisteten Art nicht gefährdet oder zur Zerstörung oder Beeinträchtigung ihres kritischen Lebensraums führt (USFWS, NOAA 1994). Zu diesem Konsultationsprozess gehören die Vorbereitung eines Artenschutzfachbeitrags (*biological assessment*), eine behördliche Artenschutzprüfung (*biological opinion*) über die Auswirkungen des Vorhabens sowie ggf. Eine artenschutzrechtliche Ausnahmegenehmigung (*incidental take permit*). Die behördenübergreifenden Konsultationen verlangen, dass der USFWS dabei den besten verfügbaren wissenschaftlichen Standard anwendet.

Die das Wissenschaftsmandat betreffende Leitlinie – die *U.S. Fish and Wildlife Service Information Quality Guidelines and Peer Review (revised June 2012)* – benennt in Abschnitt IV-4 v. A. Folgendes Anforderungsprofil (USFWS 2016):

- Auf welche Arten von Forschungsstudien stützt sich die Information/Beurteilung (z. B. Experimentelle Studien mit Kontrollen; statistisch gestaltete Beobachtungsstudien, die Hypothesen testen; Monitoringstudien; Informationssynthese; Experteneinschätzung)?
- Wie aktuell ist die Studie?
- Welche Quellen liegen den Daten zugrunde, die die betreffende Information/Beurteilung unterstützen (z. B. Peer-Review-Artikel mit Primärdaten oder Datensynthese, unveröffentlichte begutachtete Berichte, Lehrbuch, persönliche Kommunikation usw.)?
- Welche der Quellen waren für die Schlussfolgerungen der Information/Beurteilung am wichtigsten?
- Welche Art von Überprüfung haben die Quellen erhalten (anonymes, unabhängiges Peer-Review, externes Peer-Review, eigene Überprüfung, öffentliche Überprüfung und Kommentierung etc.)?
- Waren die Gutachter unabhängig von der U.S.-Bundesnaturschutzbehörde (USFWS) sowie von Personen oder Gruppen, die eine bestimmte Vorgehensweise dieser befürworten?
- Waren die Überprüfungen in Übereinstimmung mit der Richtlinie OMB M-05-03, *Final Information Quality Bulletin for Peer Review* (OMB 2004)?

Bei den Anforderungen an das Peer-Review werden Unterschiede zu akademischen Reviews etwa bei Fachzeitschriften deutlich. So ist einerseits die Identität der Reviewer im Peer-Review-Prozess offenzulegen. Andererseits ist eine öffentliche Kommentierungsphase mit Einsicht in den Peer-Review-Prozess durchzuführen. Weiterhin ist die Veröffentlichung von Metadaten über den Peer-Review-Prozess im Internet erforderlich, etwa über die Auswahl der Gutachter und den Stand des Prozesses. Ein Peer-Review ist dabei nicht auf abgeschlossene Dokumente begrenzt, sondern gilt insbesondere auch für Arbeitsentwürfe. Zur Erfüllung dieser Aufgaben können Ad-hoc-Gremien eingerichtet werden *(panel evaluations)* (USFWS 2012).

Ein Beispiel für die Umsetzung dieser Grundsätze von BAS im US-amerikanischen Artenschutz umfasst den Diskurs um ein Wassertransferprojekt von Nord- nach Südkalifornien, das quasi Jahrhundertprojekt „California Water Fix". Dabei geht es u. A. Um die Auswirkungen der geplanten Tunnelbauten auf die Biodiversität des Deltas des Sacramento River. Projektgegner werfen der Artenschutzprüfung der zuständigen Bundesbehörde eine nicht hinreichende Beachtung des BAS-Mandats vor (Kovaleski 2017). Auch bei der Aufstellung des Fischereimanagementplans für die Beringsee und die Aleuten vor Alaska standen die besten fachwissenschaftlichen Erkenntnisse in der Diskussion. Dabei war die Frage, inwiefern durch mögliche Nahrungskonkurrenzen die bedeutenden Bestände der Stellerschen Seelöwen *(Eumetopias jubatus)* betroffen sind. Dabei wurde auch die Öffentlichkeit innerhalb des unabhängigen Peer-Review ausdrücklich berücksichtigt (NOAA 2012).

7.3.2 Verankerung des BASI-Mandats bei den US-Bundesforsten (National Forest Management Act)

Auch in anderen Politikfeldern und Regelungen des Natur- und Ressourcenschutzes in den USA findet sich das BAS/I-Mandat, wie es beim Artenschutz eingeführt und geprägt wurde (Murphy und Weiland 2011, 2019). Als Beispiel ist das BASI-Mandat des National Forest Management Act (NFMA) herauszuheben, das seit dem Jahr 2005 für die Aufstellung von Bewirtschaftungsplänen für Bundesforste *(land and resource management plans)* umgesetzt wird (Charnley et al. 2017, Glicksman 2008, zit. nach Weber 2018). Dieses Mandat sieht BASI als Standard an, der im jeweiligen Entscheidungsprozess iterativ, d. h. individuell, präzisiert werden soll (36 C.F.R. § 219.3 2006; vgl. Glicksman 2008, zit. nach Weber 2018).

Der NFMA führt zur Aufstellung von Managementplänen der Bundesforste in § 219.3 die Rolle der Wissenschaft bei der Planung ein: „The responsible official shall use the best available scientific information to inform the planning process […]." Das *Forest Service Handbook* (USFS 2013) behandelt das BASI-Mandat konkret als ein Unterkapitel von Kap. 40. Abschn. 42 lautet: „Use of best available scientific information to inform the land management planning process." Zudem wird die Qualität von wissenschaftlichen Informationen anhand von Kriterien gefasst, wie die Genauigkeit („accuracy"), Verlässlichkeit („reliability") und Relevanz („relevance") von Informationen für den Planungsprozess. Weiterhin gibt es in Kap. 40 Hinweise zum „Adaptive Management Framework" (Abschn. 41) sowie zur „Public participation and the role of collaboration" (Abschn. 43).

Der Vollzug des NFMA und des BASI-Mandats unterliegt einer der wichtigsten US-amerikanischen Bundesbehörden, dem „U.S. Forest Service" (USFS). Der USFS verwaltet die US-Bundesforste, die eine dreifach größere Fläche aufweisen als die Nationalparks in den USA. Die Aufgaben des USFS umfassen die Steuerung der Landnutzung (z. B. Vergabe von Weidelizenzen) und die Entwicklung der Schutzfunktionen des Waldes (USFS 2019). Ryan et al. (2018) haben die Verwendung des BASI-Mandats bei der Erstellung von drei Managementplänen untersucht. Ein wesentliches Augenmerk galt dabei der Frage, welche Informationsquellen genutzt wurden und wie sorgfältig dies dokumentiert wurde, zumal hinsichtlich der Evidenzbasierung der Quellen. Die meisten verwendeten Quellen waren begutachtete wissenschaftliche Studien, die aufgrund der thematischen Spezifität als hilfreich gelten. Die Zusammensetzung und Zugehörigkeit des Teams zur Beurteilung der Informationen erschienen ebenso wichtig wie eine verstärkte Transparenz im Prozess zur Bestimmung der wissenschaftlichen Relevanz (Ryan et al. 2018).

7.3.3 Vorgaben des Information Quality Act

Der Information Quality Act" (IQA, 2001) kann als Umsetzungshilfe des BAS/I-Mandats in der Praxis verstanden werden und wird daher auch als Reform für eine „gute Wissenschaft" bezeichnet (Murphy und Weiland 2011; Wagner 2003). Dieses Gesetz, das vom Office of Management and Budget (OMB) im Jahr 2011 in den USA erlassen wurde, hat das Ziel, die Qualität, Objektivität, Nutzbarkeit und Integrität von bundesbehördlichen Informationen für die Öffentlichkeit sicherzustellen (Murphy und Weiland 2011). Zur Umsetzung des IQA sollen entsprechende Qualitätsrichtlinien *(quality guidelines)* zur politischen und verfahrensrechtlichen Anwendung in Bundesbehörden erlassen werden (Section 515 of Public Law 106–554; zit. nach Weber 2018).

Die unmittelbar im Vollzug des IQA erstellte Qualitätsrichtlinie des OMB (2002) beschreibt dafür einen übergreifenden Handlungsrahmen *(Guidelines for Ensuring and Maximizing the Quality, Objectivity, Utility, and Integrity of Information Disseminated by Federal Agencies)* (OMB 2002):

- Alle Bundesbehörden sollen einen grundlegenden Qualitätsstandard zur Objektivität, Nutzbarkeit und Integrität ihrer Informationen festschreiben und geeignete Maßnahmen ergreifen, um eine entsprechende Qualität bei der Verbreitung ihrer Informationen sicherzustellen (OMB 2002).
- Im Hinblick auf ein gutes und effektives Informationsmanagement entwickeln die Bundesbehörden einen Prozess zur Überprüfung der Informationsqualität, bevor die Informationen verbreitet werden (OMB 2002).
- Sie richten Verfahren ein, die es Betroffenen ermöglicht, Korrekturen von Informationen zu erlangen, die von der Behörde gepflegt und verbreitet werden und nicht den Richtlinien entsprechen (OMB 2002).
- "Objektivität" bezieht sich dabei einerseits darauf, wie Informationen präsentiert werden, sowie andererseits auf die faktische Substanz von Informationen. Es kommt darauf an, dass verbreitete Informationen genau, klar, vollständig und unvoreingenommen präsentiert werden und dass sie eine

vollständige und transparente Dokumentation haben. Fehlerquellen sollten offengelegt werden. Die Original- und Begleitdaten sind darzulegen und die Analyseergebnisse mit soliden Forschungs- und statistischen Methoden zu entwickeln (OMB 2002).
- Wenn Daten und Analyseergebnisse einem unabhängigen, externen Peer-Review unterzogen werden, könne im Allgemeinen davon ausgegangen werden, dass die Informationen von akzeptabler Objektivität sind. Der Überprüfungsprozess muss die von OMB-OIRA (OIRA = Office of Information and Regulatory Affairs) empfohlenen Kriterien für ein kompetentes und glaubwürdiges Peer-Review erfüllen (Murphy und Weiland 2019; OMB 2002).
- Sofern eine Bundesbehörde für die Verbreitung „einflussreicher“[6] wissenschaftlicher, finanzieller oder statistischer Informationen verantwortlich ist, müssen ihre Leitlinien ein beträchtliches Maß an Transparenz über Daten und Methoden zur Erleichterung der Reproduzierbarkeit beinhalten (OMB 2002).

Für den Artenschutz an Land hat der USFWS auf Bundesebene Standards für die Informations- und Datenverarbeitung in behördlichen Entscheidungsprozessen für die o.g. „einflussreichen“ Dokumente bereitgestellt (USFWS 2012). Für den marinen Artenschutz gelten die Leitlinien der zuständigen Bundesbehörden, der National Oceanic and Atmospheric Administration (NOAA) und dem National Marine Fisheries Service (NMFS) (NOAA 2014; USDOC et al. 2016).

7.4 Diskussion und Schlussfolgerung

Mit BAS/I wird in den USA gerade beim Vollzug des Artenschutzes ein ausgeprägtes Bewusstsein für einen transparenten Umgang mit der Schnittstelle zwischen Informationen und Planungspraxis geschaffen. Das Ziel ist es, möglichst evidenzbasierte, Unsicherheiten anerkennende und nachvollziehbare Management- und Genehmigungsprozesse zu fördern (Francis et al. 2005; Glicksman 2008; Murphy und Weiland 2016; Ryder et al. 2010; Sullivan et al. 2006a, b; USFS 2013). Weiterhin trägt die in den USA traditionelle Peer-Review-Orientierung zur Qualitätssicherung bei, zumal bei wichtigen (Management-, Genehmigungs-)Entscheidungen und der Erstellung von Arbeitshilfen (Glicksman 2008, NOAA 2014; Sullivan et al. 2006b; USFWS 2012). Das BAS/I-Mandat des ESA (Endangered Species Act) und des NFMA (National Forest Management Act) zeigen auf, wie BAS/I in der Praxis durch Leitfäden untersetzt wird.

[6] Das OMB unterscheidet zwischen verschiedenen Arten von Informationen. So erfordern etwa manche bundesbehördlichen Informationen einen höheren Qualitätsstandard, wenn diese einen einflussreichen Effekt auf Politikentscheidungen oder Entscheidungen des Privatsektors haben (OMB 2002).

Gleichzeitig scheint die konkrete Operationalisierung des BAS/I-Mandats auch in den USA keineswegs leicht zu fallen (Corn et al. 2013; Doremus 1997; Glicksman 2008; Green und Garmestani 2012). BAS/I wird i. d. R. als individuelle Auslegung der Verwaltung verstanden. Es finden sich jedoch Übereinstimmungen im Verständnis von BAS/I in der Praxis, vor allem wie die Evidenz von Informationen nachgewiesen werden soll (z. B. transparent dargelegte Methoden, kritisch reflektierte Ergebnisinterpretationen; zit. nach Weber 2018). Es verbleibt zu untersuchen, wie Planer sicherer werden, was BASI ist und wie BASI identifiziert und genutzt werden kann (Ryan et al. 2018). Wir können uns zwar keine Beurteilung der gelebten BAS/I-Praxis erlauben, aber die schlaglichtartige Literaturanalyse verdeutlichte beispielsweise, dass das BAS/I-Mandat oft auch herangezogen wird, wenn auf eine begrenzte Datenlage hingewiesen wird (Cravens und Ardoin 2016). So werden resultierende Unsicherheiten aufgezeigt und kommuniziert (zit. nach Weber 2018).

Dies erlaubt auch eine gezielte Überprüfung der Schlussfolgerungen im Zuge vorgegebener Beteiligungsprozesse bzw. durch die Gerichte. Für Letzteres finden sich ebenfalls Beispiele, bei denen z. B. wie in Deutschland auf nicht berücksichtigte Daten oder Artvorkommen hingewiesen wird (Kovaleski 2017; Lowell und Kelly 2016). Allerdings finden sich auch Hinweise, die Umsetzungsschwierigkeiten beim BAS/I-Mandat thematisieren (Esch et al. 2018; Ryan et al. 2018), erwartungsgemäß allein schon personelle Kapazitätsfragen bei den Behörden (Murphy und Weiland 2016).

Auch außerhalb der USA wurden z. B. in den Niederlanden von der für die Umweltverträglichkeitsprüfung zuständigen Behörde Leitfäden herausgegeben, die einige Aspekte des BAS/I-Mandats wie in den USA aufnehmen, insbesondere zum Umgang mit Unsicherheiten und der betreffenden Kommunikation (Petersen et al. 2013; Wardekker et al. 2013). Dazu zählen

- ohnehin kaum vorhersagbare Phänomene, („unpredictable system behaviour"),
- unvollständiges Wissen („lack of information; unreliable information"),
- abweichende Einordnungen von Erkenntnissen („knowledge frames"; „conflicting interpretations of human–environment relations") (Ingold et al. 2018).

Gerade zum Umgang mit Unsicherheiten kann ein erheblicher Nachholbedarf in Deutschland nötig sein, weil diese – womöglich aufgrund des als überwältigend empfundenen Drucks der rechtlichen Überprüfung – selten hinreichend ausgeführt scheinen. Allerdings sorgen auch die Gerichte mit unbestimmten Rechtsbegriffen (z. B. „signifikant erhöhtes Tötungsrisiko"[7]) für entsprechende Herausforderungen im Sinne von BAS/I, ungeachtet des tatsächlichen Standes des Wissens. Dies könnte umgangssprachlich nahezu als *wishful thinking* bezeichnet werden.

[7]BVerwG, Urt. v. 09.07.2008, 9 A 14.07

Mit BAS/I wird zumindest ein kritischer Umgang mit Informationen gefördert, durch einen gut nachvollziehbaren Umgang mit zugrunde liegenden Informationen in Handlungsempfehlungen und Entscheidungsfindungen. Die Vorteile von BAS/I liegen in einem möglichst hohen Maß an Evidenzbasierung, der klaren Ansprache, wenn lediglich Einschätzungen getroffen werden, sowie einer Versachlichung von betreffenden Fragestellungen aufgrund des Wissenschaftsprinzips und sorgfältiger Review-Prozesse. Zwar ist mit dem Begriff „beste einschlägige wissenschaftliche Erkenntnisse"[8] ein ähnliches Konzept über die europäische Rechtsprechung auch in Deutschland etabliert (zit. nach Weber 2018). Allerdings haben die vorgestellten U.S.-amerikanischen Prozesse für BAS/I bislang keine entsprechende Ausgestaltung in Deutschland. BAS/I beginnt in den USA bereits mit bundesbehördlichen Prozessen; im Vergleich dazu werden in Deutschland z. B. keine externen Peer-Reviews (oder gar mit Öffentlichkeitsbeteiligung) durchgeführt, etwa wenn das Bundesamt für Naturschutz oder die (staatlichen) Vogelschutzwarten durchaus einflussreiche Leitfäden oder Hinweise herausgeben (z. B. Tierökologische Abstandskriterien, um das Flugverhalten von planungsrelevanten Arten mit Schutzzonen zu operationalisieren (LAG VSW 2014), oder z. B. Gefährdungs-/Mortalitätsindex des Bundesamtes für Naturschutz (Dierschke und Bernotat 2012).

Eine durchgängige BAS/I-Behandlung in Gutachten- und Genehmigungsprozessen sowie externe Peer-Review-Prozesse könnten auch in Deutschland Planungshilfen und -prozesse transparenter und evidenzbasierter gestalten (vgl. USFS 2013). Normsetzungen in Deutschland entstünden „[…] in der Regel durch Bewertung und Abwägung wissenschaftlicher Erkenntnisse bzw. Daten (so weit vorhanden) mit politischen Zielen", so ein anonymer Gutachterhinweis zu unserem Manuskript. Einem inneren politischen Abwägungsprozess möchte das Wissenschaftsprinzip eine Stärkung der Sachbasis und Transparenz gegenüberstellen. Um die Kommunikation an der Schnittstelle zwischen Wissenschaft und Planungs- und Naturschutzpraxis zu stärken, erscheint weiterer Forschungsbedarf gegeben (Weber 2018). Ein systematischer Vergleich von BAS/I mit der deutschen Genehmigungspraxis könnte dazu beitragen. Dies umfasst etwa auch die Leistungsfähigkeit der Evidenzkontrolle durch die allgemeine Öffentlichkeitsbeteiligung in Deutschland.

Wir meinen, eine deutlichere Evidenzbasierung könnte zur gesellschaftlichen Legitimation von Planungen beitragen, wenn die Art und Qualität der verfügbaren Informationen offengelegt und Wertvorstellungen als solche benannt werden. Umweltprobleme und -konflikte zeichnen sich stets durch unterschiedliche Werthaltungen, abweichende Wahrnehmungen von Ursache-Wirkungs-Zusammenhängen sowie verschiedene Einschätzungen zur Wirksamkeit von Abhilfemaßnahmen aus (Cravens und Ardoin 2016; Weber et al. 2019). Abgestimmte oder zumindest konstruktiv verhandelte BAS/I-Standards

[8]EuGH, Urteil vom 07.09.2004, C 262/2

könnten eine höhere Prozessqualität in unsere Planungs- und Genehmigungsverfahren bringen – und im besten Fall auch die Gerichte entlasten.

Danksagung Wir danken Alena Barth für ihre Unterstützung bei der Recherche zu den niederländischen Leitfäden. Unser Dank gilt ebenfalls Christina von Haaren sowie einem anonymen Gutachter für die kritische Durchsicht unseres eingereichten Beitrags.

Die Veröffentlichung wurde durch den Open-Access-Publikationsfonds für Monografien der Leibniz-Gemeinschaft gefördert.

Literatur

Atteslander P (2008) Methoden der empirischen Sozialforschung, 12. Aufl. Schmidt Verlag, Berlin

Charnley S, Carothers C, Satterfield T, Levine A, Poe MR, Norman K, Donatuto J, Breslow SJ, Mascia MB, Levin PS, Basurto X, Hicks CC, García-Quijano C, St. Martin K (2017) Evaluating the best available social science for natural resource management decision-making. Environ Sci Policy 73:80–88. https://doi.org/10.1016/j.envsci.2017.04.002

Corn ML, Alexander K, Buck EH (2013) The endangered species act and „Sound Science". https://fas.org/sgp/crs/misc/RL32992.pdf. Zugegriffen: 5. Nov. 2016

Cravens AE, Ardoin NM (2016) Negotiating credibility and legitimacy in the shadow of an authoritative data source. E&S 21(4). https://doi.org/10.5751/ES-08849-210430

Dierschke V, Bernotat D (2012) Übergeordnete Kriterien zur Bewertung der Mortalität wildlebender Tiere im Rahmen von Projekten und Eingriffen – unter besonderer Berücksichtigung der deutschen Brutvogelarten. https://www.bfn.de/fileadmin/MDB/documents/themen/eingriffsregelung/Skripte/Dierschke_Bernotat_MGI_2012.pdf. Zugegriffen: 13. Sept. 2017

Doremus H (1997) Listing decisions under the endangered species act: why better science isn't always better policy. Washington University Law Quarterly 3:75

Esch BE, Waltz AEM, Wasserman TN, Kalies EL (2018) Using best available science information: determining best and available. J Forest 116(5):473–480. https://doi.org/10.1093/jofore/fvy037

Francis TB, Whitaker KA, Shandas V, Mills AV, Graybill JK (2005) Incorporating science into the environmental policy process: a case study from Washington state. Ecol Soc 10(1):35

Glicksman RL (2008) Bridging data gaps through modeling and evaluation of surrogates: use of the best available science to protect biological diversity under the national forest management act. Indiana 83 L. J., Issue #2

Green OO, Garmestani AS (2012) Adaptive management to protect biodiversity best available science and the Endangered Species Act. Diversity 4(4):164–178. https://doi.org/10.3390/d4020164

Grünkorn T, Blew J, Coppack T, Krüger O, Nehls G, Potiek M, Reichenbach M, Rönn H von, Timmermann H, Weitekamp S (2016) Ermittlung der Kollisionsraten von (Greif-)Vögeln und Schaffung planungsbezogener Grundlagen für die Prognose und Bewertung des Kollisionsrisikos durch Windenergieanlagen (PROGRESS), F&E-Vorhaben Windenergie, Abschlussbericht 2016, Verbundprojekt, Förderkennzeichen 0325300 A-D. Zugegriffen: 17. Nov. 2016

Ingold K, Driessen PPJ, Runhaar HAC, Widmer A (2018) On the necessity of connectivity: linking key characteristics of environmental problems with governance modes. J Environ Planning Manage 23(4):1–24. https://doi.org/10.1080/09640568.2018.1486700

Kovaleski N (2017) Federal biological opinion ignores best available science. https://www.restorethedelta.org/2017/06/26/federal-biological-opinion-ignores-best-available-science/. Zugegriffen: 11. Apr. 2019

LAG VSW (Länderarbeitsgemeinschaft der Vogelschutzwarten) (2014) Abstandsempfehlungen für Windenergieanlagen zu bedeutsamen Vogellebensräumen sowie Brutplätzen ausgewählter Vogelarten (Stand April 2015). Berichte zum Vogelschutz (Band 51)

Lowell N, Kelly RP (2016) Evaluating agency use of "best available science" under the United States endangered species act. Biol Cons 196:53–59. https://doi.org/10.1016/j.biocon.2016.02.003

Murphy DD, Weiland PS (2011) The route to best science in implementation of the endangered species act's consultation mandate: the benefits of structured effects analysis. Environ Manage 47(2):161–172. https://doi.org/10.1007/s00267-010-9597-9

Murphy DD, Weiland PS (2016) Guidance on the use of best available science under the U.S. endangered species act. Environ Manage 58(1):1–14. https://doi.org/10.1007/s00267-016-0697-z

Murphy DD, Weiland PS (2019) Independent scientific review under the endangered species act. Bioscience 69(3):198–208

NOAA (National Oceanic and Atmospheric Administration) (2012) Review of the biological opinion on the effects of the Alaska Groundfish Fisheries on Steller Sea Lions and other endangered species|NOAA Fisheries. https://www.fisheries.noaa.gov/action/review-biological-opinion-effects-alaska-groundfish-fisheries-steller-sea-lions-and-other. Zugegriffen: 11. Apr. 2019

NOAA (National Oceanic and Atmospheric Administration) (2014) Office of the Chief Information Officer & High Performance Computing and Communications. National Oceanic and Atmospheric Administration Information Quality Guidelines. https://www.cio.noaa.gov/services_programs/IQ_Guidelines_103014.html. Zugegriffen: 25. Aug. 2017

OMB (Office of Management and Budget) (2002) Guidelines for ensuring and maximizing the quality, objectivity, utility, and integrity of information disseminated by federal agencies; notice; republication. https://www.whitehouse.gov/omb/fedreg_reproducible. Zugegriffen: 12. Apr. 2019

OMB (Office of Management and Budget) (2004) Final information quality bulletin for peer review. https://www.fws.gov/informationquality/peer_review/OMB_m05-03.pdf. Zugegriffen: 1. Mai 2017

Petersen AC, Janssen PHM, van der Sluijs JP, Risbey JS, Ravetz JR, Wardekker JA, Martinson Hughes H (2013) Guidance for uncertainty assessment and communication. Second edition. https://dspace.library.uu.nl/bitstream/handle/1874/314846/PBL_2013_Guidance_for_uncertainty_assessment_and_communication_712.pdf?sequence=1. Zugegriffen: 11. Apr. 2019

Ryan CM, Cerveny LK, Robinson TL, Blahna DJ (2018) Implementing the 2012 forest planning rule: best available scientific information in forest planning assessments. Forest Sci 64(2):159–169. https://doi.org/10.1093/forsci/fxx004

Ryder DS, Tomlinson M, Gawne B, Likens GE (2010) Defining and using ‚best available science' A policy conundrum for the management of aquatic ecosystems. Mar Freshwater Res 61(7):821. https://doi.org/10.1071/MF10113

Sullivan PJ, Acheson JM, Angermeier PL, Faast T, Flemma J, Jones CM, Knudsen EE, Minello, Thomas, J., Secor, David H., Wunderlich R, Zaneteel BA (2006a) Defining and Implementing Best Available Science for Fisheries and Environmental Science, Policy, and Management. Zugegriffen: 5. Nov. 2016

Sullivan PJ, Acheson JM, Angermeier PL, Faast T, Flemma J, Jones CM, Knudsen EE, Minello TJ, Secor DH, Wunderlich R, Zaneteel BA (2006b) Defining and Implementing Best Available Science for Fisheries, Environmental Science, Policy, and Management. Report: Best Science Committee. Fisheries 31:9

USDOC, NOAA, NMFS (U.S. Department of Commerce, National Oceanic and Atmospheric Administration, National Marine Fisheries Service) (2016) Technical Guidance for Assessing the Effects of Anthropogenic Sound on Marine Mammal Hearing. Underwater Acoustic Thresholds for Onset of Permanent and Temporary Threshold Shifts. NOAA Technical Memorandum NMFS-OPR-55. https://www.nmfs.noaa.gov/pr/acoustics/Acoustic%2520Guidance%2520Files/opr-55_acoustic_guidance_tech_memo.pdf. Zugegriffen: 24. Aug. 2017

USFWS (U.S. Fish and Wildlife Service) (2012) Information Quality Guidelines. Guidelines issued by the U.S. Fish and Wildlife Service (FWS) for ensuring the quality, objectivity, utility, and integrity of information disseminated by FWS. U.S. Fish and Wildlife Service. https://www.fws.gov/wetlands/Documents/US-Fish-and-Wildlife-Service-Information-Quality-Guidelines.pdf. Zugegriffen: 5. Nov. 2016

USFWS (U.S. Fish and Wildlife Service) (2016) Ensuring the quality and credibility of information. https://www.fws.gov/informationquality/. Zugegriffen: 1. Mai 2017

USFWS, NOAA (U.S. Fish and Wildlife Service, National Oceanic and Atmospheric Administration) (1994) Endangered and ThreatenedWildlife and Plants: Notice of Interagency Cooperative Policy on Information Standards under the Endangered Species Act. Office of the Federal Register, National Archives and Records Administra. https://www.gpo.gov/fdsys/pkg/FR-1994-07-01/pdf/FR-1994-07-01.pdf. Zugegriffen: 11. März 2017

USFWS (U.S. Fish and Wildlife Service) (2019) Listed species summary (Boxscore). https://ecos.fws.gov/ecp0/reports/box-score-report. Zugegriffen: 10. Mai 2019

USFS (U.S. Forest Service) (2013) Forest Service Handbook – National Headquarters (WO) Washington, DC. FSH 1909.12 – Land Management Planning Handbook – Chapter 40 Key processes supporting land management planning

USFS (U.S. Forest Service) (2019) US forest service forest management. https://www.fs.fed.us/forestmanagement/. Zugegriffen: 12. Apr. 2019

Wagner WE (2003) The „Bad Science“ fiction: reclaiming the debate over the role of science in public health and environmental regulation. Law Contemp Probl 66:63

Wardekker JA, Kloprogge P, Petersen AC, Janssen PHM, van der Sluijs JP (2013) Guidance for Uncertainty Assessment and Communication Series. https://dspace.library.uu.nl/handle/1874/319532

Weber J (2018) Das „Best Available Science“ Mandat in der Umweltplanung. Eine synoptische Analyse und Erprobung im Handlungsfeld Windenergie und Artenschutz. Bachelor-Thesis, Technische Universität Berlin

Weber J, Biehl J, Köppel J (2019) Lost in bias? Multifaceted discourses framing the communication of wind and wildlife research results: the progress case. In: Bispo R, Bernardino J, Coelho H, Lino Costa J (Hrsg) Wind energy and wildlife impacts. Springer, Cham, S 179–204

Wolters EA, Steel BS, Lach D, Kloepfer D (2016) What is the best available science? A comparison of marine scientists, managers, and interest groups in the United States. Ocean Coast Manag 122:95–102. https://doi.org/10.1016/j.ocecoaman.2016.01.011

Rechtsquellenverzeichnis

Endangered Species Act of 1973 as amended through the 108th Congress. https://www.fws.gov/endangered/laws-policies/esa.html. Zugegriffen: 2. Okt. 2017

Information Quality Act. https://www.fws.gov/informationquality/section515.html. Zugegriffen: 2. Okt. 2017

National Forest Management Act of 1976. https://www.fs.fed.us/emc/nfma/includes/NFMA1976.pdf. Zugegriffen: 2. Okt. 2017

BY

8 Windenergievorhaben und Fledermausschutz: Was fordern Expert*innen zur Lösung des Grün-Grün-Dilemmas?

Wind turbine projects and bat conservation: What do experts demand to solve the green-green dilemma?

Marcus Fritze, Linn S. Lehnert, Olga Heim, Oliver Lindecke, Manuel Röleke und Christian C. Voigt

Zusammenfassung

Im Rahmen einer internetbasierten Umfrage wurde die Einschätzung von Expert*innen aus der Genehmigungspraxis von Windenergieanlagen (Vertreter*innen der Naturschutzbehörden und dem Windenergiesektor, Mitglieder und Mitarbeiter*innen von Umweltschutzorganisationen, Wissenschaftler*innen und Fachgutachter*innen) zur Vereinbarkeit von Artenschutz, speziell Fledermausschutz, und dem Ausbau erneuerbarer Energien, speziell Windenergieproduktion, abgefragt. Mehrheitlich bewerteten die Fachexpert*innen das derzeitige Artenschutzrecht als nicht zu streng und zudem als nicht hinderlich für den weiteren Ausbau der Windenergieproduktion in Deutschland. Des Weiteren bewertete die Mehrheit der Umfrageteilnehmer*innen die Windenergieproduktion an Waldstandorten als nicht im Sinne einer umweltverträglichen Energiewende und als zu sehr konfliktbelastet.

M. Fritze · L. S. Lehnert · O. Heim · O. Lindecke · M. Röleke · C. C. Voigt (✉)
Abteilung Evolutionäre Ökologie, Leibniz-Institut für Zoo- und Wildtierforschung, Berlin, Deutschland
E-Mail: voigt@izw-berlin.de

C. C. Voigt (Hrsg.), *Evidenzbasierter Fledermausschutz in Windkraftvorhaben*,
https://doi.org/10.1007/978-3-662-61454-9_8

Das größte Potenzial zur Lösung oder Abmilderung des Grün-Grün- Dilemmas sahen die Umfrageteilnehmer*innen bei den Naturschutzbehörden und in der wissenschaftlichen Forschung.

Summary

Using an internet-based survey, we received feedback from experts involved in the licensing process of wind turbines (members of conservation authorities and the wind energy sector, members and employees of environmental non-governmental organizations, scientists and consultants) about the compatibility of the two environmental goals to protect biodiversity, specifically bat conservation, and to fight global climate change, specifically via the promotion of wind energy production. The majority of stakeholders considered the current legislation for the protection of biodiversity to be not overly strict and thus to not impair the expansion of wind energy production in Germany. Furthermore, the majority of survey participants rated wind energy production in forests as incompatible with an ecologically sustainable energy transition and as bearing potentially too many conflicts. The survey participants recognized the greatest potential for solving or mitigating the green-green dilemma by conservation agencies and in scientific research.

8.1 Einleitung

Während der Konferenz der Vereinten Nationen über Umwelt und Entwicklung (UNCED) in Rio de Janeiro 1992, dem sogenannten Erdgipfel (Earth Summit), hat sich eine internationale Ländergemeinschaft mehreren Umweltzielen verpflichtet. Unter anderem wurde die Agenda 21, die Rio-Erklärung über Umwelt und Entwicklung, die Klimarahmenkonvention, die Konvention zur nachhaltigen Nutzung von Wäldern (Rio Forest Principles) sowie die Biodiversitätskonvention beschlossen (Antrim 2019). Diese als gleichwertig betrachteten Konventionen sind für alle unterzeichnenden Länder, inklusive Deutschland, bindend. Die Einhaltung dieser Konventionen wird von der Kommission der Vereinten Nationen für Nachhaltige Entwicklung überwacht. Den Beschlüssen des Erdgipfels folgend formulierte Deutschland das Ziel einer Umstellung von der nichtnachhaltigen Nutzung von fossilen Energieträgern sowie der Kernenergie auf eine nachhaltige Energieversorgung mittels erneuerbarer Energien sowie einer besonderen Berücksichtigung des Schutzes von Arten, Populationen und ihrer Habitate. Zur Umsetzung dieser Ziele wurden die Forderungen der Biodiversitätskonvention in das bereits existierende Bundesnaturschutzgesetz (BNatSchG) aufgenommen. In der Genehmigungspraxis von Bau- und Planungsverfahren fällt dem Artenschutz aufgrund dieser gesetzlichen Verankerung im BNatSchG eine zentrale

Rolle zu (Lukas 2016). Im Zuge der Umsetzung der Energiewende in Deutschland kommt es jedoch vermehrt zu Interessenskonflikten zwischen dem Ausbau der Windenergieproduktion und dem Artenschutz, da Windenergieanlagen (WEA) eine Gefahr insbesondere für Vögel und Fledermäuse darstellen (Weber und Köppel 2017; Voigt et al. 2015). Das daraus sich ergebende Dilemma zwischen Klimaschutzzielen und dem Artenschutz wird als Grün-Grün-Dilemma beschrieben, bei dem zwei positiv konnotierte Ziele des Umweltschutzes in Konkurrenz zueinander stehen (Voigt et al. 2019; Voigt 2016). In der Gesetzgebung manifestiert sich dieses Grün-Grün-Dilemma im Konflikt zwischen der EU-Richtlinie 2018/2001 zur Förderung der Nutzung von Energie aus erneuerbaren Quellen (Erneuerbare-Energien-Richtlinie, EERL) und der EU-Richtlinie 92/43/EWG zur Erhaltung der natürlichen Lebensräume sowie der wildlebenden Tiere und Pflanzen (Flora-Fauna-Habitat-Richtlinie, FFH-RL).

Um das Konfliktpotenzial dieses Grün-Grün-Dilemmas besser bewerten zu können, führten wir eine an Fachexpert*innen gerichtete internetbasierte Umfrage durch. Die Umfrage war in drei Blöcke unterteilt. Die Ergebnisse der ersten beiden Blöcke wurden bereits an anderer Stelle publiziert (Fritze et al. 2019; Kap. 3). Der dritte Block, dessen Ergebnisse hier nun vorgestellt werden sollen, zielte auf umweltpolitische Fragen und allgemeine Punkte zum Thema Artenschutz bzw. Fledermausschutz im Windenergieausbau. Konkret baten wir um eine Bewertung in Bezug auf 1) das aktuell (bis zum Zeitpunkt der Umfrage im Jahr 2016) gültige Artenschutzrecht. Mit der Novellierung des BNatSchG im Jahr 2017 wurde unter anderem eine Anpassung der in der Praxis relevanten artenschutzrechtlichen Privilegierung des §44 Absatz 5 BNatSchG an die aktuelle höchstrichterliche Rechtsprechung vorgenommen (Lütkes 2018). Einige Umweltverbände sowie Jurist*innen befürchteten, dass ein novelliertes BNatSchG zu einer Aufweichung des Artenschutzes zugunsten von wirtschaftlichen Interessen wie dem Ausbau der Windenergie führen könnte (Lukas 2017; Lukas et al. 2016; NABU 2017; Maruschke 2017). Ob diese Novellierung von den Fachexpert*innen als verhältnismäßig erachtet wird, sollte mithilfe unserer Umfrage quantifiziert und zur Diskussion gestellt werden. Darüber hinaus holten wir 2) die Meinung der Fachexpert*innen zum Ausbau der Windenergieproduktion an Waldstandorten ein. Für den Naturschutz und insbesondere für viele Fledermausarten sind Wälder als Quartierstandorte und Lebensräume von besonderer Bedeutung (Meschede und Heller 2000). In der Vergangenheit wurde bereits im Rahmen einer im Auftrag der Deutschen Wildtier Stiftung durchgeführten Umfrage die Gesellschaft zum Thema Ausbau der Windenergieproduktion an Waldstandorten gefragt. Den Ergebnissen dieser Umfrage folgend lehnen 80 % der Teilnehmer*innen eine Windenergieproduktion an Waldstandorten ab, und 67 % der Teilnehmer*innen gaben an, dass der Artenschutz im Wald Vorrang vor der Windenergieproduktion haben sollte (Deutsche Wildtier Stiftung 2016). Im Rahmen unserer Umfrage wollten wir ein Meinungsbild von Fachexpert*innen zu diesem Thema einholen. Darüber hinaus fragten wir, 3) welche Interessensgruppe das Grün-Grün-Dilemma zwischen Windenergieproduktion und Artenschutz am besten lösen kann.

8.2 Methoden

Über die Online Plattform SurveyGizmo (https://www.surveygizmo.com/) wurde ein Fragebogen entwickelt, der vorgegebene Mehrfach-Auswahl-Antworten zum Anklicken (Multiple Choice) als auch Textfelder mit der Option für einen frei formulierten Text anbot (Fritze et al. 2019). Der Link zum internetbasierten Fragebogen wurde zur Beantwortung an ungefähr 1000 E-Mail-Adressen verschiedener Gruppen und Einzelpersonen verschickt, die mit der Praxis von Genehmigungsverfahren beim Bau von WEA vertraut waren. Um eine möglichst große Vielfalt an Antworten zu erhalten, wurde die Befragung an Behördenvertreter*innen (Naturschutzbehörden; ~500 E-Mail-Adressen), Fachgutachter*innen und Landschaftsplaner*innen (Gutachterbüros, freie Gutachter*innen, Planungsbüros; ~300 E-Mail-Adressen), Vertreter*innen des Windenergiesektors (Interessenverbände, Projektierer*innen, Ingenieurbüros, Rechtsanwält*innen, Betreiber*innen; ~100 E-Mail-Adressen), Vertreter*innen von Umweltschutzorganisationen und ehrenamtlich Tätige (z. B. NABU, BUND; ~50 E-Mail-Adressen) und Wissenschaftler*innen universitärer und außeruniversitärer Einrichtungen (~50 E-Mail-Adressen) gesandt (Fritze et al. 2019). Alle Fachexpert*innen erhielten dieselben Fragen, die in drei Blöcke eingeteilt wurden. Folgende Fragen wurden im Rahmen des dritten Blocks verschickt:

1. Erachten Sie das derzeit in Deutschland gültige Artenschutzrecht (§44 BNatSchG) als zu streng, sodass der Windenergieausbau zu sehr gehemmt wird?
2. Aktuell steigt die Zahl der Windenergieanlagen in Waldgebieten. Welche Aussagen dazu entsprechen Ihrem Meinungsbild?
3. Bei welcher Interessengruppe sehen Sie das größte Potenzial, um zeitnah die Vereinbarkeit des Windenergieausbaus und des Fledermausschutzes zu optimieren?
4. Ist aus Ihrer Sicht der derzeitige wissenschaftliche Kenntnisstand für die Umsetzung des Fledermausschutzes ausreichend?
5. In welchen Bereichen sehen Sie den größten Handlungsbedarf, um langfristig einen effektiven Fledermausschutz gewährleisten zu können?

8.3 Ergebnisse und Diskussion

8.3.1 Artenschutzrecht und Windenergieausbau

Wir erhielten einen Rücklauf von insgesamt 168 beantworteten Fragebögen. Unsere Frage bezüglich des Artenschutzrechts und Windenergieausbaus lautete, ob die Teilnehmer*innen des Online-Umfragekataloges das derzeit in Deutschland gültige Artenschutzrecht (§44 BNatSchG) als zu streng erachten, sodass der Windenergieausbau zu sehr gehemmt wird. Insgesamt beantworteten 89,2 % der

Befragten diese Frage mit „Nein“ (Abb. 8.1). Nur 7,8 % stimmten bei dieser Frage mit „Ja“ (3 % „keine Angabe“). Lediglich Vertreter*innen aus dem Bereich Windenergieproduktion stimmten mehrheitlich (66,7 %) der Frage zu: „Ja, das Artenschutzrecht ist zu streng und behindert den Windenergieausbau“ (Abb. 8.1).

Das Meinungsbild der Behördenvertreter*innen, Fachgutachter*innen, Vertreter*innen der Naturschutzorganisationen und Wissenschaftler*innen war sehr einheitlich. Die Einschätzung der Vertreter*innen aus dem Windenergiesektor kontrastierte deutlich mit derjenigen der anderen Fachexpert*innen. Die Notwendigkeit der jüngst erfolgten Novellierung des BNatSchG vom 22.06.2017 (Gesetzentwurf vom 12.04.2017, Drucksache 18/11939), in der das Tötungsverbot von Individuen geschützter Tierarten (§44 BnatSchG) relativiert wurde, in dem ein Verbotstatbestand erst dann erfüllt ist, wenn das Tötungsrisiko der Individuen in „signifikanter“ Weise erhöht ist (Maruschke 2017; Lukas 2017), wird von den Fachexpert*innen scheinbar mehrheitlich kritisch hinterfragt. Diese Fassung, die auf Entscheidungen der Bundesverwaltungsgerichte bezüglich betriebs-, aber auch bau- und anlagenbedingter Risiken (z. B. bei Tierkollisionen im Straßenverkehr oder mit Windkraftanlagen, Baufeldfreimachung) basierte (BVerwGE 134, 166, Rn. 42; BVerwG, Urt. v. 13.05.2009, 9 A 73/07, Rn. 86; BVerwG, Urt. v. 08.01.2014, 9 A 4/13, Rn. 99), sollte die Einzelfallprüfung des bislang allgemeingültigen individuenbezogenen Tötungsverbots vereinfachen. Der offensichtliche

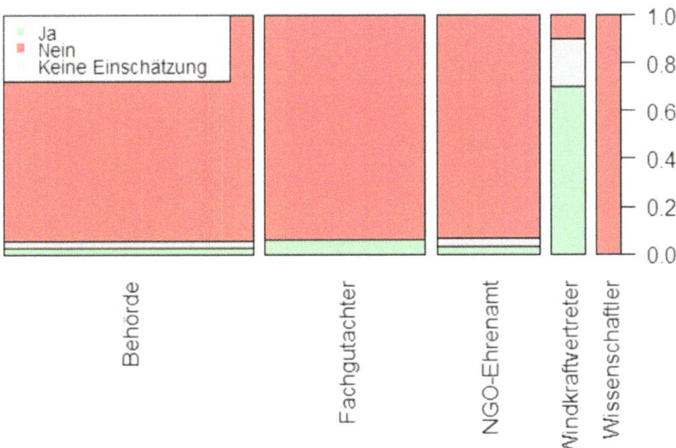

Abb. 8.1 Prozentuale Verteilung der Antworten auf die Frage „Erachten Sie das derzeit in Deutschland gültige Artenschutzrecht (§44 BNatSchG) als zu streng, sodass der Windenergieausbau zu sehr gehemmt wird?“ Die relative Breite der Spalten entspricht der Zahl der Antworten, die Höhe der Kategorien dem Prozentsatz der Antworten

Fig. 8.1 Proportion of responses to the question: ‘Do you consider the conservation legislation (§44 BNatSchG) as to strict and thus hampering the progress of expanding the wind energy sector?’ Green = yes, red = no, grey = no assessment. The relative widths of the boxes indicate the number of responses

Zweck dieser Vereinfachung sind die Beschleunigung der Bau- und Planungsprozesse und die Reduktion der Streitfälle, die in Genehmigungsverfahren für WEA auftreten. Aus naturschutzrechtlicher Sicht ist jedoch zu befürchten, dass die neue Formulierung und Interpretation zugunsten des Windenergieausbaus eine Aufweichung des Artenschutzes nach sich ziehen (Maruschke 2017; Lukas 2017).

Der Begriff „Signifikanz" ist im Zusammenhang mit der Tötung von Individuen insofern problematisch, weil er in der Wissenschaft und in der Rechtsprechung unterschiedlich interpretiert wird. Während Jurist*innen „Signifikanz" lediglich mit „deutlich" übersetzen, ist Signifikanz in der Biologie mathematisch unterlegt, in dem eine statistische Beweisführung für ein Ergebnis ein bestimmtes Signifikanzniveau erreichen muss (in der Regel im Bereich des 5 %-Signifikanzniveaus). Im Falle der Schlagopferzahlen unter WEA ist eine eindeutige Klärung des Begriffs notwendig, besonders hinsichtlich des Aspekts wie sich die Schlagopferzahlen potenziell auf Populationen auswirken (Zahn et al. 2014; Voigt et al. 2015; Frick et al. 2017). Es bleibt aus wissenschaftlicher Sicht somit weiterhin offen, welche Anzahl getöteter Fledermäuse als signifikant zu erachten ist. Der Mangel an wissenschaftlicher Aufarbeitung und Begründung der Gesetzesänderung spiegelt sich auch in der unzureichenden wissenschaftlichen Literatur zu diesem Thema wider. Angesichts der großen Übereinstimmung der naturschutzfachlichen Vertreter*innen im Rahmen unserer Umfrage wird deutlich, dass möglicherweise die Naturschutzverbände nicht in ausreichendem Umfang bei der Novellierung des BNatSchG beteiligt wurden (Lukas 2017).

Die Diskussion um eine Änderung des Artenschutzrechts zugunsten des Windenergieausbaus wird derzeit weitergeführt, da die Windenergieindustrie den Artenschutz weiterhin als Planungshindernis wertet (dts Nachrichtenagentur 2019; bdew 2019; BVF 2019). So wurde 2019 ein 10-Punkte-Papier veröffentlicht, in dem unter anderem eine Privilegierung der Windkraft gegenüber dem Artenschutz gefordert wird, sodass Ausnahmen vom Artenschutz gemäß § 45 BNatSchG für die Errichtung von WEA gerechtfertigt werden können (bdew 2019). Diese Forderungen nach einer Feststellung des generell überwiegenden öffentlichen Interesses gegenüber dem Artenschutz sind jedoch nach derzeitiger Gesetzeslage nicht gegeben und werden von Artenschutzfachverbänden abgelehnt (BVF 2019). Zwar gibt es ein öffentliches Interesse am Ausbau von Windenergieanlagen, jedoch nicht an einem spezifischen Standort, da es hierzu in der Regel Alternativen gibt. Im Einzelfall kann es jedoch dazu kommen, dass die Errichtung von WEA an einem bestimmten Standort gegenüber Artenschutzbelangen abgewogen wird. Allerdings besteht keine generell höhere Gewichtung gegenüber den Belangen des Artenschutzes, sondern ist immer eine Einzelfallentscheidung (Ruß und Sailer 2016; siehe auch BVerwG, Urteil vom 09.07.2009 – 4 C 12/07, Rn. 13). Da bei einer standortbezogenen Einzelfallentscheidung artenschutzrechtliche Beeinträchtigungen zu gewichten sind, ist immer auch eine angemessene artenschutzrechtliche Prüfung notwendig (Ruß und Sailer 2016). Ein weiteres Kriterium für die Erteilung von Ausnahmen gemäß §45 BNatSchG ist der günstige Erhaltungs-

zustand der Populationen, der sich nicht verschlechtern darf. Aus wissenschaftlicher Sicht sind Populationsgrößen von Fledermäusen nur schwer zu ermitteln und kumulative Effekte auf die Gesamtpopulationen nicht auszuschließen (Lehnert et al. 2018; Lindemann et al. 2018; Fritze et al. 2019).

8.3.2 Windenergieproduktion im Wald

Anknüpfend an die Frage zum Artenschutzrecht im BnatSchG wurde ein allgemeines Meinungsbild zum Thema Windenergieausbau im Wald abgefragt, wobei es vier Antwortmöglichkeiten gab, die allgemeine Aussagen zum Thema darstellen (Abb. 8.2). Hierbei waren Mehrfachantworten möglich. Von 297 abgegebenen Antworten zu dieser Frage gaben 111 (37,4 %) Teilnehmer*innen an, dass WEA im Wald zu sehr mit dem Habitat- und Artenschutz in Konflikt stehen. 94 Umfrageteilnehmer*innen (31,6 %) gaben an, dass WEA im Wald

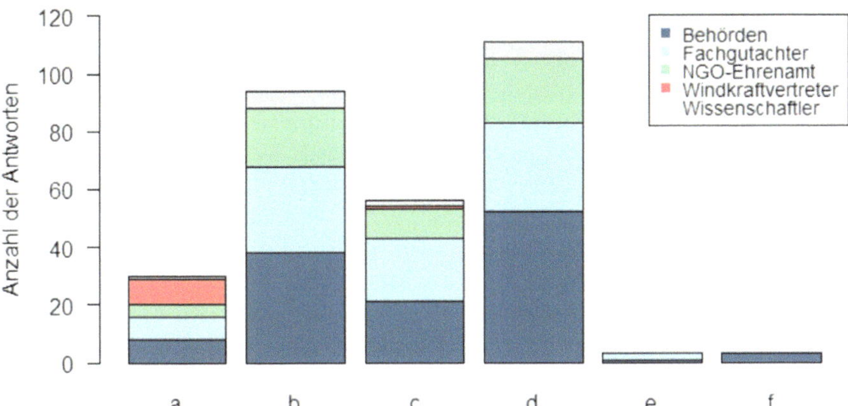

Abb. 8.2 Verteilung der Zustimmung auf die vorgegebenen Antwortmöglichkeiten. **a** „Windkraft im Wald ist ein notweniger Kompromiss im Sinne der Energiewende." **b** „Windkraft im Wald ist nicht im Sinne einer umweltverträglichen Energiewende." **c** „Windkraft im Wald darf nur außerhalb von Schutzgebieten, d. h. LSG, NSG und FFH-Gebieten, stattfinden." **d** „Windkraft im Wald steht zu sehr im Konflikt mit dem Habitat- und Artenschutz." **e** „Ich kann es nicht einschätzen." **f** „Keine Angabe."

Fig. 8.2 Distribution of agreements to pre-defined response options **a** 'Wind energy production in forests is a necessary compromise for the energy transition.' **b** 'Wind energy production in forests is too much in conflict with the protection of habitats and species.' **c** 'Wind energy production in forests should only be practiced outside of protected area, such as LSG, NSG and FFH areas.' **d** 'Wind energy production in forests is inconsistent with an ecologically sustainable energy transition.' **e** 'I cannot judge this.' **f** 'No selection.' Dark blue = members of conservation agencies, light blue = consultants, green = voluntaries and members of environmental NGO, red = members of wind energy sector, grey = scientists

nicht im Sinne einer umweltverträglichen Energiewende seien, und 56 Umfrageteilnehmer (18,9 %) führten an, dass WEA im Wald nur außerhalb von Schutzgebieten, d. h. NSG (Naturschutzgebieten), LSG (Landschaftsschutzgebieten) und FFH-Gebieten, errichtet werden sollten. Lediglich 30 Umfrageteilnehmer*innen (10,1 %) bestätigten, dass WEA im Wald ein notwendiger Kompromiss im Sinne der Energiewende seien. Beim letztgenannten Ergebnis ist anzumerken, dass Vertreter*innen aus dem Windenergiesektor (90 %) mit großer Mehrheit zu dieser Einschätzung kamen. Das Meinungsbild der Umfrageteilnehmer*innen (mit Ausnahme der Vertreter*innen des Windenergiesektors) lässt sich zusammenfassend als überwiegend kritisch gegenüber dem Ausbau der Windenergieproduktion im Wald sehen, auch wenn dies außerhalb von Schutzgebieten im Wald erfolgt.

Die Umfrageergebnisse zeigen, dass die Windenergiegewinnung im Wald von Fachexpert*innen kritisch gesehen wird, vermutlich weil hier der Konflikt zwischen Naturschutz und dem Ausbau erneuerbarer Energien besonders offensichtlich wird. Bislang haben Studien über den möglichen Einfluss der Windenergieproduktion im Wald, die durch den Bau und Betrieb von WEA entstehen, noch nicht vollumfänglich geklärt, in welchem Maße der Ausbau negative Folgen für das Waldökosystem und die dortigen Fledermäuse hat (Kap. 2). Reichenbach et al. (2015) stellten fest, dass die Aktivität und Artzusammensetzung von Fledermäusen, die über eine akustische Erfassung in Gondelhöhe erfasst wurden, sich nur geringfügig zwischen Offenland- und Waldstandorten unterscheiden. Lediglich die akustische Aktivität von Zwergfledermäusen *(Pipistrellus pipistrellus)* lag an Waldstandorten höher als im entsprechenden Offenland. Weiterhin wurde festgestellt, dass Langohren (Gattung *Plecotus*) und Mausohren (Gattung *Myotis*) selten an WEA an Waldstandorten aufgenommen werden. Angemerkt sei hierbei, dass diese Arten aufgrund ihrer ökologischen Spezialisierung im Vergleich zu anderen Arten leiser rufen und somit schlecht akustisch nachweisbar sind bzw. eine Vergleichbarkeit der akustischen Aktivität mit anderen, laut rufenden Arten wie zum Beispiel dem Großen Abendsegler *(Nyctalus noctula)* schwierig ist (Kap. 1). Es gibt zudem Hinweise, dass bestimmte Fledermausarten Insekten an den Masten der WEA jagen (Rydell et al. 2016). Abgesehen von der Frage, ob sich die Aktivität von Fledermäusen im Rotorbereich an Wald- und Offenlandstandorten unterscheidet, besteht sicherlich ein wesentlicher Kritikpunkt an der Ausweitung der Windenergieproduktion im Wald in der Zerstörung von Lebensstätten und dem Verlust von Habitaten. Wälder sind der Lebensraum für einige der bedrohtesten Fledermausarten wie zum Beispiel der Bechsteinfledermaus *(Myotis bechsteinii)* und der Mopsfledermaus *(Barbastella barbastellus)*, für die Deutschland aufgrund ihres Verbreitungsschwerpunktes eine besondere Verantwortung trägt. Darüber hinaus zählen ungefähr zwei Drittel der in Deutschland vorkommenden Fledermausarten zu den Waldfledermäusen (Meschede und Heller 2000).

Die baubedingten Beeinträchtigungen im Rahmen der Baufeldfreimachung und das Tötungsrisiko an den Rotoren lassen vermutlich viele Fachexpert*innen an der Vereinbarkeit von Artenschutz und Windenergieausbau im Wald zweifeln.

Dies betrifft sowohl Forste, die aufgrund ihrer insgesamt niedrigen ökologischen Bedeutung für die Errichtung von WEA herangezogen werden, als auch insbesondere naturnahe Wälder, die aufgrund ihrer höheren ökologischen Wertstellung oft einen Schutzstatus (FFH, LSG, NSG) genießen. In Hinblick auf die Erhaltungszustände der Fledermausarten ist deutlich zu erkennen, dass dem Schutz der Wälder mehr Bedeutung zukommen sollte, um dem Verbesserungsgebot und dem Verschlechterungsverbot der FFH-Richtlinie nachzukommen. Zusammenfassend ist festzustellen, dass die Expert*innen die Errichtung von WEA an Waldstandorten als den Artenschutzzielen gegenläufig und somit kritisch betrachten. Diese Schlussfolgerung deckt sich mit den Empfehlungen der wissenschaftlichen Berater*innen des UNEP/EUROBATS-Abkommens, die Windenergieproduktion an Waldstandorten als nicht einvernehmlich mit den Zielen des Fledermausschutzes betrachten (Rodrigues et al. 2016).

8.3.3 Potenzial zur Verbesserung des Fledermausschutzes im Windenergieausbau

Der letzte Teil des dritten Umfrageblocks thematisierte mögliche Ansätze, wie das Grün-Grün-Dilemma zwischen Windenergieausbau und Fledermausschutz zu lösen oder zumindest abzumildern ist. Auf die Frage, welche Akteur*innen aus Sicht der Teilnehmer*innen das größte Potenzial besitzen, um zeitnah die Vereinbarkeit des Windenergieausbaus und des Fledermausschutzes zu verbessern, gab es die größte Übereinstimmung darin, dass Naturschutzbehörden (26,8 %) und die Forschung (Wissenschaft) (23,7 %) dieses Potenzial besitzen. Daran anschließend bewerteten die Umfrageteilnehmer*innen die Politik (18,2 %), die Windenergiebranche (14,1 %) und die Naturschutzverbände (12,7 %) sowie andere, nicht näher definierte Gruppen (4,8 %) als relevant (Abb. 8.3).

Der Einschätzung, dass Naturschutzbehörden eine zentrale Rolle bei der Konfliktlösung zufällt, könnte der Umstand zugrunde liegen, dass diese in den Genehmigungsverfahren zentrale Entscheidungsträger bei der Prüfung von Artenschutzbelangen und bei der Festsetzung von Schutzmaßnahmen sind. Die positive Wertschätzung der Naturschutzbehörden hinsichtlich einer zeitnahen Konfliktlösung ließe sich auch als Aufforderung verstehen, die Behörden fachlich und personell besser auszustatten. Hierzu kann ihnen die Politik verhelfen, die sowohl den rechtlichen Rahmen festsetzt als auch die finanziellen Mittel für eine mögliche Aufstockung des Personals bereitstellen könnte. Aus Sicht der Umfrageteilnehmer*innen besitzen zudem die Forschung bzw. die Wissenschaftler*innen ebenfalls ein hohes Potenzial, zur Konfliktlösung beizutragen. Der große Forschungsbedarf wurde zudem auch von den Umfrageteilnehmer*innen in der Beantwortung der Frage bestätigt, ob aus Sicht der Umfrageteilnehmer*innen der derzeitige wissenschaftliche Kenntnisstand für die Umsetzung des Fledermausschutzes bei Vorhaben zum Ausbau der Windenergieproduktion ausreichend

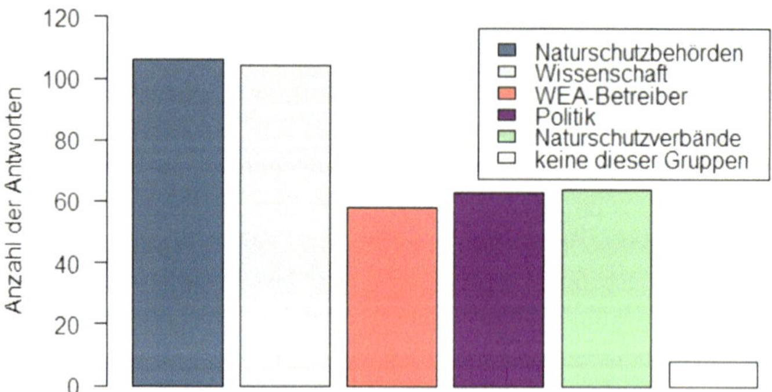

Abb. 8.3 Verteilung der Antworten auf die Frage, welche Akteur*innen aus Sicht der Teilnehmer*innen das größte Potenzial besitzen, um zeitnah die Vereinbarkeit des Windenergieausbaus und des Fledermausschutzes zu verbessern. Es konnten Mehrfachantworten abgegeben werden

Fig. 8.3 Responses to the question, which stakeholder group has the largest potential to solve the conflict between wind energy production and the conservation of bats in the near future. Participants could respond multiple times. Dark blue = conservation agencies, grey = science, red = wind energy companies, magenta = politics, light green = environmental NGO, white = none of these groups

ist. 87 % der Umfrageteilnehmer*innen bestätigten, dass dieser nicht ausreiche. Lediglich 10 % Prozent betrachten den Kenntnisstand als ausreichend, und 3 % machten hierzu keine Angaben.

Mit nahezu gleicher Punktzahl favorisierten die Umfrageteilnehmer*innen die Forschungsthemen zu Vermeidungsmaßnahmen und zur Ökologie der Arten inklusive des Migrationsverhaltens (Tab. 8.1). Dieser Umstand impliziert, dass die Umfrageteilnehmer*innen mit dem momentanen Kenntnisstand über Vermeidungsmaßnahmen unzufrieden sind, da dieser möglicherweise nicht mit der technischen Entwicklung von WEA mithält. Der Vorschlag, die Ökologie und das Migrationsverhalten von Fledermäusen intensiver zu untersuchen, zeigt, dass Wissenslücken bestehen, deren Beseitigung von großer Bedeutung für die wirksame Umsetzung von Schutzmaßnahmen für Fledermausarten im Rahmen von Vorhaben zur Windenergieproduktion ist. Die Umfrageteilnehmer*innen schlugen zudem vor, dass die Bestände der Fledermäuse, hier insbesondere die der kollisionsgefährdeten Fledermäuse, im Hinblick auf mögliche Populationsrückgänge untersucht werden sollten. Das Migrationsverhalten dieser Arten erschwert dabei eine genaue Abschätzung von Populationseffekten, da die Herkunftsgebiete der Tiere mitunter unklar sind (Lehnert et al. 2018). Die Erforschung von effizienten Auswertemethode für automatisch durchgeführte akustische Aufnahmen an WEA scheint ebenso dringlich zu sein, da die Echoortungsrufe einiger Fledermausarten nur schwer mithilfe automatischer Auswerteprogramme unterscheidbar sind (Russo und Voigt 2018). Bei der korrekten Identifikation von Fledermausarten, basierend auf automatisch erhobenen Echoortungsrufen, könnte die Entwicklung neuer oder die Verwendung mehrerer Auswertealgorithmen

Tab. 8.1 Handlungsbedarf nach kumulativer Punktzahl sortiert. (Frage: „In welchen Bereichen sehen Sie den größten Handlungsbedarf, um langfristig einen effektiven Fledermausschutz gewährleisten zu können?) Eine höhere Punktzahl indiziert eine höhere Bewertung

Tab. 8.1 Ranking of 'most needed action' according to cumulative points. (Question: 'In which areas do you see the greatest need for action in order to be able to guarantee effective bat conservation in the long term?') A higher number indicates a higher ranking

Handlungsbereiche	Punkte
Vermeidungsmaßnahmen	587
Grundlagenforschung: Ökologie der Arten und Migrationsverhalten	584
Populationserfassung	565
Folgenabschätzung	551
Methoden zur Auswertung	527
Instrumente des Rechts, z. B. Gesetze, Erlässe	520
Entwicklung von Erfassungsmethoden	460
Kompensationsmaßnahmen	338

Abhilfe schaffen (Heim et al. 2019). Die Erforschung und genauere Beschreibung des Rechtsraums um das Konfliktfeld Fledermausschutz und WEA scheinen zudem von vielen Umfrageteilnehmer*innen gewünscht. Innovative Erfassungsmethoden von Fledermäusen an WEA scheinen bei der momentanen Entwicklung zu größeren WEA dringlich zu sein, da die Erfassungsreichweite von Ultraschalldetektoren im Gondelbereich nur begrenzt ist (Kap. 1). Die Erforschung von wirksamen Kompensationsmaßnahmen wurde mit geringerer Wichtigkeit als die vorher genannten Themen bewertet.

8.4 Schlussfolgerung

Die Ergebnisse unserer Umfrage zeigen deutlich auf, dass es im Rahmen von Vorhaben zur Windenergieproduktion einen Konflikt zwischen dem Artenschutz und dem Ausbau der Windenergieproduktion gibt. Die Einschätzungen der Fachexpert*innen waren mit Ausnahme der Vertreter*innen der Windenergiebranche relativ konsistent in Bezug auf den hohen Stellenwert des Artenschutzrechts und der Ablehnung von WEA an Waldstandorten. Naturschutzbehörden und die Wissenschaft haben aus Sicht der Umfrageteilnehmer*innen das größte Potenzial, um den Konflikt zwischen Fledermausschutz und Windenergieproduktion abzuschwächen. Die Erforschung von Vermeidungsmaßnahmen und der Grundlagen der Ökologie und des Migrationsverhaltens von Fledermäusen scheint aus Sicht der Umfrageteilnehmer*innen vorrangig.

Die Veröffentlichung wurde durch den Open-Access-Publikationsfonds für Monografien der Leibniz-Gemeinschaft gefördert.

Literatur

Antrim LN (2019) The United Nations conference on environment and Ddevelopment. In: Goodman AE (Hrsg) The diplomatic record 1992–1993. Routledge, S 189–210. https://www.taylorfrancis.com/books/9781000244090/chapters/10.4324/9780429310089-10

bdew (Bundesverband der Energie- und Wasserwirtschaft) (2019) 10 Punkte für den Ausbaue der Windenergie. https://www.bdew.de/media/documents/Stn_20190903_10-Punktefuer-Ausbau-Windenergie-Verbaende.pdf. Zugegriffen: 4. Dez. 2019

BVF (Bundesverband für Fledermauskunde) (2019) Erwiderung des Bundesverbandes für Fledermauskunde Deutschland e. V. (BVF) zum Papier „10 Punkte für den Ausbau der Windkraft". Bundesverband für Fledermauskunde e. V, Erfurt, S 10

Deutsche Wildtier Stiftung (2016) Der Wald soll Lebensraum bleiben! Neue Emnid-Umfrage belegt: 80 Prozent der Befragten sind gegen Windkraft im Wald. https://www.deutschewildtierstiftung.de/aktuelles/emnid-umfrage-belegt-80-prozent-der-befragten-gegen-windkraft-im-wald

dts Nachrichtenagentur (2019) Streit um Windkraftanlagen und Artenschutz. https://www.wall-street-online.de/nachricht/11710982-windkraft-streit-windkraftanlagen-artenschutz

Frick WF, Baerwald EF, Pollock JF, Barclay RMR, Szymanski JA, Weller TJ, Russel AL, Loeb SC, Medellin RA, McGuire LP (2017) Fatalities at wind turbines may threaten population viability of a migratory bat. Biol Conserv 209:172–177

Fritze M, Lehnert LS, Heim O, Lindecke O, Roeleke M, Voigt CC (2019) Fledermäuse im Schatten der Windenergie: Deutschlands Expert*innen vermissen Transparenz und bundesweite Standards in den Genehmigungsverfahren. Naturschutz und Landschaftsplanung 51:20–27

Heim O, Heim DM, Marggraf L, Voigt CC, Zhang X, Luo Y, Zheng J (2019) Variant maps for bat echolocation call identification algorithms. Bioacoustics, 1–15. https://doi.org/10.1080/09524622.2019.1621776

Lehnert LS, Kramer-Schadt S, Teige T, Hoffmeister U, Popa-Lisseanu A, Bontadina F, Ciechanowski M, Dechmann DKN, Kravchenko K, Prestnik P, Starrach M, Straube M, Zoephel U, Voigt CC (2018) Variability and repeatability of noctule bat migration in Central Europe: evidence for partial and differential migration. Proc Roy Soc B 285:20182174

Lindemann C, Runkel V, Kiefer A, Lukas A, Veith M (2018) Abschaltalgorithmen für Fledermäuse an Windenergieanlagen. Naturschutz Landschaftspflege 50:8

Lukas A (2016) Vögel und Fledermäuse im Artenschutzrecht. Naturschutz und Landschaftsplanung 48:289–295

Lukas AW (2017) Stellungnahme zur Novelle des Bundesnaturschutzgesetzes für die Sachverständigen-Anhörung des Umweltausschusses am 17. Mai 2017. https://www.bundestag.de/resource/blob/506300/99f783bb535f3d4b4d6292dc4323c3a2/18-16-559-B_Anhoerung_BNatSchG_Andreas_Lukas-data.pdf. Zugegriffen: 4. Dez. 2019

Lukas AW, Weyland R, Hopf T (2016) Artenschutz nicht aufweichen – Novelle als Chance nutzen. Stellungnahme des NABU vom 16.12.2016 zur Novellierung Bundesnaturschutzgesetz. https://www.nabu.de/imperia/md/content/nabude/naturschutz/161219-nabu-stellungnahme-novellierung-bundesnaturschutzgesetz.pdf. Zugegriffen: 4. Dez. 2019

Lütkes S (2018) Die Novelle des Bundesnaturschutzgesetzes 2017. Natur und Recht 40:145–150

Maruschke J (2017) Aktuelle Entwicklungen im Naturschutzrecht: Anschlussbericht zu NuR 3/2016: Berichtszeitraum seit 1.6.2015. Natur und Recht 39:300–305. https://doi.org/10.1007/s10357-017-3176-2

Meschede A, Heller KG (2000) Ökologie und Schutz von Fledermäusen in Wäldern, 2. Aufl. Landwirtschaftsvlg Münster, Münster, S 374

NABU R (2017) NABU-Kreisverband Schaumburg: „Energiewende muss verträglich gestaltet werden" FOCUS Magazin Verlag GmbH. München. internal-pdf://133.40.214.53/NABU_2017-Kreisverband Schaumburg_ _Energiewen.pdf https://www.focus.de/regional/niedersachsen/nabu-kreisverband-schaumburg-energiewende-muss-vertraeglich-gestaltet-werden_id_7327139.html

Reichenbach M, Brinkmann R, Kohnen A, Köppel J, Menke K, Ohlenburg H, Reers H, Steinborn H, Warnke M (2015) Bau- und Betriebsmonitoring von Windenergieanlagen im Wald. Abschlussbericht 30.11.2015. Erstellt im Auftrag des Bundesministeriums für Wirtschaft und Energie.

Rodrigues L, Bach L, Dubourg-Savage M-J, Karapandža B, Kovač D, Kervyn T, Dekker J, Kepel A, Bach P, Collins J, Harbusch C, Park K, Micevski B, Minderman J (2016) Leitfaden für die Berücksichtigung von Fledermäusen bei Windenergieprojekten Überarbeitung 2014. UNEP/EUROBATS, Bonn, S 146

Ruß S, Sailer F (2016) Anwendung der artenschutzrechtlichen Ausnahme auf Windenergievorhaben. Würzburger Berichte zum Umweltenergierecht Nr. 21 vom 08.04.2016

Russo D, Voigt CC (2016) The use of automated identification of bat echolocation calls in acoustic monitoring: a cautionary note for a sound analysis. Ecol Ind 66:598–602

Rydell J, Bogdanowicz W, Boonman A, Pettersson S, Suchecka E, Pomorski JJ (2016) Bats may eat diurnal flies that rest on wind turbines. Mamm Biol 81:331–339

Voigt CC (2016) Fledermäuse und Windenergieanlagen: ein ungelöstes 'green-green' Dilemma. In BfN-Skripten 432, Korn H, Bockmühl K, Schliep R (Hrsg) Biodiversität und Klima – Vernetzung der Akteure in Deutschland XII – Dokumentation der 12. Tagung, S 43

Voigt CC, Lehnert LS, Petersons G, Adorf A, Bach L (2015) Bat fatalities at wind turbines: German politics cross migratory bats. European J Wildl Res 61:213–219

Voigt CC, Straka TM, Fritze M (2019) Producing wind energy at the cost of biodiversity: a stakeholder view on a green-green dilemma. J Renew Sustain Energy 11:063303

Weber J, Köppel J (2017) Auswirkungen der Windenergie auf Tierarten. Naturschutz Landschaftsplanung 49:37–49

Zahn A, Lustig A, Hammer M (2014) Potenzielle Auswirkungen von Windenergieanlagen auf Fledermauspopulationen. ANLiegen Natur 36:1–15

Stichwortverzeichnis

C. C. Voigt (Hrsg.), *Evidenzbasierter Fledermausschutz in Windkraftvorhaben*,
https://doi.org/10.1007/978-3-662-61454-9

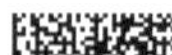